全国高职高专院校装备制造大类专业规划教材
"互联网+"新形态信息化教材

工业机器人现场编程

贾得山　梁　娟　主编

天津大学出版社
TIANJIN UNIVERSITY PRESS

图书在版编目（CIP）数据

工业机器人现场编程 / 贾得山，梁娟主编. -- 天津 ：天津大学出版社，2025. 5. --（全国高职高专院校装备制造大类专业规划教材）（“互联网+”新形态信息化教材）. --
ISBN 978-7-5618-8022-7

Ⅰ. TP242.2

中国国家版本馆CIP数据核字第2025HB2473号

出版发行	天津大学出版社
地　　址	天津市卫津路92号天津大学内（邮编：300072）
电　　话	发行部：022-27403647
网　　址	www.tjupress.com.cn
印　　刷	河北鑫彩博图印刷有限公司
经　　销	全国各地新华书店
开　　本	787mm×1092mm　1/16
印　　张	17
字　　数	425千
版　　次	2025年5月第1版
印　　次	2025年5月第1次
定　　价	49.50元

本书编写委员会

主　编　贾得山　梁　娟

副主编　王小龙　马海梅

尹振娟　马　东

前言

Preface

在全球制造业加速向智能化转型的时代浪潮中，工业机器人作为智能制造的核心装备，正以前所未有的速度深度融入各工业领域，从而重塑生产模式，推动产业升级。我国制造业也积极顺应这一趋势，大力发展工业机器人技术，由此对相关专业人才的需求呈现爆发式增长。正是基于制造业对工业机器人人才的迫切需求，我国中、高职院校和应用型本科院校纷纷开始设立机器人相关专业。为精准对接产业需求，助力培养适应新时代制造业发展的高素质技能型人才，特精心编写本教材——《工业机器人现场编程》。

本教材紧密围绕工业机器人系统操作员的技能要求构建内容体系，深度融合工业机器人的基础理论和生产实践，致力于为读者提供全面且实用的知识和技能指引。本教材首先从工业机器人的基础认知出发，带领读者逐步深入了解工业机器人的组成、主要参数、安装方式和编程模式，夯实理论根基；然后聚焦手动操作环节，详细阐述坐标系运用、安全规范、控制柜和示教器操作等要点，提升读者的实操基础能力；最后以涂胶、绘图、搬运、码垛、关节装配等典型工作站为应用场景，深入剖析各场景下的编程和调试技巧，通过实际案例提高读者解决复杂工程问题的能力，使读者在掌握理论知识的同时，具备扎实的实践动手能力和创新思维。

本教材在内容编排上，以任务驱动为导向，每个项目均由多个具体任务构成，每个任务下设置了"任务描述""任务要求""任务目标"，引导读者带着问题学习，在完成任务的过程中构建知识体系，提升技能水平；任务实施步骤清晰，并配以丰富的图例，便于读者理解和操作；同时设置"学而有思""知识拓展"等版块，拓宽读者视野，培养思考和探索精神；各任务结尾的验收考核，明确考核要点和标准，便于读者自查学习效果，及时巩固所学知识与技能。

本教材不仅可作为职业院校工业机器人相关专业的教材，还可作为工业机器人技术爱好者的自学宝典以及企业在职人员的技能提升参考资料。衷心期望读者借助本教材，深入掌握工业机器人现场编程技术，为我国制造业的智能化发展贡献力量。

校企合作企业一工机器人银川有限公司高级工程师王小龙参与了本书的编写，在此表示感谢。

本教材在编写过程中得到了有关专家及技术人员的大力支持，在此表示衷心的感谢。由于时间仓促，加之编者水平有限，编者在编写过程中虽力求严谨、全面，但难免存在疏漏之处，恳请广大读者提出宝贵意见和建议，以便不断完善。

编者

2025 年 5 月

目录

Contents

项目 1 认识工业机器人

证书技能要求

工业机器人系统操作员（四级）		
工作内容	技能要求	对应教学内容
机械部件装配准备	能根据机械部件装配要求选用装配工具、工装夹具	1.1
机械部件装配	能安放固定机器人本体	1.1

项目学习导读

工业机器人作为集众多先进技术于一体的现代制造业装备，诞生至今已经取得了长足进步。随着工业化和信息化的快速推进，我国工业机器人市场已进入高速发展时期。工业机器人的应用程度是衡量一个国家工业自动化水平的重要标志。经初步统计，2021 年我国工业机器人销售额约为 66 亿美元。随之而来的是从事工业机器人相关工作的人才的紧缺，根据 2022 年发布的《制造业人才发展规划指南》，我国工业机器人产业人才缺口预计为 300 万，且人才供求比例为 1∶10。

项目描述

某工业机器人集成企业接到为客户改造升级生产线的订单，客户要求使用 ABB 工业机器人进行生产线的改造，而该企业工程师没有 ABB 工业机器人使用经验，因此需要熟悉 ABB 工业机器人，包括工业机器人的组成、主要参数及应用领域等。学习工业机器人的基础知识是操作工业机器人的前提。本项目介绍工业机器人的组成、主要参数、安装方式、编程方式、生产厂家及典型应用等内容。

项目学习导图

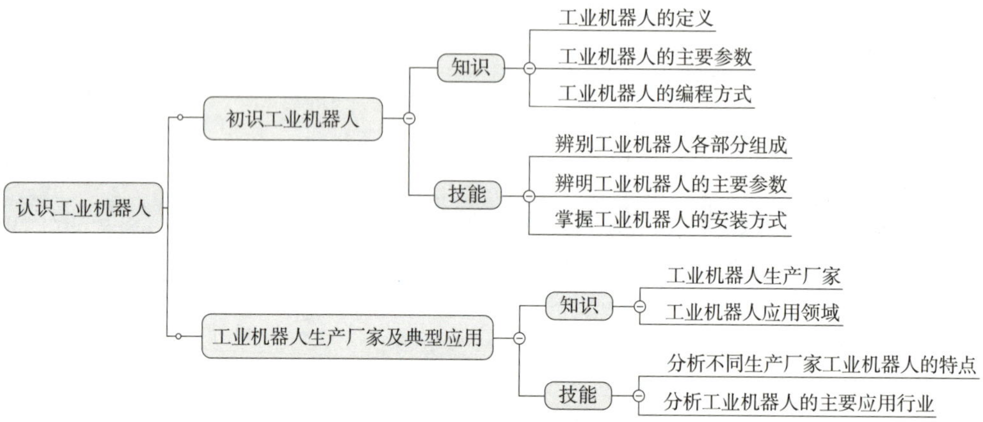

任务 1.1　初识工业机器人

任务描述

什么是工业机器人？工业机器人由几部分组成？工业机器人的主要参数有哪些？工业机器人的安装方式和编程方式有哪些？这些都是该企业工程师面临的首要问题，在本任务中将一同来探究这些问题的答案。

任务要求

（1）理解并掌握工业机器人的定义和组成；
（2）掌握工业机器人的主要参数、安装方式和编程方式。

任务目标

1. 知识目标

（1）能说出工业机器人的定义；
（2）能描述工业机器人的主要参数。

2. 能力目标

（1）能辨别工业机器人的各部分组成；
（2）能进行工业机器人的安装；
（3）能辨别工业机器人的编程方式。

3. 素养目标

（1）培养学生的探究意识和创新精神；

（2）引导学生关注我国工业机器人产业发展，培养小组合作精神，树立技能报国的理念。

任务准备

1.1.1　工业机器人的定义

工业机器人是机器人家族中重要的一员，也是目前技术发展最成熟、应用范围最广泛的机器人。工业机器人是集机械、电子、控制、计算机、传感器和人工智能等多学科先进技术于一体的现代制造业重要的自动化装备。各国对工业机器人的定义如下。

微课：工业机器人的定义

（1）美国机器人工业协会（RIA）对工业机器人的定义如下：工业机器人是一种用于移动各种材料、零件、工具或专用装置，通过可编程的动作来执行各种任务，具有编程能力的多功能操作机。

（2）日本工业机器人协会（JIRA）对工业机器人的定义如下：工业机器人是一种装备有记忆装置和末端执行装置，能够通过程序化动作替代人类劳动的通用机器。

（3）国际标准化组织（ISO）对工业机器人的定义如下：机器人是一种自动的、位置可控的、具有编程能力的多功能操作机，这种操作机具有几个轴，能够借助可编程操作来处理各类材料、零件、工具和专用装置，以执行各种任务。

（4）我国对工业机器人的定义如下：工业机器人是一种自动化的机器，这种机器具备一些与人或者其他生物相似的智能能力，如感知能力、规划能力、动作能力和协同能力，即它是一种具有高度灵活性的自动化机器。

根据以上定义，工业机器人具有以下四个显著特征：

（1）具有特定的机械结构，其动作机构具有类似于人或其他生物体的某些器官（如肢体、感官等）的功能；

（2）具有通用性，可从事多种工作，可灵活改变动作程序；

（3）具有不同程度的智能，如记忆、感知、推理、决策、学习等；

（4）具有独立性，完整的机器人系统在工作中可以不依赖人的干预。

1.1.2　工业机器人的组成

工业机器人主要由工业机器人本体、控制柜、示教器和连接电缆组成，其中连接电缆主要有电源电缆、示教器电缆、电机动力电缆和编码器电缆，如图 1-1-1 所示。

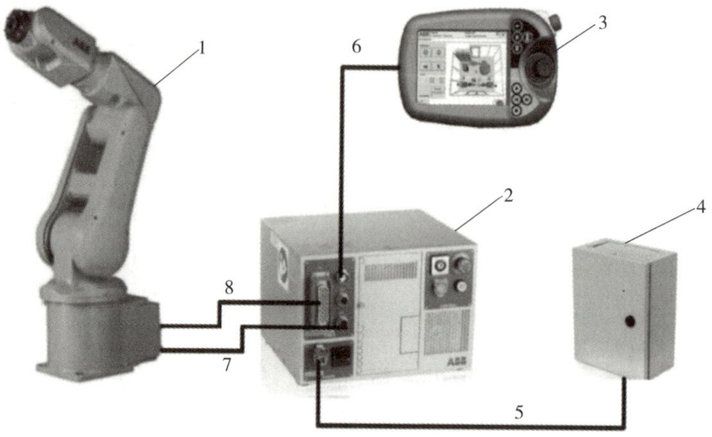

图 1-1-1　工业机器人系统组成

1—工业机器人本体；2—控制柜；3—示教器；4—电源箱；
5—电源电缆；6—示教器电缆；7—编码器电缆；8—电机动力电缆

1. 工业机器人本体

工业机器人本体包括基座、腰部、臂部（大臂和小臂）、腕部和手部，如图 1-1-2 所示。垂直串联结构是工业机器人最常见的结构形态，六轴工业机器人是典型的垂直串联关节型机器人，由关节和连杆依次串联而成，每一关节都由一台伺服电机驱动，因此，如将该机器人的本体结构进行分解，它便是由若干台伺服电机经减速器减速后，再驱动运动部件的机械运动机构的叠加和组合。

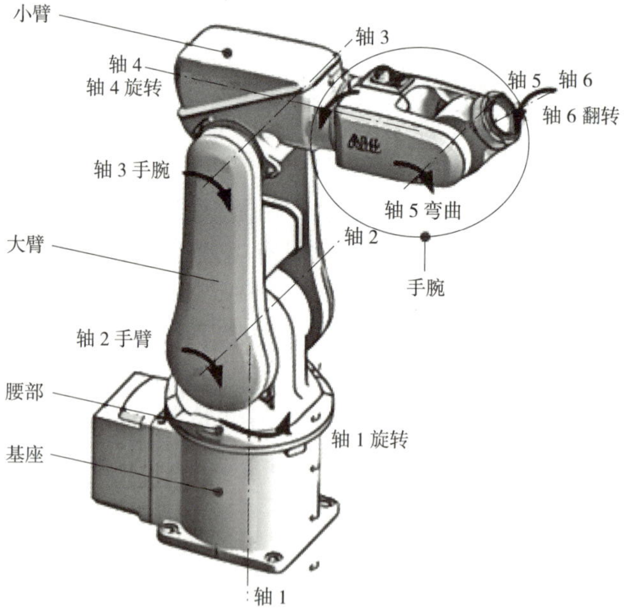

图 1-1-2　工业机器人本体结构

创新思维训练：

收集不同类型工业机器人的图片，分析其外观特点，畅想未来工业机器人的外观会有什么变化。

师傅点拨：

IRB120 工业机器人本体主要由六个关节轴、六台伺服电机和六个转数计数器（编码器）等组成。

1）基座和腰部

基座是整个机器人本体的基础件，起支撑作用。机器人本体通过基座固定在地基或者工作平台上，其电缆、气管等通过基座上的电气与气路接口接入机器人本体内部。

腰部位于机器人本体的基座和下臂之间，可以带动大臂及以上部分在基座上回转。

2）臂部

臂部是连接机器人机身和腕部的部件，用于支撑腕部和手部，并带动手部和腕部在空间运动。其结构类型多样，且受力情况复杂。臂部由动力型旋转关节、大臂和小臂组成。关节型机器人以臂部各相邻部件的相对角位移为运动坐标，其动作灵活，所占空间小，工作范围大，能在狭窄空间内绕过障碍物。

3）腕部

腕部是连接机器人臂部和手部的部件，并支撑手部和改变手部姿态。关节型机器人的腕部结构有 3R 型、RBR 型和 BBR 型三种，如图 1-1-3 所示。在这三种腕部结构中，以 RBR 型结构应用最为广泛，它适用于各种工作场合，其他两种结构应用范围相对较窄，如 3R 型结构主要应用在喷涂行业中。

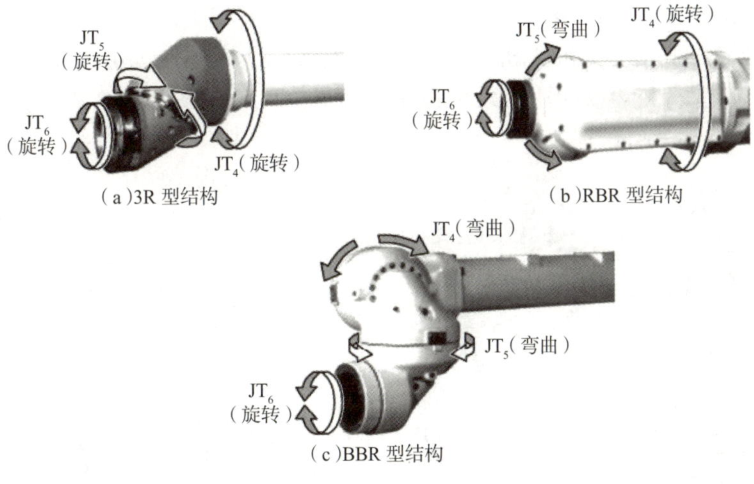

图 1-1-3　腕部结构

4）手部

手部又被称为末端执行器（图 1-1-4）。机器人的末端执行器是安装在机器人手臂末端的机构，能够执行抓取、搬运、夹持、精确定位放置和释放物体等操作。根据应用功能的不同，手部可分为夹钳式、吸附式、专用工具等多种形式。

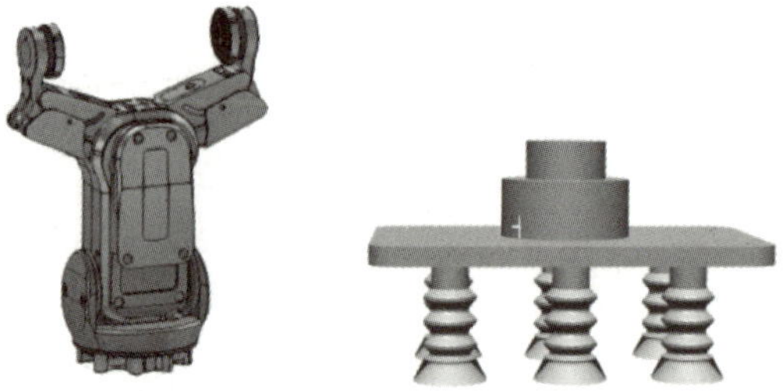

（a）夹钳式　　（b）吸附式　　（c）专用工具

图 1-1-4　末端执行器

2. 控制柜

控制柜是工业机器人系统的大脑，控制柜内部主要由主计算机、辅助计算机、机器人六轴驱动器、串口测量板、安全面板、电容、辅助部件、各种连接线组成。控制柜通过内置的硬件与软件系统来操控机器人，同时协调机器人与外围设备之间的关系。图 1-1-5 所示为第二代 IRC5 紧凑型控制柜。

头脑风暴：

查找资料，了解控制柜正面各接口和按钮的作用。

3. 示教器

示教器是机器人系统的核心部件，主要由液晶显示屏和操作按钮组成，可由操作者手持移动。示教器是工业机器人的人机交互接口，机器人的所有操作都可以通过示教器来完成，如编写、测试和运行机器人程序，以及设定、查阅机器人状态和位置等。图 1-1-6 所示为 ABB 示教器。

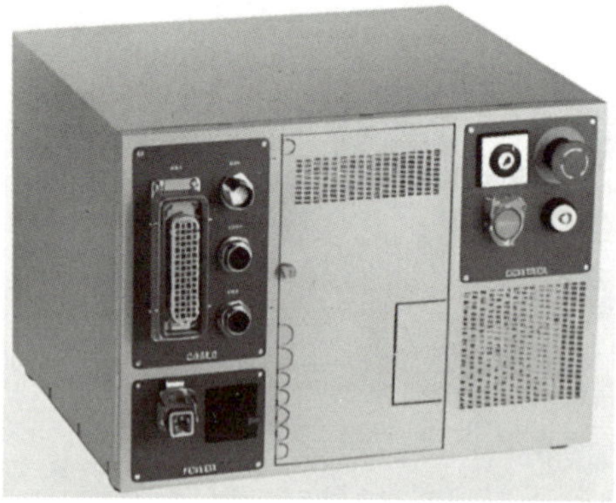

图 1-1-5　IRC5 紧凑型控制柜

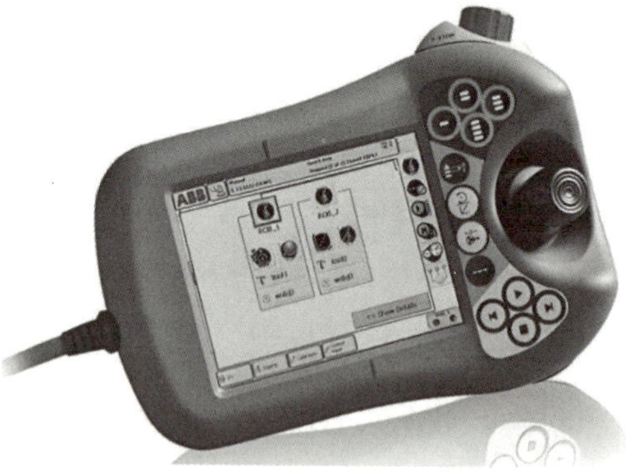

图 1-1-6　ABB 示教器

1.1.3　工业机器人的主要参数和 IRB120 工业机器人的技术参数

1. 工业机器人的主要参数

1）自由度

机器人的自由度是指其末端执行器在空间中进行独立运动的数量，通常等于机器人各关节独立坐标轴的数量。一般一个自由度需要由一台伺服电机驱动。在三维空间中描述一个物体的位置和姿态(简称“位姿”)需要 6 个自由度,即沿 X、Y、Z 三个坐标轴的直线移动和绕 X、Y、Z 三个坐标轴的转动,如图 1-1-7 所示。

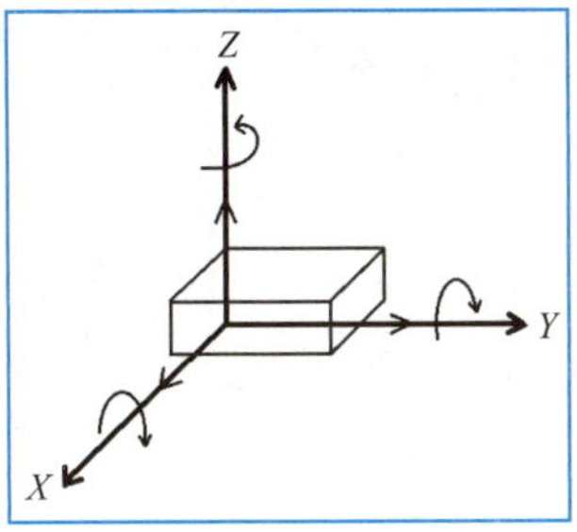

图 1-1-7 物体在三维空间中的 6 个自由度

对于多关节型工业机器人来讲,自由度实际上就是机器人的关节数,如六自由度工业机器人也可以称为六关节工业机器人。

2)精度

精度包括定位精度和重复定位精度,如图 1-1-8 和图 1-1-9 所示。

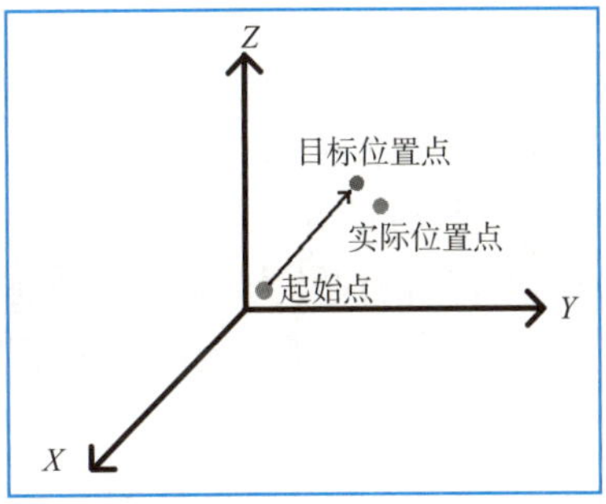

图 1-1-8 工业机器人定位精度示意图

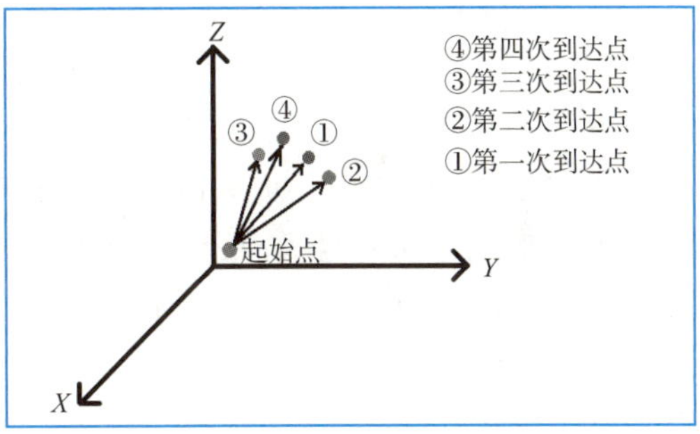

图 1-1-9 工业机器人重复定位精度示意图

定位精度指机器人末端执行器实际到达位置与目标位置之间的差异。

重复定位精度指对同一运动指令,工业机器人从同一起始点向同一终止点运行多次,实际到达终止点位置的一致程度。

3)工作空间

工作空间是机器人运动时手臂末端或手腕中心所能到达的所有点的集合,也称为工作区域,常用图形表示。由于末端执行器的形状和尺寸是多种多样的,为真实反映机器人的特征参数,因此作业范围是指不安装末端执行器时的工作区域。作业范围的大小不仅与机器人各连杆的尺寸有关,而且与机器人的总体结构形式有关。作业范围的形状和大小是十分重要的,机器人在执行某项作业时可能会因存在手部不能到达的盲区而不能完成任务。

如图 1-1-10 所示,其中灰色区域表示机器人手腕中心所能到达的所有点的集合,即该机器人的工作空间。

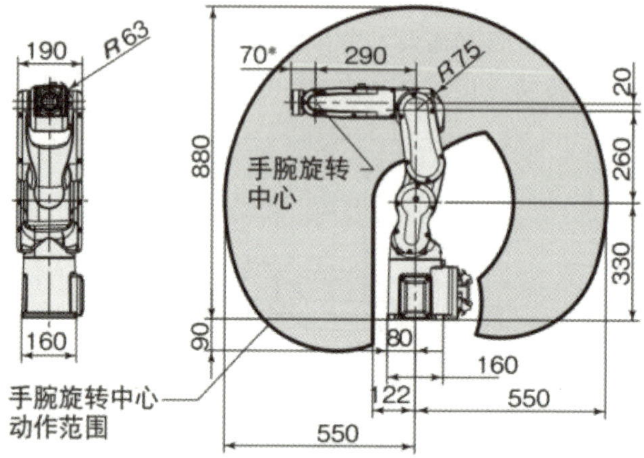

图 1-1-10　工业机器人工作空间

4)最大工作速度

关于最大工作速度的定义存在两种常见标准:一种指主要自由度上的最大稳定速度;另一种指手臂末端或手腕中心的最大合成速度。具体定义应以设备用户说明书为准。通常工作速度越快,工作效率越高,但也需花更多的时间升速和降速。

5)工作载荷

工作载荷是指机器人在其工作空间内任何位姿下所能承受的最大有效负载,常用质量、力矩、惯性力矩来表示。工作载荷决定了工业机器人各运动轴上所能承受的力和力矩。

承载能力不仅取决于负载的质量,还取决于机器人末端执行器的质量、抓取工件的质量,并与机器人运动的速度、加速度、方向有关,即与由运动产生的惯性力、惯性力矩有关。

一般机器人低速运行时,承载能力大。为安全考虑,将机器人在高速运行时所能抓取的工件质量作为承载能力。

6)分辨率

分辨率指机器人每根轴能够实现的最小运动距离或最小转动角度。分辨率是由系统设计检测参数决定的,并受到位置反馈检测单元性能的影响。

2. IRB120 工业机器人的技术参数

IRB120 工业机器人是 ABB 新型第四代机器人系列的最新成员,它是迄今为止 ABB 制造的最小的机器人。IRB120 工业机器人具有敏捷、紧凑、轻量的特点,且控制精度和路径精度俱优,它是物料搬运和装配应用的理想选择。IRB120 工业机器人的技术参数见表 1-1-1。

表 1-1-1　IRB120 工业机器人的技术参数

特性	
集成信号源	手腕设 10 路信号
集成气源	手腕设 4 路空气(5 bar)
重复定位精度	0.01 mm
机器人安装方式	任意角度
防护等级	IP30

续表

控制器	IRC5 紧凑型控制柜		
物理参数			
机器人底座尺寸	180 mm × 180 mm		
机器人高度	700 mm		
质量	25 kg		
运动			
轴运动	工作范围	轴最大速度	
轴 1 旋转	-165° ~165°	250° /s	
轴 2 旋转	-110° ~110°	250° /s	
轴 3 旋转	-110° ~70°	250° /s	
轴 4 旋转	-160° ~160°	320° /s	
轴 5 旋转	-120° ~120°	320° /s	
轴 6 旋转	-400° ~400°	420° /s	
规格			
版本	工作范围	负载能力	手臂负载
IRB120-3/0.6	580 mm	3 kg	0.3 kg
电气连接			
电源电压	200~600 V，50/60 Hz		
额定功率	3.0 kV·A		
功耗	0.25 kW		

当工业机器人靠近工作空间边缘时，其姿态可达性将会降低，在实际使用中需要充分考虑机器人工作空间的限制。IRB120 工业机器人的工作空间可达 580 mm，底座下方拾取距离为 112 mm，轴 1 旋转范围为-165° ~165°。IRB120 工业机器人手腕中心点工作范围如图 1-1-11 所示。

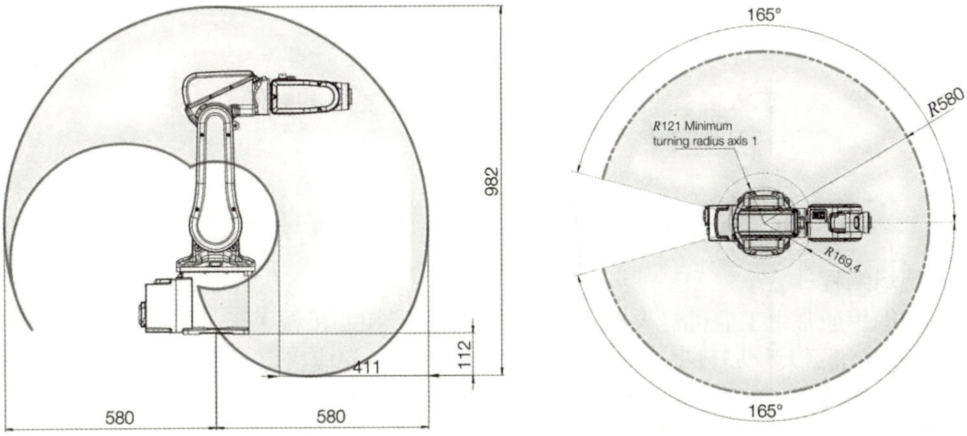

图 1-1-11　IRB120 工业机器人手腕中心点工作范围

IRB120 工业机器人标准负载为 3 kg，加装工具后工业机器人工具中心将会转移，从而导致负载减小，在设计时应当合理考虑工具的质量和重心，以保证工业机器人稳定运行。

1.1.4 工业机器人的安装方式

IRB120 工业机器人本体支持各种角度的安装，在非地面安装时需要设置相关参数，以获得机器人运动的最佳性能，如图 1-1-12 所示。工业机器人常见的安装方式有四种，分别是：地面安装，安装角度为 0°（垂直）；倾斜安装，安装角度为 45°；壁挂安装，安装角度为 90°；悬挂安装，安装角度为 180°。安装时需要确定工业机器人的方位，并将其固定到工作台的基座或底板上，以便工业机器人安全运行，而固定工业机器人时需确定基座或底板上的孔安装配置尺寸。

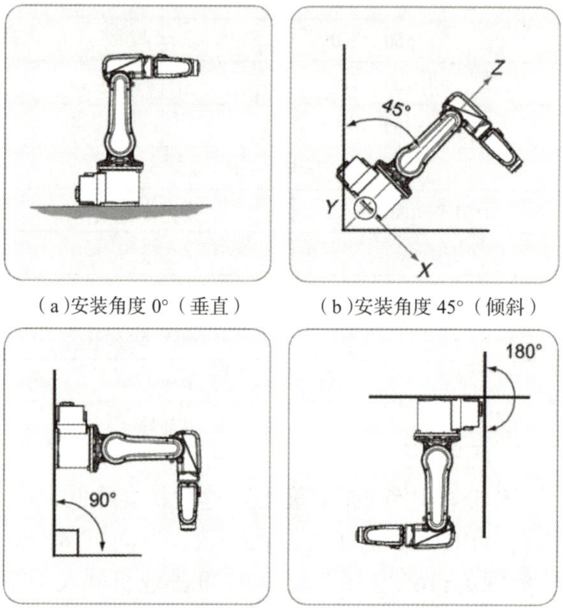

（a）安装角度 0°（垂直）（b）安装角度 45°（倾斜）

（c）安装角度 90°（壁挂）（d）安装角度 180°（悬挂）

图 1-1-12 工业机器人常见安装方式

头脑风暴：

查找资料及机器人安装案例，了解工业机器人安装的注意事项。

1.1.5 工业机器人的编程方式

1. 现场编程

现场编程通常由工业机器人操作人员通过示教器控制机械手工具末端到达指定的位置和姿态，记录机器人位姿数据，并编写机器人运动指令，完成机器人在正常加工中的轨迹规划、位姿等关节数据信息的采集和记录。示教器具有实时在线的优势，操作简便直观。

例如，采用机器人对汽车车身进行点焊，首先由操作人员控制机器人到达各个焊点，对各焊点轨迹进行人工示教，在焊接过程中通过示教再现的方式再现焊接轨迹，从而实现汽车车身各个位置焊点的焊接。

但是传统的在线示教编程存在很大的局限性，例如在焊接过程中汽车车身的位置很难保证每次都完全一样，因此在实际现场编程时，为了使示教点更精确，通常需要增加激光传感器、力觉传感器和其他辅助示教设备，以对示教点的路径进行纠偏和校正。借助激光传感器等装置进行辅助示教，提高了机器人使用的柔性和灵活性，降低了操作的难度，提高了机器人加工的精度和效率，这在很多场合是非常实用的。

2. 离线编程

离线编程是在不使用真实机器人的情况下，在软件建立的三维虚拟环境中利用仿真的机器人进行编程。与现场编程相比，离线编程具有以下优点：

（1）缩短了停机的时间，当对下一个任务进行编程时，机器人可仍在生产线上工作；

（2）使编程人员远离危险的工作环境，改善了编程环境；

（3）使用范围广，可以对各种机器人进行编程，并能方便地实现程序优化；

（4）便于和 CAD、CAM 系统结合，做到 CAD、CAM、ROBOTICS 一体化；

（5）可使用高级计算机编程语言对复杂任务进行编程；

（6）便于修改机器人程序。

机器人离线编程利用计算机图形学的成果，通过对工作单元进行三维建模，在仿真环境中建立与现实工作环境对应的场景，采用规划算法对图形进行控制和操作，在不使用真实机器人的情况下进行轨迹规划，进而生成机器人程序。RobotStudio 是瑞士 ABB 公司基于 Windows 操作系统开发的工业机器人仿真与离线编程软件。该软件功能强大，支持精准的离线编程和仿真，并提供直观友好的用户界面。RobotStudio 软件的界面如图 1-1-13 所示。

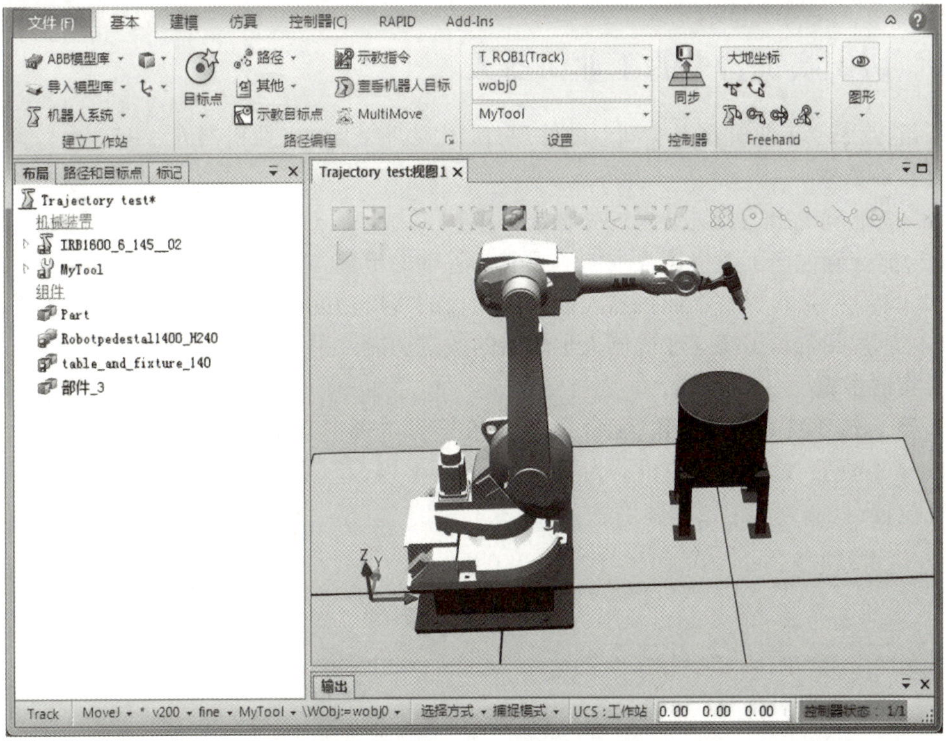

图 1-1-13　RobotStudio 软件界面

3. 智能编程

随着传感与测量技术的不断发展，焊缝跟踪系统日趋成熟。基于实时焊缝测量数据的反馈，研究人员开发出由计算机控制的焊接机器人自主路径规划编程技术。

1）基于激光结构光的智能编程

基于激光结构光的路径自主规划的原理是将结构光传感器安装在机器人的末端，形成“眼在手上”的工作方式。例如，利用焊缝跟踪技术逐点测量焊缝的中心坐标，并建立焊缝轨迹数据库，在焊接时作为焊枪的路径。

2）基于双目视觉的智能编程

基于视觉反馈的智能示教是实现机器人路径自主规划的关键技术，其主要原理是在一定条件下，由主控计算机通过视觉传感器沿焊缝自动跟踪、采集并识别焊缝图像，计算出焊缝的空间轨迹和方位，且按优化焊接要求自动生成机器人焊枪的位姿参数。

3）多传感器信息融合智能编程

采用力觉传感器、视觉传感器和位移传感器构成一个高精度自动路径生成系统。该系统集成了力、视觉、位移控制，引入了视觉伺服，可以根据传感器反馈信息执行动作。该系统中机器人能够根据记号笔绘制的线自动生成机器人路径，位移传感器用于保持机器人工具中心点（TCP）的位姿，视觉传感器用于保证机器人自动跟随曲线，力觉传感器用于保持TCP与工件表面的距离恒定。

◆ 任务实施

1.1.6 认识实训台上的工业机器人

了解YL399工业机器人实训台的外观，认识实训台上的工业机器人。

1. 实训要求

（1）能准确说出工业机器人的品牌及型号。

（2）能准确说出工业机器人本体的组成和各轴的位置。

（3）能查阅资料了解工业机器人控制柜面板的接口功能。

（4）能查阅资料了解工业机器人示教器的按键功能。

2. 实训步骤

步骤1：按照两人一组分组，配合完成，并在实训过程中互相帮助、互相监督。

步骤2：观察YL399工业机器人实训台（图1-1-14），重点观察工业机器人本体，找到铭牌所在位置，并阅读和记录铭牌信息，填写表1-1-2。

图 1-1-14　YL399 工业机器人实训台

表 1-1-2　铭牌信息

序号	信息名称	具体内容
1	厂家	
2	具体型号	
3	有效荷载	
4	序列号	
5	质量	

步骤 3:结合工业机器人控制柜外形和铭牌信息,查阅资料了解控制柜的接口功能,填写表 1-1-3。

表 1-1-3　控制柜接口功能

序号	接口名称	接口功能
1	XS41	
2	XS2	
3	XS4	
4	XS1	
5	电源电缆接口	

步骤 4:结合工业机器人示教器外观和铭牌信息,查阅资料了解示教器的按键功能,填写表 1-1-4。

表 1-1-4　示教器按键功能

序号	按键图示	按键功能
1		

续表

序号	按键图示	按键功能
2		
3		
4		
5		
6		

步骤 5:整理收集的资料,汇报实训成果。

学而有思

绿的谐波减速器的创新之路

任务验收考核

姓名			学号		
任务名称	考核要点	考核要求	配分	评分标准	得分
初识工业机器人	1. 基础知识(85 分)	(1)明确工业机器人的定义	5	能说出工业机器人的定义,每处错误扣 2 分	
		(2)理解并记忆工业机器人的组成	25	能说出工业机器人的组成,每处错误扣 5 分	
		(3)理解并记忆工业机器人的主要参数	25	能说出工业机器人的主要参数,每处错误扣 5 分	
		(4)描述工业机器人不同的安装方式	20	能区分并说出工业机器人不同的安装方式,每处错误扣 5 分	
		(5)描述工业机器人的编程方式	10	能说出工业机器人的编程方式,每处错误扣 3 分	

续表

任务名称	考核要点	考核要求	配分	评分标准	得分
初识工业机器人	2. 职业素养（15 分）	（1）操作过程中未发生踩踏机器人电缆的现象	5	踩踏机器人电缆每次扣 2 分	
		（2）操作过程中积极参与，互帮互助，团结协作	5	操作过程中发现不参与实训、影响团队合作的现象扣 1 分	
		（3）操作过程中工位整洁有序，操作结束后按照“6S”法则整理工位	5	工位整理不符合“6S”法则，每处扣 1 分	
合计			100	总分	

知识拓展

机器人发展历史

习题与测试

任务 1.1 习题与测试

任务 1.2　工业机器人生产厂家及典型应用

任务描述

工业机器人广泛应用于多个行业，为这些行业的智能化生产和发展提供了有力支持。例如：在汽车制造业，用于焊接、装配、搬运和喷涂等作业，提高了生产效率和产品质量；在电子电气行业，完成零部件组装、检测和物料搬运等工作，满足了高精度制造需求；在食品行业，执行包装、加工处理和码垛搬运等任务，确保了卫生高效；在家电行业，参与组装、检测等环节。工业机器人在不同行业的应用具有不同的特点，为保证生产线升级改造的效果，该企业工程师需要熟悉工业机器人的行业应用特点。

任务要求

（1）了解国内外主要工业机器人生产厂家；
（2）说出工业机器人的典型应用。

任务目标

1. 知识目标

（1）能说出工业机器人主要的生产厂家；
（2）能描述工业机器人的应用领域。

2. 能力目标

（1）能够分析不同工业机器人生产厂家的特点；
（2）能够分析工业机器人主要的应用行业。

3. 素养目标

（1）培养学生总结归纳和统计分析的能力；
（2）引导学生关注我国工业机器人的发展，培养学生的民族自豪感和爱国主义精神。

任务准备

1.2.1　工业机器人生产厂家

1. 国内主要生产厂家

目前，国内工业机器人产业增长势头强劲，涌现出一批机器人的生产制造商，例如埃夫特、新松、广州数控、埃斯顿、珞石等。

1）埃夫特

埃夫特智能机器人股份有限公司是一家专门从事工业机器人、大型物流储运设备及非标自动化设备设计和制造的高新技术企业，在意大利设有智能喷涂机器人研发中心和智能机器人应用中心。图 1-2-1 所示为埃夫特六轴机器人。

埃夫特目前是国家机器人产业集聚区内的核心企业，埃夫特机器人在奇瑞汽车等企业历经 5 年的苛刻考验和充分验证之后，被广泛推广到汽车及零部件行业、家电行业、卫浴行业、机床行业、机械制造行业、日化行业、食品和药品行业、钢铁行业等。

2）新松

新松机器人自动化股份有限公司隶属于中国科学院，它是一家以机器人独有技术为核心，致力于数字化智能高端装备制造的高科技上市公司。该公司的机器人产品线涵盖工业机器人、洁净（真空）机器人、移动机器人、特种机器人和智能服务机器人五大系列。其中，工业机器人填补了多项国内空白，实现了我国机器人产业发展史上多项突破；洁净（真空）机器人多次打破国外技术垄断和封锁，大量替代进口机器人；移动机器人在国际市场上展现出显著的综合竞争优势，处于国际领先水平，被美国通用电气等多家国际知名企业列为重点采购产品。特种机器人在国防重点领域得到批量应用。该公司在高端智能制造装备方面已形成智能物流、自动化成套装备、洁净装备、激光技术装备、轨道交通装备、节能环保装备、能源装备、特种装备产业群组化发展。

新松现已形成集自主核心技术、关键零部件、领先产品和行业系统解决方案于一体的完整产业链，并将产业战略提升到涵盖产品全生命周期的数字化、智能化制造全过程。图 1-2-2 所示为新松机器人。

图 1-2-1　埃夫特六轴机器人

图 1-2-2　新松机器人

3）广州数控

广州数控设备有限公司位于中国南方数控产业基地，它是国内技术领先的专业成套机床数控系统供应商。该公司主营业务包括数控系统、伺服驱动与电机、工业机器人及精密数控注塑机等的研发生产，以及数控机床连锁营销与机床数控化工程。

广州数控的机器人产品负载范围为 3~400 kg，包括 3~6 个关节。图 1-2-3 所示为广州数控机器人，其应用领域包括搬运、机床上下料、焊接、码垛、涂胶、打磨抛光等，涉及数控机床、五金机械、电子、家电、建材等行业。

4）埃斯顿

南京埃斯顿自动化股份有限公司成立于 1993 年，它是一家智能装备核心控制功能部件制造企业。该公司已经形成以六轴机器人为主，负载范围为 3~700 kg 的全系列工业机器人产品，包括 Delta 和 SCARA 工业机器人系列在内，共计有 87 款工业机器人产品，应用领域包括点焊、弧焊、搬运、机床上下料等。图 1-2-4 所示为埃斯顿机器人。

图 1-2-3　广州数控机器人

图 1-2-4　埃斯顿机器人

5）珞石

珞石（山东）机器人集团股份有限公司专注于多关节型工业机器人、协作机器人等系列化产品的研发、生产和销售，以平台化产品和自主知识产权的核心技术为基础，面向工业、商业和医疗等领域，快速为客户提供更智能、更高效、更安全的产品和自动化解决方案等服务。

珞石机器人专注于轻型工业机器人、柔性协作机器人和智能制造技术的研发与创新，赋能汽车零部件、3C 电子、精密加工、医疗、商业等行业客户实现智能化转型升级，在多个垂直领域应用中保持国内遥遥领先，业务遍布德国、法国、俄罗斯、日本、韩国等十多个国家。图 1-2-5 所示为珞石机器人。

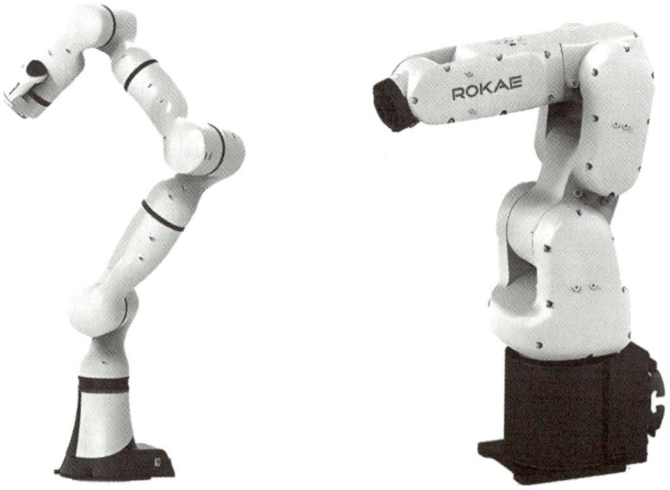

图 1-2-5　珞石机器人

头脑风暴：

结合教材内容查找资料，列表对比国内工业机器人生产厂家的各自特点及主要应用行业。

2. 国外主要生产厂家

在全球工业机器人版图中，瑞士 ABB、德国库卡（KUKA）、日本发那科（FANUC）和安川（YASKAWA）被称为“四大家族”，它们凭借技术积淀和先发优势，在整个工业机器人产业占有举足轻重的地位。

1）ABB

ABB 是世界上最大的机器人制造公司之一，1974 年研发了第一台全电控式工业机器人 IRB6，主要用于工件取放和物料搬运；1975 年生产出了第一台焊接机器人；1980 年兼并 Trallfa 公司后，其机器人产品趋于完备。图 1-2-6 所示为 ABB 机器人。ABB 制造的工业机器人广泛用于焊接、装配铸造、密封涂胶、材料处理、包装、喷漆、水切割等领域。

ABB 的核心技术是运动控制系统，掌握了运动控制技术的 ABB 工业机器人可以轻易地实现循径精度、运动速度、周期时间、可程序设计等性能，从而大幅提高生产的质量和效率以及可靠性。

2）KUKA

KUKA 是世界上工业机器人和自动控制系统领域的顶尖制造商，2016 年被美的收购。其产品应用范围包括点焊、弧焊、码垛、喷涂、浇铸、装配、搬运、包装等各种自动化作业。图 1-2-7 所示为 KUKA 机器人。

KUKA 工业机器人的客户主要分布于汽车工业领域，在汽车零部件的焊接、搬运、装配等环节应用广泛。例如，在宝马、奔驰等汽车品牌的生产线上，KUKA 机器人承担了大量的工作；在一般工业领域，KUKA 机器人也可用于物料搬运、机床上下料等作业。

图 1-2-6　ABB 机器人

图 1-2-7　KUKA 机器人

3)FANUC

FANUC 是世界上最大的机器人制造商之一。FANUC 的前身致力于数控设备和伺服电机系统的研制和生产,后于 1972 年从日本富士通公司的计算机控制部门独立出来成立了 FANUC。FANUC 的主要业务可分为工业机器人和工厂自动化两部分。

FANUC 与其他企业相比的独特之处在于其工艺控制更加便捷,同类型机器人底座尺寸更小,且拥有独有的手臂设计。图 1-2-8 所示为 FANUC 机器人。

4)YASKAWA

YASKAWA 于 1977 年研制出了第一台全自动工业机器人,其核心的工业机器人包括点焊和弧焊机器人、油漆和处理机器人、LCD 玻璃板传输机器人和半导体晶片传输机器人等。近年来, YASKAWA 生产的新型液晶玻璃板搬运机器人受到市场欢迎。此外, YASKAWA 还是最早将工业机器人应用于半导体领域的厂家之一。图 1-2-9 所示为 YASKAWA 机器人。

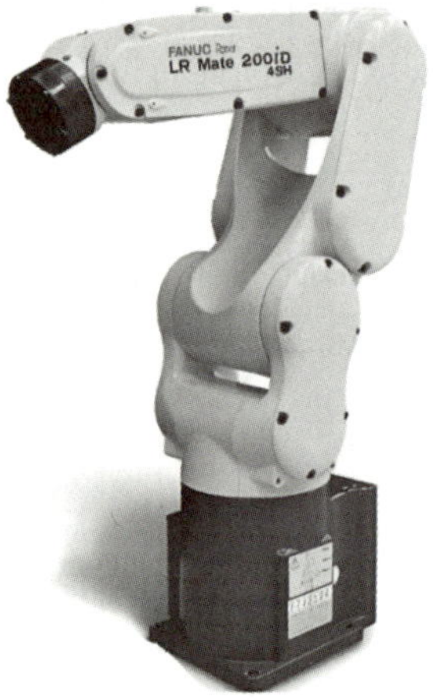

图 1-2-8　FANUC 机器人

图 1-2-9　YASKAWA 机器人

YASKAWA 是从电机开始做起的,因此它可以把电机的惯量最大化,而其机器人最大的特点就是负载大、稳定性高,在满负载、满速度运行的过程中不会报警,甚至能够过载运行。因此,YASKAWA 机器人在重负载的机器人应用领域(如汽车行业)的市场份额相对较大。

头脑风暴:

结合教材内容查找资料,列表对比国外四个工业机器人生产厂家的特点及主要应用行业。

1.2.2　工业机器人典型应用

1. 工业机器人在汽车行业的应用

目前,工业机器人应用最多的行业就是汽车制造业,其中主要包括焊接和装配工作。

微课:工业机器人典型应用

汽车车身的组装焊接是工业机器人的重要应用场景。点焊机器人和弧焊机器人能够快速、准确地完成汽车车身各个部位的焊接任务，保证焊接质量的稳定性和一致性，提高生产效率。例如，在汽车底盘、车架、车门等部件的焊接中，机器人可以高效地进行连续焊接作业，如图 1-2-10 所示。

汽车零部件众多，装配精度要求高。工业机器人可以精确地完成发动机、变速器、座椅、仪表盘等部件的安装，确保装配的准确性和可靠性。通过机器人的自动化装配，还可以提高生产线的节拍，缩短汽车的生产周期。

2. 工业机器人在物流领域的应用

工业机器人在物流领域的应用也非常多，主要包括货物的包装和打包，与 AGV 机器人相互配合完成货物的搬运，通过安装视觉系统进行二维码识别以完成货物的分拣等，如图 1-2-11 所示。例如，近几年兴起的京东快递机器人就是工业机器人在物流行业的典型应用。

图 1-2-10　工业机器人焊接汽车车身

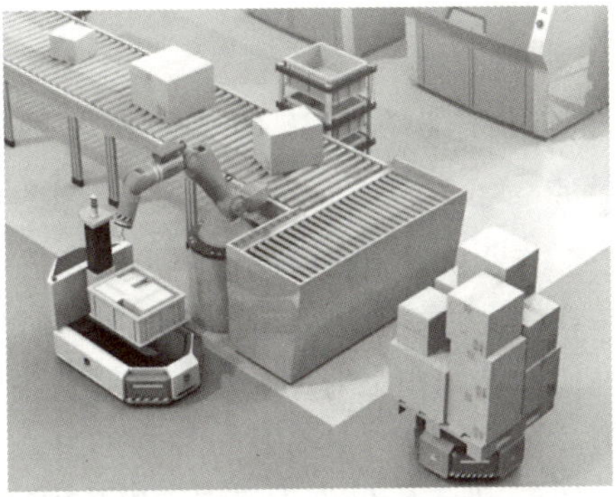

图 1-2-11　工业机器人在物流领域的应用

3. 工业机器人在能源领域的应用

工业机器人在能源领域的应用也越来越广，例如工业机器人可用于煤矿巷道的掘进工作，通过安装掘进机械臂，并按照预设的程序和轨迹进行巷道挖掘，可以提高掘进效率和精度，降低人工操作的危险性。在采煤过程中，工业机器人可以辅助进行煤炭的开采和搬运，例如一些自动化的采煤机械能够实现煤炭的自动切割、装载和运输，大大提高了采煤的速度和产量。电力行业、采矿企业也越来越多地采用工业机器人进行巡检等，如图 1-2-12 所示。

4. 工业机器人在 3C 行业的应用

电子电气产品（例如手机、计算机、平板等设备）的零部件通常体积小，精度要求高。工业机器人可以准确地抓取、放置和连接各种微小的零部件，如芯片、电阻、电容等，提高组装的效率和质量。例如，在手机生产线上，工业机器人可以完成屏幕、电池、摄像头等部件的组装。

电子电气产品的质量检测也至关重要。工业机器人可以配备视觉传感器、压力传感器等检测设备，对电子电气产品的外观、尺寸、性能等进行快速、准确的检测，以筛选出不合格产品，从而提高产品的合格率。例如，在电路板的检测中，工业机器人可以快速扫描电路板上的焊点，检测是否存在虚焊、短路等问题。

图 1-2-13 所示为进行 3C 行业作业的工业机器人。

图 1-2-12　变电站巡检机器人

图 1-2-13　工业机器人在 3C 行业的应用

师傅点拨：

工业机器人在 3C 行业的应用有上下料、精密装配、检测与质量管控、螺丝锁付、涂胶、包装、零件拾取等。

5. 工业机器人在食品饮料及医药行业的应用

在食品饮料及医药行业，无论是频繁重复的分拣包装和强体力劳动的搬运堆放，还是实验室研发中的精准协助和洁净室制造中的安全卫生管控，工业机器人均能发挥出其特有的价值。工业机器人具有高可靠性的特点，可应用在需要训练有素的技术人员来执行重复操作的环节，通过降低人为错误来提高可靠性，也可执行各种典型的医疗应用实验任务。

在传统的人工包装生产线上，如面包、糕点、冰激凌等物品的一次包装中，分拣工作占用了大量的人工和生产时间，分拣机器人通过视觉系统的应用能帮助人们完成大量分拣工作，并且在持续重复的工作中保持良好一致的作业稳定性，如图 1-2-14 所示。

6. 工业机器人在石木制品行业的应用

在石木制品行业，工业机器人也有着广泛的应用。在石材加工领域，工业机械人可进行精确的切割、铣削、打磨、抛光和雕刻操作，还能完成石材的搬运和码垛；在木材加工领域，工业机械人能实现精准的木材切割、组装、打磨、涂装以及木材的搬运和堆垛，从而极大地提高了石木制品行业的生产效率和质量，降低了人工劳动强度，如图 1-2-15 所示。

工业机器人雕刻系统将石匠和木匠从繁重恶劣的劳动环境中解放出来，让他们去做更精美的造型设计，同时工业机器人也大幅缩短了生产周期，并降低了用工成本。

师傅点拨：

工业机器人在石木制品行业的主要应用包括切割与铣削、打磨抛光处理、雕刻、搬运与码垛、木材涂装等。

图 1-2-14　工业机器人在食品行业的应用

图 1-2-15　工业机器人在石木制品行业的应用

任务实施

1.2.3　工业机器人工作站的典型应用场景认知

熟悉工业机器人工作站的各部分组成，结合工业机器人应用场景内容说出工作站的典型应用场景。

1. 实训要求

（1）掌握工业机器人工作站的各部分组成及功能。

（2）了解工业机器人工作站的整体运行流程。

（3）能够结合工作站组成说出工作站的典型工业应用场景。

2. 实训步骤

步骤 1：按照两人一组分组，配合完成。

步骤 2：教师结合工业机器人工作站讲解各部分的组成及功能，学生认真听讲并记录，填写表 1-2-1。

表 1-2-1　组件名称及功能

序号	组件名称	功能

步骤 3：教师演示工业机器人工作站的整体运行流程，学生观察运行现象并记录，填写表 1-2-2。

表 1-2-2　运行步骤及内容

运行步骤	内容	备注

步骤 4:学生自行观察工业机器人工作站并交流心得。

步骤 5:教师随时解答学生实训中的疑问。

步骤 6:学生总结工业机器人工作站中的典型工业应用场景,并设计表格记录,见表 1-2-3。

表 1-2-3　典型工业应用场景总结

序号	实训台应用场景	对应工业应用场景

学而有思

曲道奎与新松机器人

任务验收考核

姓名			学号		
任务名称	考核要点	考核要求	配分	评分标准	得分
工业机器人生产厂家及典型应用	1. 基础知识(85 分)	(1)熟悉国内主要生产厂家	30	每个厂家给 5 分,自行了解其他厂家给 5 分,列表对比给 10 分	
		(2)熟悉国外主要生产厂家	30	每个厂家给 5 分,自行了解其他厂家给 5 分,列表对比给 5 分	
		(3)熟悉工业机器人典型应用	25	能描述行业应用,每个典型应用给 5 分	

续表

任务名称	考核要点	考核要求	配分	评分标准	得分
工业机器人生产厂家及典型应用	2. 职业素养（15 分）	（1）安全护具穿戴整齐，实训过程中严肃认真	5	穿戴每处不合适扣 1 分，违反课堂纪律扣 2 分	
		（2）操作过程中积极参与，互帮互助，团结协作	5	操作过程中发现不参与实训、影响团队合作的现象扣 1 分	
		（3）操作过程中工位整洁有序，操作结束后按照“6S”法则整理工位	5	工位整理不符合“6S”法则每处扣 1 分	
合计			100	总分	

知识拓展

工业机器人人才需求

习题与测试

任务 1.2 习题与测试

项目2

工业机器人手动操作

证书技能要求

工业机器人系统操作员(四级)		
工作内容	技能要求	对应教学内容
系统操作与设定	能使机器人上电、复位,进入准备状态	2.2
	能使用示教器设定机器人系统语言、用户权限、用户信息	2.2
	能使用示教器设定机器人的运行模式、运行速度、坐标系	2.3
	能使用示教器清除故障信息和设置功能快捷键	2.2
	能复位、解除因触发安全防护机制、急停按钮等导致的机器人停止状态	2.2
安全操作	能读懂机器人安全标识	2.1
	能判断机器人系统危险状况,并采取急停操作等安全防护措施	2.1

项目学习导读

工业机器人技术的发展使其成为制造业生产加工的关键设备,不仅显著提高了生产效率和产品质量,还对产品的更新迭代起到了重要作用。工业机器人现已广泛应用于航空航天、石油探测、精密制造等各种领域,且工业机器人的应用程度已经成为衡量一个国家工业自动化水平的重要标志。手动操作工业机器人是机器人学习的基础,本项目主要介绍工业机器人手动操作的相关内容,具体包括工业机器人的坐标系认识及安全操作注意事项、控制柜及示教器认知与操作以及手动操作工业机器人等。本项目的内容是后续学习工业机器人现场编程的重要基础。

项目描述

某工业机器人集成企业工程师在初步熟悉 ABB 工业机器人组成、主要参数的基础上，需要进一步了解 ABB 工业机器人控制柜各面板及各接口、示教器以及各电缆名称和用途，并且结合客户要求着手开展工业机器人编程工作，而工业机器人的手动操作是他编程工作的第一步。本项目要求工业机器人在选定的坐标系下夹持着画笔，由操作人员操作其完成“中”字轨迹的描绘任务。为完成该任务，需要学习工业机器人的坐标系、安全操作规程、手动操纵等内容。

项目学习导图

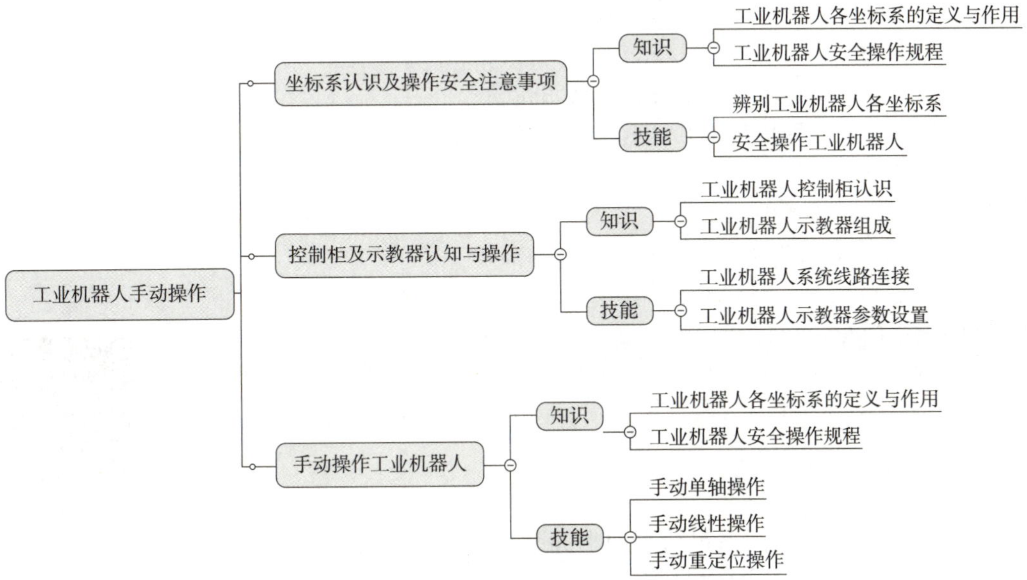

任务 2.1　坐标系认识及操作安全注意事项

任务描述

工业机器人的坐标系具有重要作用。关节坐标系以各关节为基准，能实现机器人复杂的姿态变化，直接控制各关节的角度。直角坐标系以安装基座为基准，便于直观理解机器人在空间的位置和姿态，以及进行简单直线、平面运动编程。工具坐标系以工具中心点为基准，可精确控制工具的位置和姿态，便于进行精细操作和工具更换。用户坐标系由用户自定义，能根据实际任务的需求灵活调整，可提高工作效率，便于多个机器人协作以及与其他设备配合使用时进行坐标统一和协调。这些坐标系为工业机器人的精确控制和高效作业提供了有力保障。

任务要求

（1）理解并掌握工业机器人各坐标系的定义和作用；

（2）掌握工业机器人安全操作规程，避免在操作工业机器人时出现意外情况。

任务目标

1. 知识目标

（1）能说出工业机器人各坐标系的定义和作用；

（2）能描述工业机器人的安全操作规程。

2. 能力目标

（1）能辨别工业机器人各坐标系的使用情景；

（2）能遵守并严格执行工业机器人安全操作规程。

3. 素养目标

（1）培养良好的工作习惯；

（2）树立安全意识，培养遵守操作规程的职业素养。

任务准备

微课：坐标系认识

2.1.1 坐标系认识

工业机器人相关坐标系包括大地坐标系、基坐标系、关节坐标系、工具坐标系、工件坐标系和用户坐标系等六种，如图 2-1-1 所示。

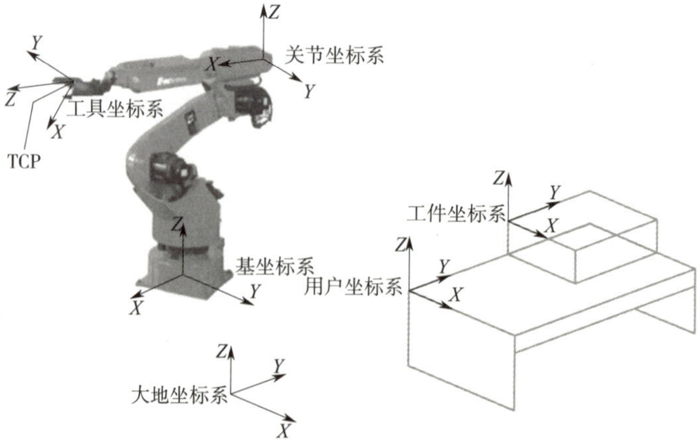

图 2-1-1　工业机器人相关坐标系

在工业机器人系统中可使用若干种坐标系，每一种坐标系适用于特定类型的控制或编程。

1. 大地坐标系

大地坐标系又称为世界坐标系或直角坐标系，它是系统的绝对坐标系，作为工业机器人插补动作的基准，其余的坐标系都是在它的基础上变换得到的。大地坐标系的 *X*、*Y*、*Z* 三个轴相交于原点，且两两垂直。大地坐标系的 *X*、*Y*、*Z* 三个轴的正方向满足右手法则，拇指指向为 *Z* 轴正方向，食指指向为 *X* 轴正方向，中指指向为 *Y* 轴正方向，如图 2-1-2（a）所示。

大地坐标系是以大地作为参考的直角坐标系，在多个机器人联动的情况下和带有外轴的机器人中会用到大地坐标系。默认情况下，大地坐标系与基坐标系是一致的，如图 2-1-2（b）所示。

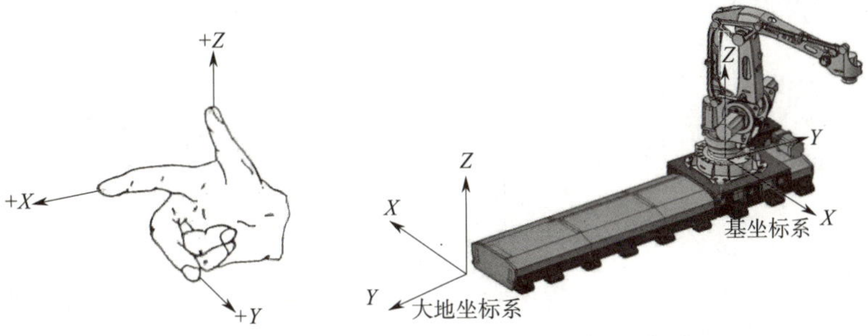

（a）右手法则　　（b）大地坐标系

图 2-1-2　右手法则和大地坐标系

2. 基坐标系

基坐标系是固定在机器人底座上并用于描述机器人本体运动的直角坐标系，如图 2-1-3 所示。

任何机器人都离不开基坐标系，它也是机器人 TCP 在三维空间运动所必需的基本坐标系。对于基坐标系，面对机器人前后方向为 *X* 轴，左右方向为 *Y* 轴，上下方向为 *Z* 轴。

3. 关节坐标系

ABB 机器人的六个关节轴由六个伺服电机分别驱动，每次手动操作一个关节轴的运动称为单轴运动（又称为关节运动）。因此，操作机器人各轴（图 2-1-4）进行单轴运动的坐标系就称为关节坐标系。在一些特别的场合采用单轴运动操纵会更方便、快捷，因此可以采用单轴运动手动操作将机器人移动到合适的位置。

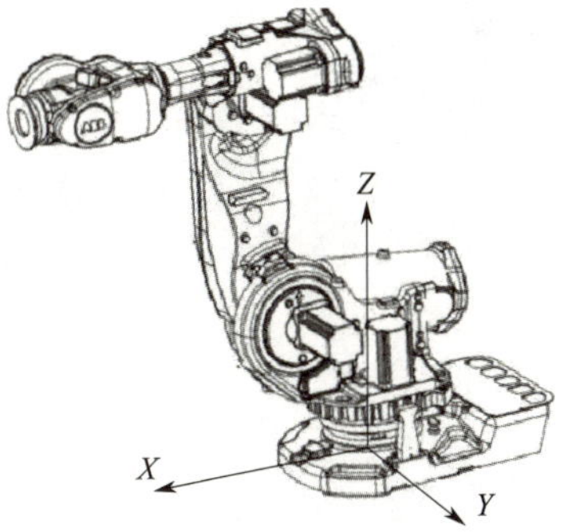

图 2-1-3　基坐标系

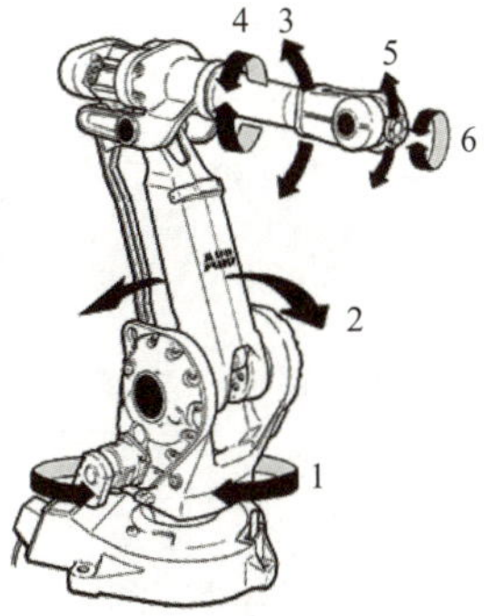

图 2-1-4　机器人各轴

4. 工具坐标系

工具坐标系用于定义工业机器人末端执行器的中心点和工具的姿态，如图 2-1-5 所示。工具坐标系必须事先由用户设定，在用户没有设定时采用默认的工具坐标系，而默认的工具坐标系是工业机器人末端法兰坐标系。

每个工具都应该有对应的工具坐标系，使用不同的工具应该切换到相应的工具坐标系。否则，在工具坐标系下手动操作工业机器人时，工业机器人的轨迹将难以预测。

重定位动作的旋转中心为工具的末端点，利用此特性可调整工具或工业机器人的姿态。

5. 工件坐标系

工件坐标系定义了工件相对于大地坐标系（或其他坐标系）的位置，方便调试人员调试编程，如图 2-1-6 所示。

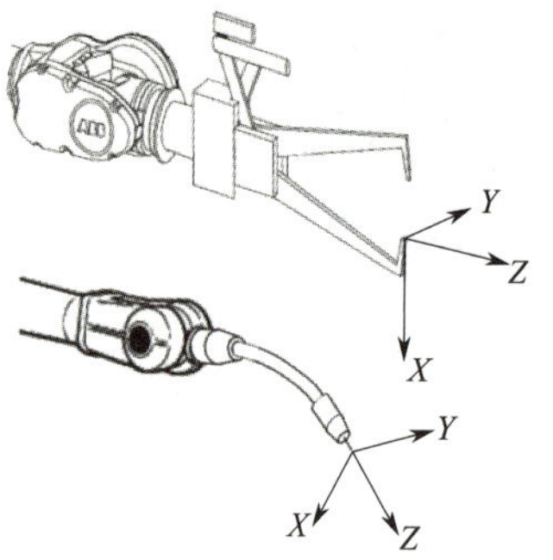

图 2-1-5　工具坐标系

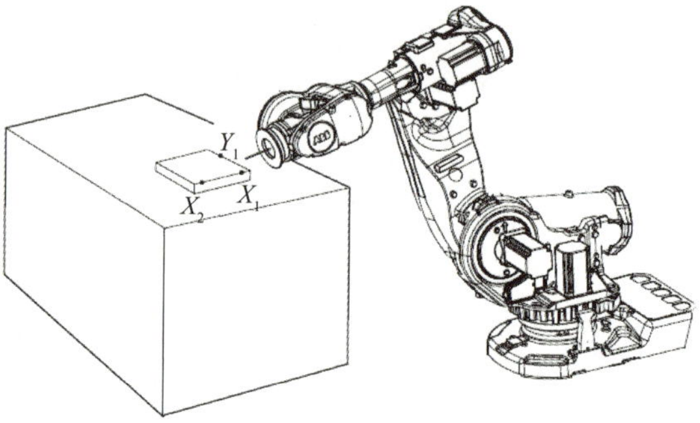

图 2-1-6　工件坐标系

6. 用户坐标系

用户坐标系可用于表示固定装置、工作台等设备，如图 2-1-7 所示。这就在相关坐标系链中提供了一个额外级别，有助于处理持有工件或其他坐标系的处理设备。

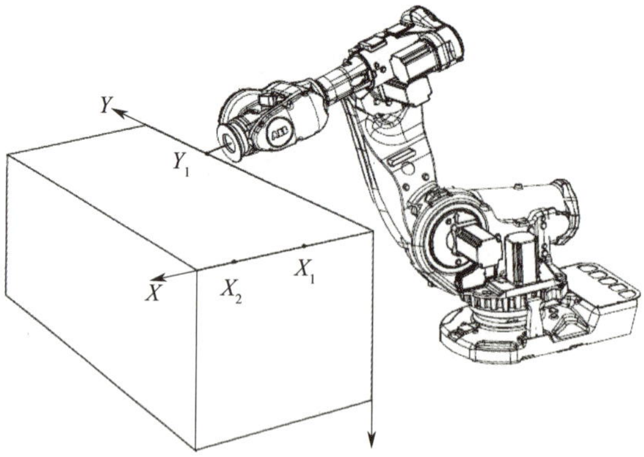

图 2-1-7　用户坐标系

2.1.2　工业机器人安全操作规程

1. 操作注意事项

1）操作工业机器人前的注意事项

（1）确保工业机器人固定在底座上，避免运行过程中不稳定的姿态产生位置偏移或振动。

（2）确保工业机器人周围清洁，无油、水、杂质等。

（3）操作者应穿戴好安全帽、工作服、劳保鞋、防护眼镜等。

（4）熟悉所有能控制工业机器人移动的开关、传感器和控制信号的位置和状态。

（5）熟悉工业机器人控制器和外围控制设备上急停开关的位置，并确认急停开关及其他相关装置无异常。

2）操作工业机器人时的注意事项

（1）操作者应与工业机器人工作半径保持 1.5 m 以上的距离。

（2）操作者不要佩戴手套操作工业机器人示教器。

（3）点动操作工业机器人时应采用较小的速度百分比，以确保操作可控性。

（4）在按下示教器上的点动键前要考虑工业机器人的运动趋势，以便避让障碍物，确认运动轨迹不受干扰。

（5）切勿用力拉扯线路接头或过度卷曲电线，以免造成接触不良或电线损坏。

（6）末端执行器取放工件时，工件质量不得超出工业机器人的工作载荷，且要确保取放工件时抓握牢靠。

（7）编写程序时切勿突然断电，以免造成示教器内资料丢失。

3）运行已有程序时的注意事项

（1）明确该程序所要执行的全部任务。

（2）程序运行前要向相关人员发出信号，避免出现危险。

（3）自动运行程序前应先点动运行程序，准确无误后再自动运行。

（4）永远不要认为工业机器人没有移动，其程序就已经完成。

4）维护、保养工业机器人时的注意事项

（1）进行工业机器人的安装、维修、保养时必须关闭总电源，并将写有“维护作业中”的警示牌放置在启动开关上。

（2）应按照工业机器人指定的搬运姿态搬运或移动机器人，避免因设备掉落而造成危险或损坏设备。

> **师傅点拨：**
>
> 工业机器人不得在以下任何一种情况下使用：燃烧的环境；有爆炸可能的环境；有无线电干扰的环境；水中或其他液体中；以运送人或动物为目的；有人攀爬在机器人上面或悬垂于机器人下面。

2. 安全防护用具

工业机器人操作人员需要正确穿戴相应的安全防护用具（简称“安全护具”），以降低意外带来的伤害。工业机器人操作人员常用的安全护具主要包括安全帽、工作服、劳保鞋、防护眼镜等。

1)安全帽

安全帽用于保护人体头部免受坠落物及其他特定危险因素造成的伤害。安全帽由帽壳、帽衬、下颏带和附件等组成,如图 2-1-8 所示。

2)工作服

工作服是为工作需要而特制的服装,也是企业员工统一穿着的服装,如图 2-1-9 所示。工业机器人操作人员在操作工业机器人时,需正确穿戴工作服,即穿着合身的工作服,束紧领口、袖口和下摆,内衣物不外露,裤管需束紧且不得翻边。

图 2-1-8 安全帽

图 2-1-9 工作服

3)劳保鞋

劳保鞋是一种对足部有安全防护作用的鞋,如图 2-1-10 所示。劳保鞋的种类应根据工作环境的危害性质和危害程度进行选用。

4)防护眼镜

防护眼镜是个体防护装备中重要的组成部分,如图 2-1-11 所示。防护眼镜按照使用功能可分为普通防护眼镜和特种防护眼镜。防护眼镜是一种特殊眼镜,主要用于防止放射性、化学性、机械性损伤和不同波长的光辐射伤害。

图 2-1-10 劳保鞋

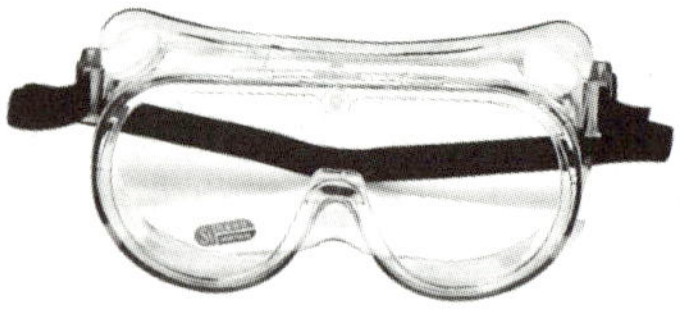

图 2-1-11 防护眼镜

3. 防范措施

操作人员在作业区内工作时,应集中精力、正确操作,为了避免事故并确保安全,操作人员必须采取以下防范措施。

(1)在机器人周围设置安全栅栏,以防与已通电的机器人发生意外接触,且在安全栅栏的入口处放置写有“远离作业区”的警示牌。

(2)工具应该放到安全栅栏以外的合适区域。

(3)佩戴工作帽,头发尽量不外露。长发者应将头发盘于帽内,并正确规范地系紧帽绳,防止操作工业机器人时安全帽脱落而造成安全事故。

(4)穿着合身的工作服,束紧领口、袖口和下摆,扣好纽扣,内衣物不外露,必要时系好安全带。

(5)不佩戴首饰,尤其是手指和腕部。

(6)裤管需束紧,且不得翻边。

(7)尽量穿着劳保鞋,并系紧鞋带。

(8)操作示教器时不佩戴手套。

(9)根据工作现场要求佩戴口罩、防护眼镜等安全护具。

4. 对作业人员的要求

对工业机器人进行操作、编程、维护等的工作人员,统称作业人员。作业人员要穿着适合作业的工作服、劳保鞋,戴好安全帽;要扣好工作服的纽扣并束紧领口、袖口,且工作服要整洁;下肢不能裸露,劳保鞋要防滑、绝缘。

作业人员可分为操作人员、编程人员和维护技术人员三类。

(1)操作人员既可以对机器人电源进行开和关操作,也可以通过控制柜操作面板启动机器人程序。

(2)编程人员不仅可以进行机器人的操作,而且可以在安全栅栏内进行机器人的示教、外围设备的调试等。

(3)维护技术人员不仅可以进行机器人的操作,而且可以在安全栅栏内进行机器人的示教、外围设备的调试等,还可以进行机器人的维护(修理、调整、更换)作业。

师傅点拨:

只有经过专门培训的人员才能操作和使用工业机器人。操作人员在使用机器人时需要注意以下事项:

(1)避免在工业机器人周围做出危险行为,接触机器人或周边机械有可能造成人身伤害;

(2)在工厂内,为了确保安全,需注意“严禁烟火”“高电压”“危险”等标识,当电气设备起火时,应使用二氧化碳灭火器,切勿使用水或泡沫灭火器;

(3)为了防止发生危险,操作工业机器人时需穿戴好工作服、劳保鞋、安全帽等安全护具;

(4)工业机器人安装的场所除操作人员外,其他人员不能靠近。

任务实施

2.1.3　安全帽等防护用品的穿戴

掌握工业机器人安全操作注意事项以及安全帽等防护用品的穿戴方法。

1. 实训要求

（1）能遵守实训室安全规范，严格按要求进行实训。

（2）能正确收集、分析和整理工业机器人安全操作注意事项。

（3）能查阅资料，以便完成安全帽的正确穿戴。

2. 实训步骤

步骤1：搜集资料并整理工业机器人安全操作注意事项，填写表2-1-1（此类表格均可扩展）。

表2-1-1　安全操作注意事项

序号	安全操作注意事项

步骤2：搜索并观看安全帽正确穿戴教学视频，整理注意事项，填写表2-1-2。

表2-1-2　安全帽穿戴注意事项

步骤	操作说明	关键点

步骤3：一人穿戴安全帽，另一人检查是否正确，然后两人交换操作，以便互相检查。

步骤4：交流汇报实训收获。

学而有思

徐立平：中国第一刀

任务验收考核

姓名			学号		
任务名称	考核要点	考核要求	配分	评分标准	得分
坐标系认识及操作安全注意事项	1. 基础知识（85 分）	（1）说出工业机器人各坐标系的定义	25	能准确说出工业机器人各坐标系的定义，包括大地坐标系、基坐标系、关节坐标系、工具坐标系、工件坐标系，每处错误扣 5 分	
		（2）说出工业机器人各坐标系的使用情景	25	能说出工业机器人各坐标系的使用场景，包括大地坐标系、基坐标系、关节坐标系、工具坐标系、工件坐标系，每处错误扣 5 分	
		（3）说出工业机器人安全操作注意事项	15	能说出工业机器人安全操作注意事项，且表述准确，每处错误扣 4 分	
		（4）正确穿戴各种安全护具	10	能熟练使用工业机器人各种安全护具，会穿戴安全帽，每处错误扣 2 分	
		（5）说出对作业人员的要求	10	能熟练说出对工业机器人作业人员的要求，每处错误扣 2 分	
	2. 职业素养（15 分）	（1）安全护具穿戴整齐，实训过程中严肃认真	5	安全护具穿戴每处不合适扣 1 分，违反课堂纪律扣 2 分	
		（2）操作过程中积极参与，互帮互助，团结协作	5	操作过程中发现不参与实训、影响团队合作的现象扣 1 分	
		（3）操作过程中工位整洁有序，操作结束后按照“6S”法则整理工位	5	工位整理不符合“6S”法则每处扣 1 分	
合计			100	总分	

知识拓展

安全标识

习题与测试

任务 2.1 习题与测试

任务 2.2　控制柜及示教器认知与操作

任务描述

工业机器人主要包括工业机器人本体、控制柜和示教器，工业机器人本体在项目一中已有介绍，在充分了解工业机器人各组成部分的基础上才能更好地操作工业机器人。

任务要求

（1）理解并掌握工业机器人控制柜和示教器各部分的功能及主要接口；
（2）掌握工业机器人示教器和控制柜的连接。

任务目标

1. 知识目标

（1）能说出工业机器人控制柜主要接口的功能；
（2）能描述工业机器人示教器主界面的组成。

2. 能力目标

（1）能够使用示教器设置工业机器人的参数；
（2）能够完成工业机器人的连接。

3. 素养目标

（1）提升理论结合实际的能力，培养严谨认真的工作作风；
（2）提升分析问题和解决问题的能力。

任务准备

2.2.1　控制柜认识

IRB120 工业机器人的控制柜可分为标准型和紧凑型两种，本书以紧凑型（IRC5 Compact）控制柜为例，其面板布局可分为按钮面板、电缆接口面板和电源接口面板三部分，如图 2-2-1 所示。控制柜面板上各按钮和接口的分布如图 2-2-2 所示。

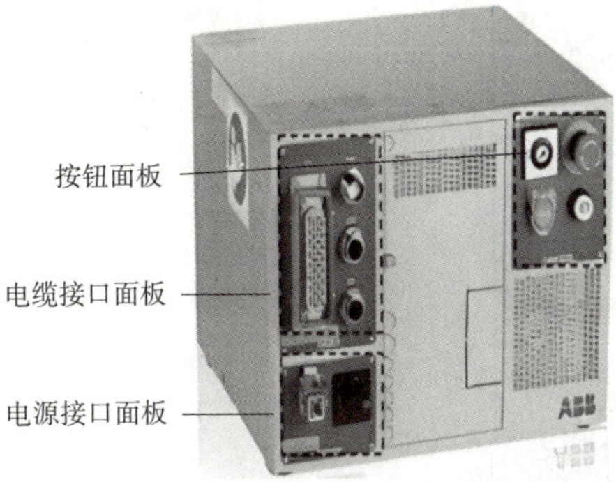

图 2-2-1　IRC5 控制柜

微课:ABB 机器人控制柜介绍

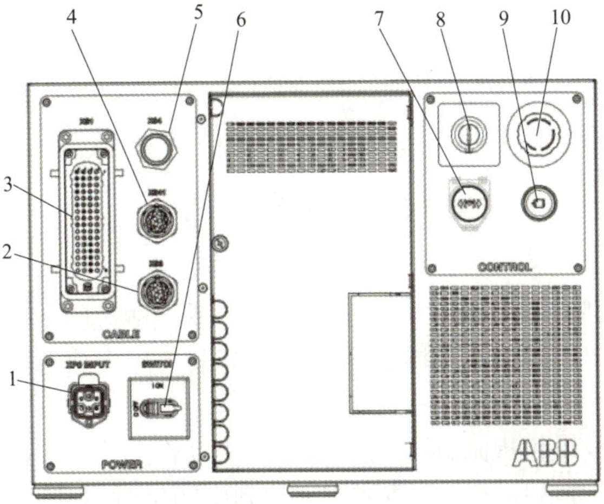

1	XP0:电源电缆接口,用于给控制器供电
2	XS2:编码器电缆接口,用于连接外部编码器
3	XS1:电机动力电缆接口,用于连接机器人驱动器
4	XS41:外部轴电缆接口,连接外部轴电缆信号时使用
5	XS4:示教器电缆接口,用于连接机器人示教器
6	主电源开关
7	IRB120 工业机器人的制动闸释放按钮(位于盖子下),在通电状态下按下该按钮,可用手旋转机器人任何一个轴
8	模式选择旋钮:用于切换机器人的工作模式
9	上电/复位按钮:发生故障时,使用该按钮对控制器内部状态进行复位;在自动模式下按下该按钮,机器人电机上电,按键灯常亮
10	急停按钮:在任何工作模式下按下该按钮,机器人立即停止运动

图 2-2-2　控制柜示意图

2.2.2　示教器操作

示教器由硬件和软件组成,且是工业机器人的人机交互接口,通过电缆与控制装置连接。工业机器人的常规操作基本在示教器上完成,用于执行与操作工业机器人系统有关的任务,如对程序文件进行编辑、管理、示教检查和在线运行,监控坐标值、变量和输入及输出,实现系统设置、参数设置和机器设置,及时显示报警信息和必要的操作提示等。

微课:ABB 机器人示教器认知

1. 示教器的组成

ABB 机器人示教器由触摸屏、功能按键、操纵杆、使能按键、急停按钮、USB 接口、触控笔组成,如图 2-2-3 所示。

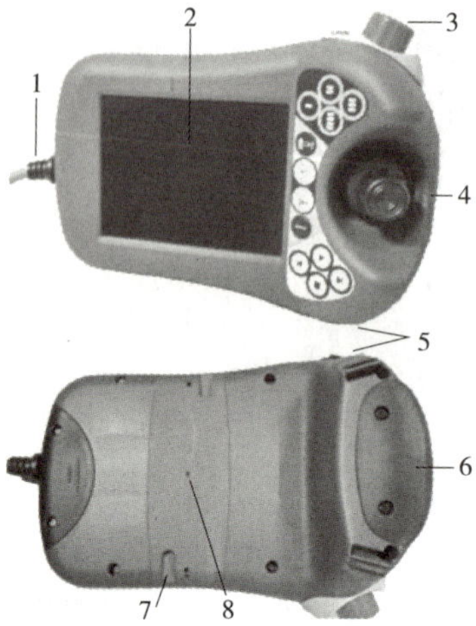

图 2-2-3 ABB 机器人示教器组成

1—连接器;2—触摸屏;3—急停按钮;4—操纵杆;5—USB 接口;6—使能按键;7—触控笔;8—重置按钮

头脑风暴:

查找不同机器人生产厂家的示教器,对比分析它们在使用方法上的异同。

2. 示教器按键

操作工业机器人时通常会手持示教器,惯用右手者用左手持该设备,右手在触摸屏上执行操作;而惯用左手者可以将示教器旋转 180°,并用右手持该设备,左手在触摸屏上执行操作,如图 2-2-4 所示。

在手动模式下,必须按下使能按键来释放电机抱闸,从而使工业机器人动作。使能按键是三位选择开关,位于示教器的侧面,如图 2-2-5 所示。将使能按键按到中间位时,能够释放电机抱闸;而松开或按到底部时,电机抱闸都会闭合,从而锁住工业机器人。使能按键是工业机器人为保证操作人员人身安全而设置的。只有在按下使能按键,并保持在“电机开启”的状态,才可对机器人进行手动操作和程序调试。当发生危险时,操作人员会本能地将使能按键松开或按到底部,机器人则会马上停止运动,以保证操作人员的安全。

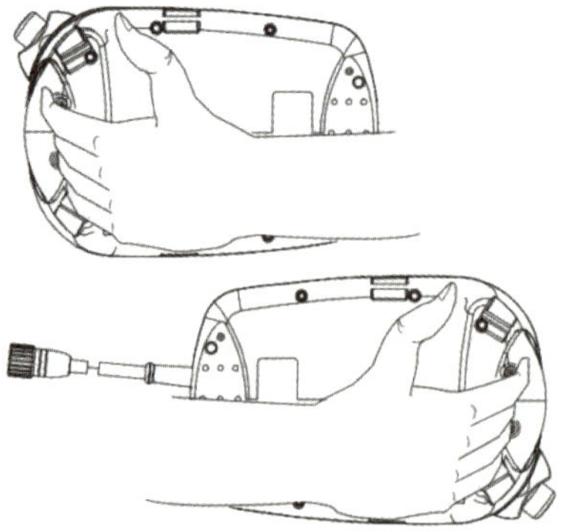

图 2-2-4 示教器手持方式

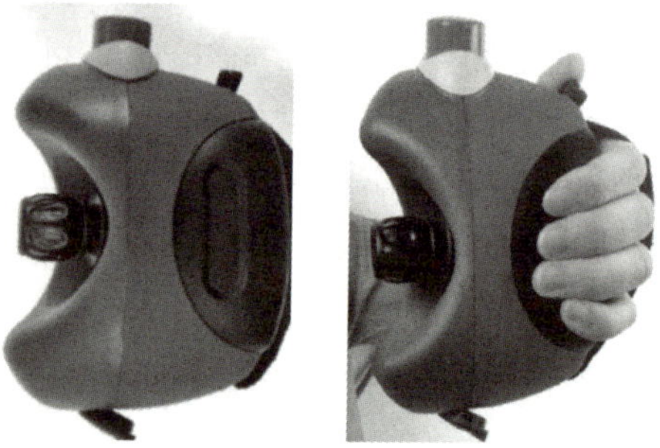

图 2-2-5 使能按键

示教器上有 12 个专用的按键，可以将部分常用的功能指定到 4 个可编程的预设按键。示教器上各按键的功能如图 2-2-6 所示。

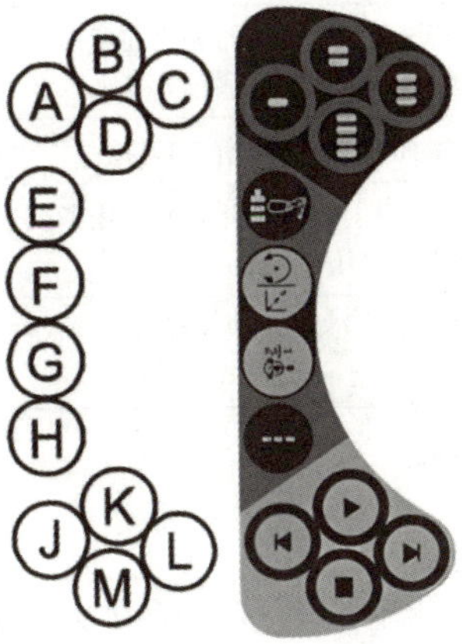

A~D	预设按键
E	选择机械单元
F	切换运动模式：线性或重定位
G	切换运动模式：轴 1-3 或轴 4-6
H	切换增量
J	步退按键，按下此按键，可使程序后退至上一条指令
K	启动按键，开始执行程序
L	步进按键，按下此按键，可使程序前进至下一条指令
M	停止按键，按下此按键，可停止程序执行

图 2-2-6　示教器各按键及其功能

3. 示教器操纵杆

示教器操纵杆位于示教器的右侧，可以进行上下、左右、斜角、旋转等操作，共包括 10 个方向，如图 2-2-7 所示。其中，斜角操作相当于相邻的两个方向的合成动作。在使用操纵杆时，必须时刻观察工业机器人的动作。

另外，操纵杆的摇摆幅度与工业机器人的运动速度相关。操纵杆的摇摆幅度越小，工业机器人运动的速度越慢；操纵杆的摇摆幅度越大，工业机器人运动的速度越快。因此，在操作不熟练时，应尽量小幅度摇摆操纵杆，使工业机器人缓慢运动，待熟悉后再逐渐加快速度。

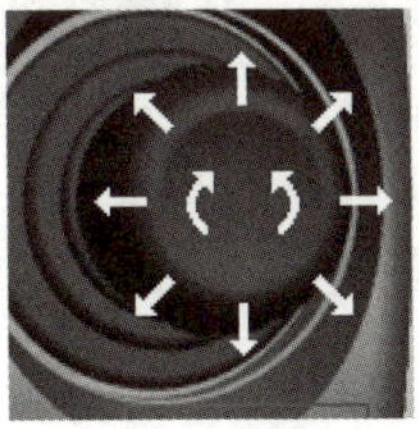

图 2-2-7　示教器操纵杆

头脑风暴：

对比生活中见到的玩具或其他产品的遥控器，是否有类似工业机器人示教器操纵杆的使用方法的？

4. 示教器主界面认识

1）示教器主界面

ABB 机器人开机完成后，示教器进入开机完成界面（即示教器主界面），如图 2-2-8 所示。

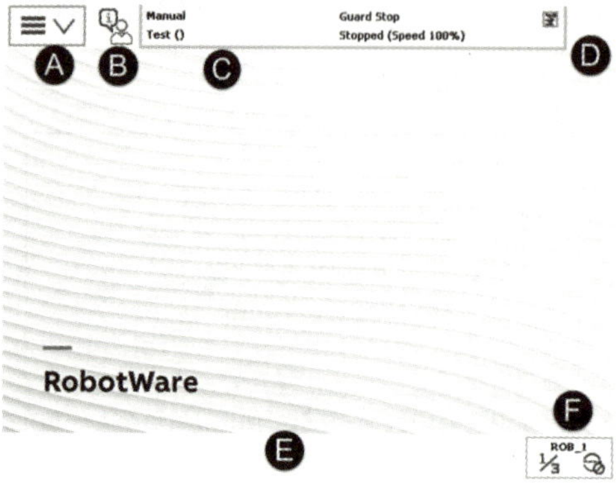

A	主菜单:显示机器人各功能主菜单界面
B	操作员窗口:机器人与操作员交互界面,显示当前状态信息
C	状态栏:显示机器人当前状态,如工作模式、电机状态、报警信息等
D	关闭按钮:关闭当前窗口按钮
E	任务栏:当前打开界面的任务列表,最多支持打开6个界面
F	快捷设置菜单:快速设置机器人功能界面,如速度、运行模式、增量等

图 2-2-8 示教器开机完成界面

2)示教器主菜单

单击示教器开机完成界面中的主菜单按钮,弹出示教器主菜单,如图 2-2-9 所示。

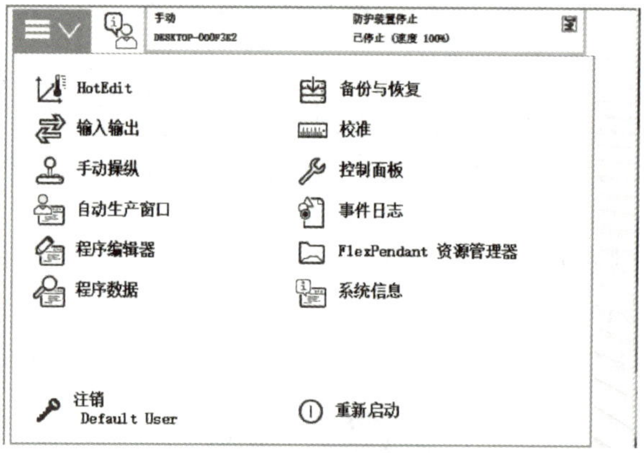

图 2-2-9 示教器主菜单

示教器主菜单各部分说明见表 2-2-1。

表 2-2-1 示教器主菜单各部分说明

序号	图例	说明
1	HotEdit	用于对编写的程序中的点做一定的补偿
2	输入输出	用于查看并操作 I/O 信号
3	手动操纵	用于查看并配置手动操作属性
4	自动生产窗口	用于自动运行时显示程序界面
5	程序编辑器	用于对机器人进行编程调试
6	程序数据	用于查看并配置变量数据

续表

序号	图例	说明
7	备份与恢复	用于对系统数据进行备份和恢复
8	校准	用于对机器人机械零点进行校准
9	控制面板	用于对系统参数进行配置
10	事件日志	用于查看系统所有事件
11	FlexPendant 资源管理器	用于对系统资源、备份文件等进行管理
12	系统信息	用于查看系统控制器属性及硬件和软件信息
13	注销 Default User	用于退出当前用户权限
14	重新启动	用于重新启动系统

5. 示教器参数设置

1)ABB 机器人示教器的语言设置

示教器出厂时,默认的显示语言为英语。为了方便操作,将示教器的显示语言设置为中文,具体操作步骤见表 2-2-2。

表 2-2-2　示教器语言设置

步骤	操作说明	图例
1	单击主菜单按钮,选择“Control Panel”→“Language”,系统进入 Control Panel-Language 界面	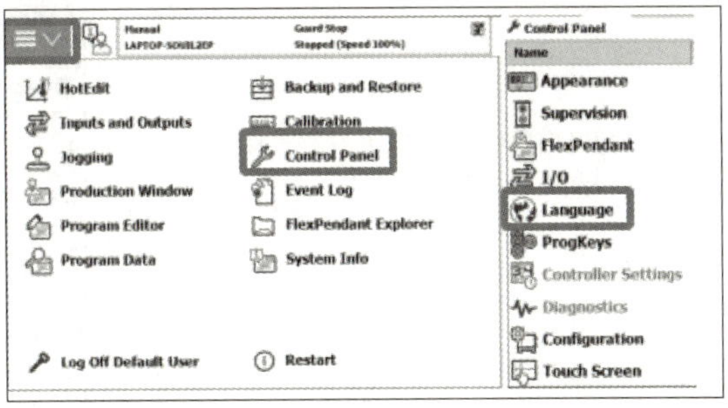
2	选择“Chinese”,单击“OK”,系统弹出对话框,再单击“Yes”,系统重启	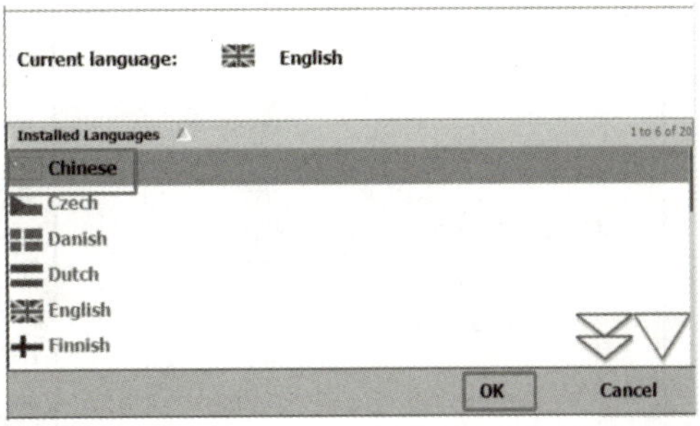

续表

步骤	操作说明	图例
3	系统重启后，单击“ABB”就能看到主菜单界面已经切换成中文界面	

2)ABB 机器人示教器的时间设置

ABB 工业机器人可以对系统时间进行设置，具体操作步骤见表 2-2-3。

表 2-2-3　示教器时间设置

步骤	操作说明	图例
1	单击主菜单按钮，选择“控制面板”，系统进入控制面板界面	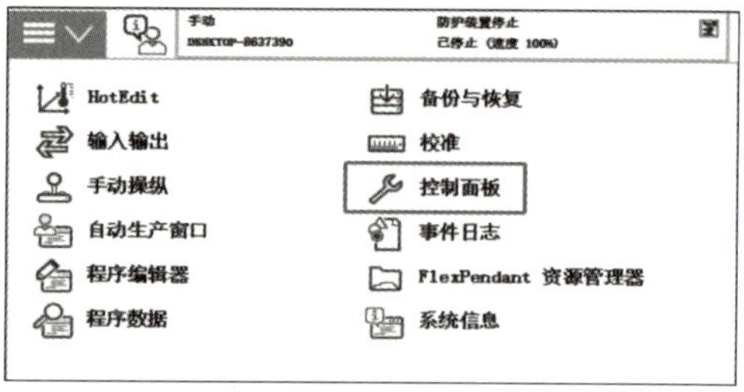
2	选择“日期和时间”，系统进入日期和时间界面	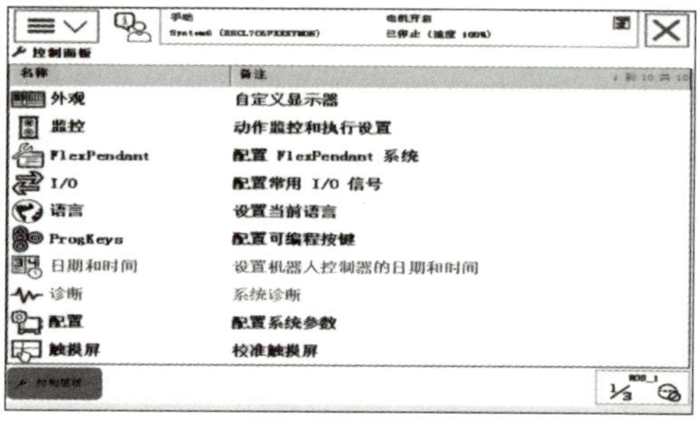
3	对日期和时间进行设置	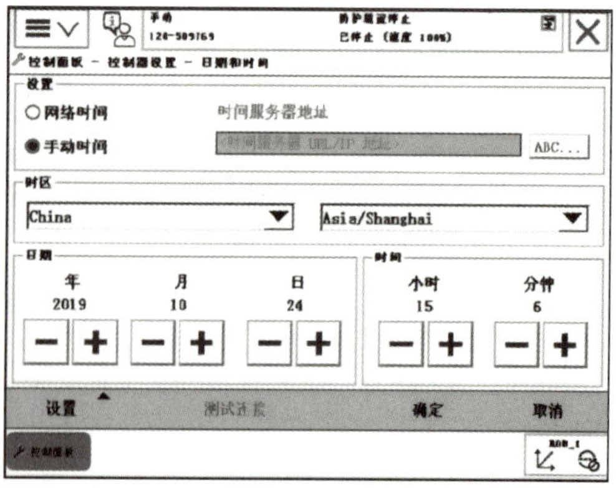

3)机器人常用信息和实践日志的查看

示教器主界面上的状态栏可显示 ABB 机器人的常用信息，通过这些信息可以了解机器人当前所处的状态和一些存在的问题，具体包括以下常用信息：

(1)机器人的状态，会显示手动、全速手动和自动三种状态之一；

(2)机器人的系统信息；

(3)机器人的电机状态，如果将能按键按到中间位会显示“电机开启”，如果将使能按键松开或按到底部会显示“防护装置停止”；

(4)机器人程序运行状态，显示程序的运行或停止；

(5)当前机器人或外轴的使用状态；

(6)在示教器的操作界面上单击状态栏，就可以查看机器人的事件日志。

2.2.3　急停按钮

工业机器人是工业领域中能自动执行任务，并依靠自身动力和控制能力来实现各种功能的机器装置，为保证作业的安全进行，在系统中设置了多个急停按钮(不包括外围设备的急停按钮)，包括：

(1)工业机器人控制柜上的急停按钮；

(1)工业机器人示教器上的急停按钮；

(3)实训台外部的急停按钮。

按下以上任何一个急停按钮，工业机器人均会立刻停止运动。

按下急停按钮后，工业机器人示教器主界面会出现急停报警。再次运行工业机器人前，必须先清除急停及急停报警信息，即松开急停按钮，按下控制面板上的伺服上电按钮，确认示教器主界面上的状态栏中急停报警信息消失。

任务实施

2.2.4　工业机器人开关机及程序运行

正确完成工业机器人开关机操作，并运行工业机器人已有程序。

1. 实训要求

(1)能完成工业机器人开关机操作。

(2)能正确运行控制柜已有程序。

(3)严格遵守工业机器人实训室安全规范。

2. 实训步骤

1)工业机器人开机

工业机器人开机步骤见表 2-2-4。

表 2-2-4　工业机器人开机步骤

步骤	操作说明	图例
1	将控制台上电源开关旋至“1”位置,接通控制台主电源	
2	将工业机器人控制柜主电源开关旋至“ON”位置,接通工业机器人主电源	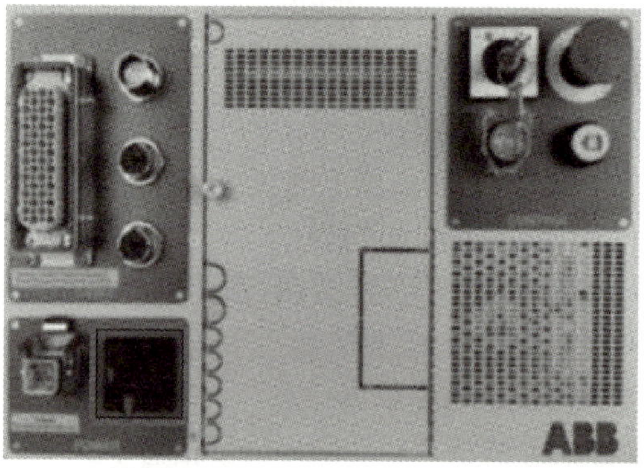
3	将气泵开关向上拉起,使气泵上电,并将气泵阀门旋至与气管方向平行,以打开气泵阀门	 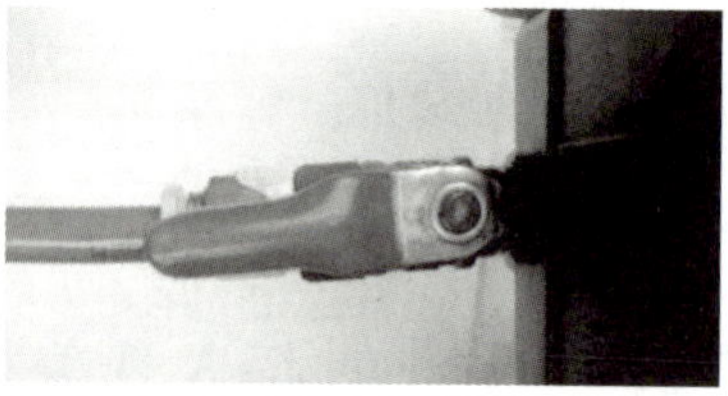

2)运行已有程序

利用工业机器人的已有程序,完成工业机器人的自动运行。工业机器人的程序运行有两种模式,即单周和连续。单周即为程序运行完一次之后自动停止运行;连续即为程序运行完一次之后自动从头开始运行,即循环运行。在本任务中,选择单周模式,运行已有程序的步骤见表 2-2-5。

表 2-2-5　单调模式下运行已有程序的步骤

步骤	操作说明	图例
1	单击主菜单按钮→选择“程序编辑器”	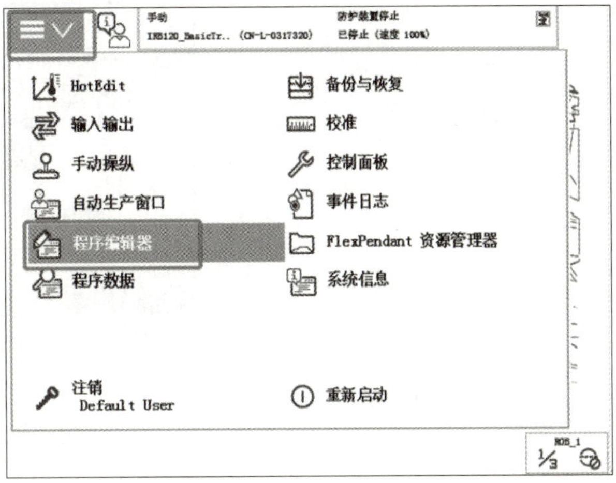
2	单击“文件”→选择“加载模块”	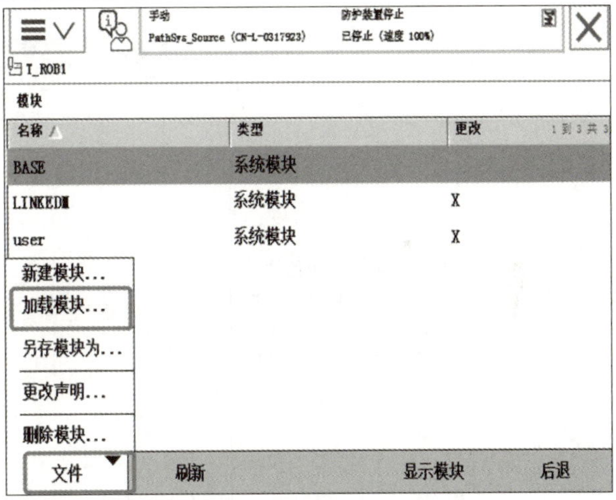
3	选中“Module1”→单击“显示模块”	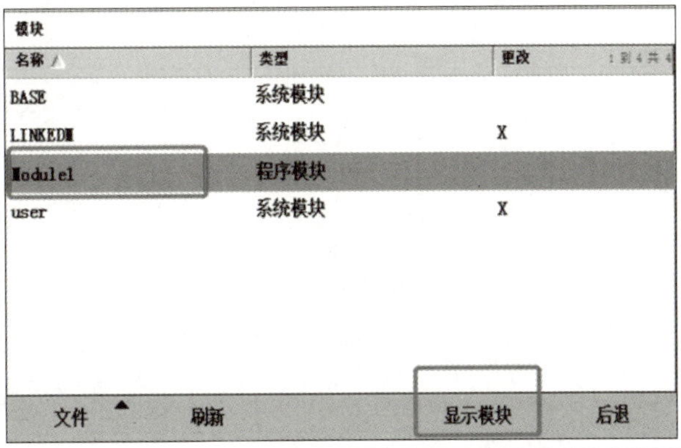

续表

步骤	操作说明	图例
4	单击“例行程序”	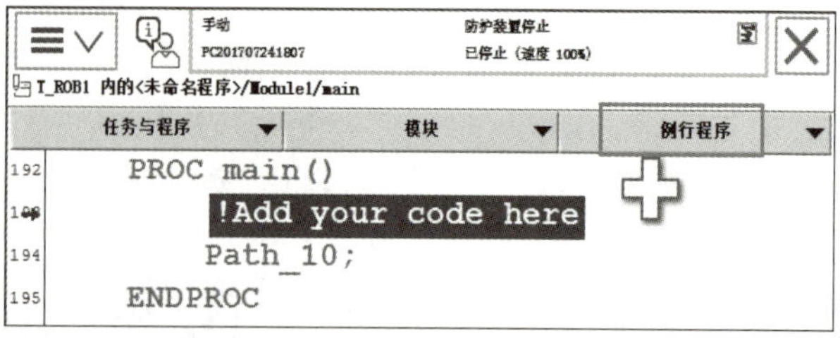
5	选中“main( )”→单击“显示例行程序”	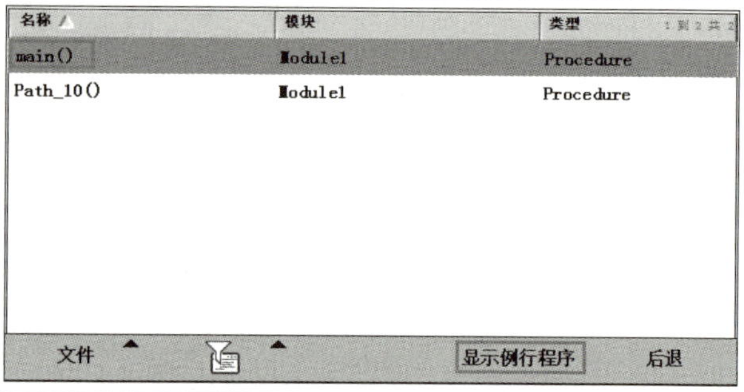
6	单击示教器触摸屏右下角的快捷键，在弹出的窗口中选择第三个控件，并选择单周，然后再单击一次触摸屏右下角的快捷键，即可关闭此弹出菜单	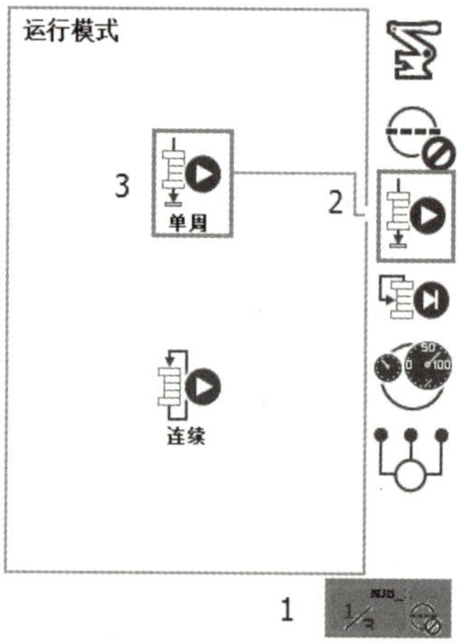
7	单击“调试”→“PP 移至 Main”，按下启动按键，进行程序整体调试，观察机器人运动是否满足要求	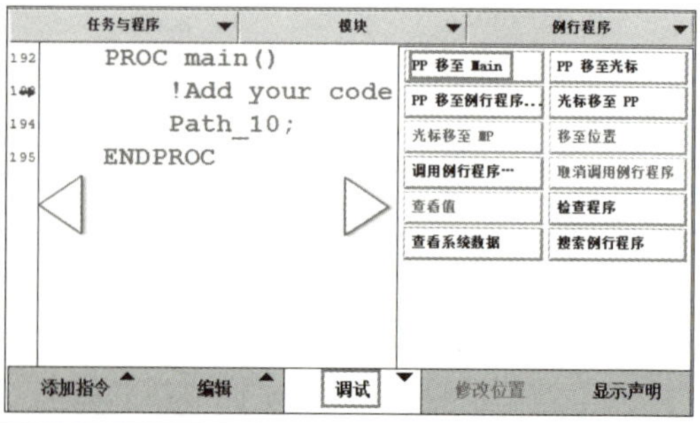

续表

步骤	操作说明	图例
8	在控制柜面板上通过钥匙将机器人切换至左侧的自动模式	
9	示教器触摸屏会自动切换至自动生产窗口，单击“PP 移至 Main”，从主程序开始运行	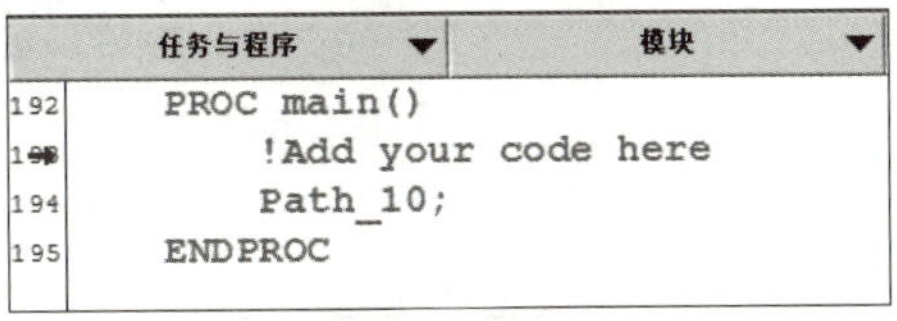
10	按下控制柜面板上的白色马达上电按钮（框线内）	
11	机器人首次自动运行时，建议先将程序运行速度调低，运行没问题后再恢复至 100%速度运行；单击示教器触摸屏右下角的快捷键，在弹出的窗口中单击第五个图标，并修改运行速度百分比（如修改为 25%）；然后启动程序，观察机器人运动是否满足要求。若程序运行过程中出现安全问题或可能出现安全问题，应第一时间按下急停按钮	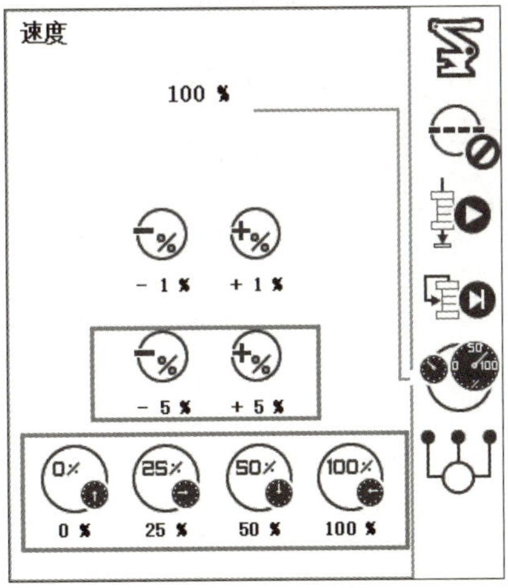

3）工业机器人关机

步骤 1：将工业机器人控制柜模式切换开关切换到手动操作。

步骤 2：手动操作机器人返回原点位置。

步骤 3：按下示教器上的急停按钮。

步骤 4：按下控制柜上的急停按钮。

步骤 5：将示教器放置到指定位置。

步骤 6：关闭控制柜上的电源开关。

步骤 7:关闭气泵开关和气泵阀门。

步骤 8:关闭实训台的电源开关。

步骤 9:整理工业机器人系统周边设备、电缆、工件等物品。

学而有思

中国智慧:中国历史上的机器人发明

任务验收考核

姓名			学号		
任务名称	考核要点	考核要求	配分	评分标准	得分
控制柜及示教器认知与操作	1. 基础知识(80 分)	(1)理解并记忆控制柜各接口的位置和功能	20	能正确说出各接口的功能,每处错误扣 2 分	
		(2)熟记示教器的组成	20	能正确说出示教器的组成,能正确拿持示教器和使用使能按键,每处错误扣 2 分	
		(3)理解并记忆示教器主界面认识的内容	10	能正确说出示教器主界面各部分的功能,每处错误扣 2 分	
		(4)正确设置示教器参数	20	能正确设置示教器语言、时间,会查看日志消息,每处错误扣 2 分	
		(5)完成控制柜、机器人本体与示教器之间的连接	10	正确完成连接,每处错误扣 2 分	
	2. 职业素养(20 分)	(1)操作前按照机器人安全操作规程正确着装并佩戴安全帽	5	着装不规范每处扣 1 分	
		(2)操作过程中未发生踩踏机器人电缆的现象	5	踩踏机器人电缆每次扣 2 分	
		(3)操作过程中积极参与,互帮互助,团结协作	5	操作过程中发现不参与实训、影响团队合作的现象扣 1 分	
		(4)操作过程中工位整洁有序,操作结束后按照“6S”法则整理工位	5	工位整理不符合“6S”法则每处扣 1 分	
合计			100	总分	

知识拓展

机器人本体、示教器与控制柜连接

习题与测试

任务 2.2 习题与测试

任务 2.3　手动操作工业机器人

任务描述

“中”字轨迹的描绘是工业机器人在选定的坐标系下夹持画笔，由操作人员操作其完成的。为完成本任务，需要学习工业机器人的坐标系、安全操作规程、手动操纵等内容。

任务要求

(1)能在单轴运动、线性运动和重定位运动模式下移动工业机器人到指定位姿；

(2)能准确完成“中”字轨迹的描绘，时间不超过 180 s。

任务目标

1. 知识目标

(1)能说出工业机器人手动操作的注意事项；

(2)能准确描述工业机器人手动操作的方式和方法。

2. 能力目标

(1)能够在单轴运动模式下准确移动工业机器人；

(2)能够在线性运动模式下准确移动工业机器人；

(3)能够在重定位运动模式下准确移动工业机器人。

3. 素养目标

(1)培养学生严谨认真的学习态度；

(2)培养学生良好的工业机器人操作习惯。

任务准备

2.3.1　手动操纵界面

通过示教器手动操纵界面可以查看工业机器人的当前位置和姿态，查看当前操纵杆方向，以及选择机器人操作相关参数。单击示教器主菜单中的“手动操纵”，进入手动操纵界面，如图 2-3-1 所示。手动操纵界面右侧上部“位置”栏显示当前各轴角度，按照 1, 2,…, 6 轴的顺序排列；右侧下部“操纵杆方向”栏显示轴动作方向，且箭头方向为正方向。手动操纵界面说明见表 2-3-1。

微课：手动操纵界面介绍

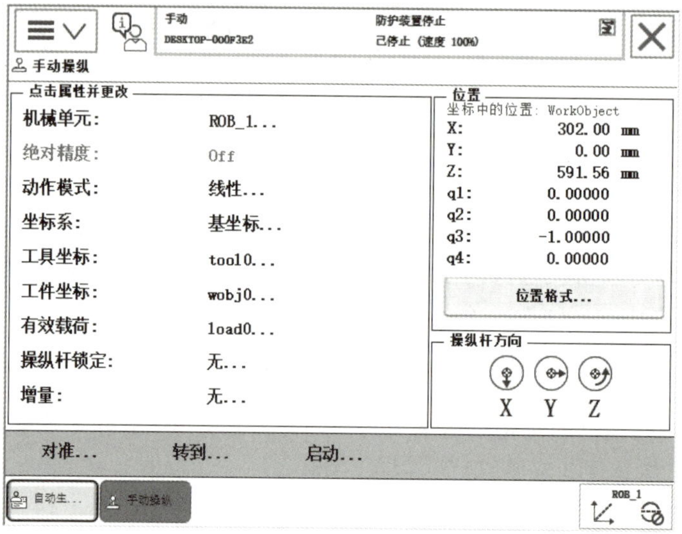

图 2-3-1　手动操纵界面

表 2-3-1　手动操纵界面说明

序号	图例	说明
1	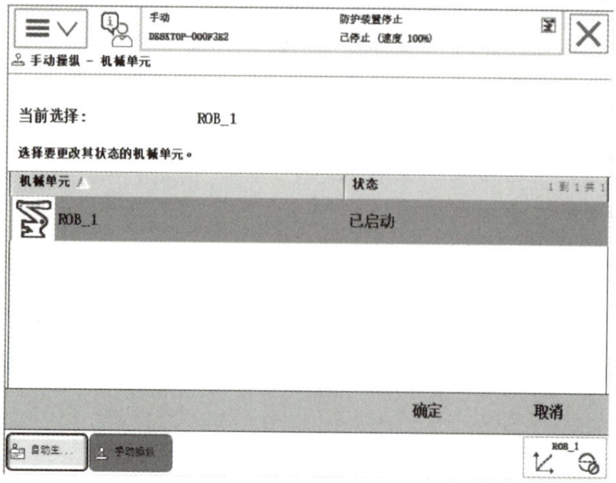	机械单元：机器人系统可能由一个以上的机器人组成，同时也可能包含附加轴等机械单元，可通过该选项进行选择切换，默认情况下机械单元为“ROB_1”

续表

序号	图例	说明
2	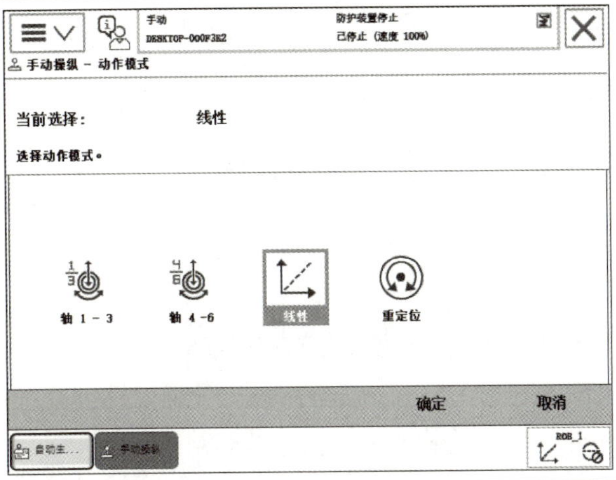	动作模式：ABB 机器人动作模式分为三种，分别为单轴运动模式、线性运动模式和重定位运动模式，其中单轴运动模式包含“轴 1-3”和“轴 4-6”两项
3	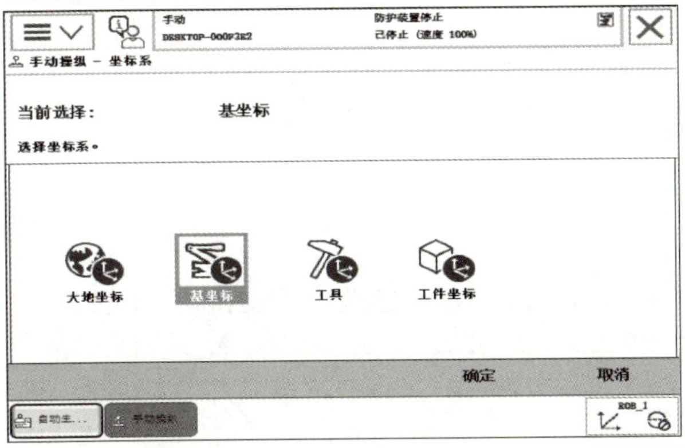	坐标系：选择机器人当前的运动参考坐标系，仅在线性运动模式和重定位运动模式下有效
4	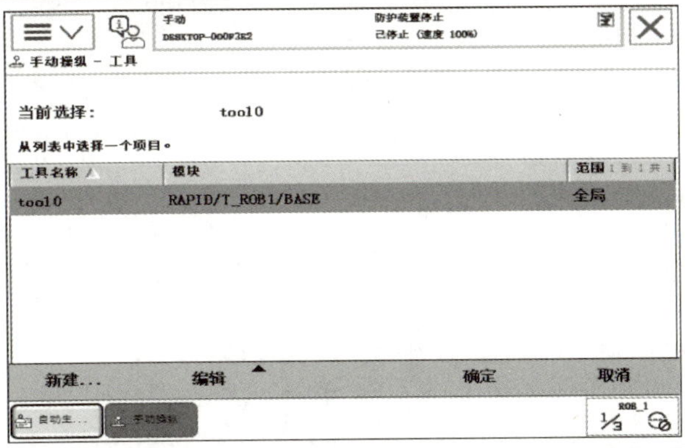	工具坐标：选择或定义机器人当前使用的工具坐标数据

续表

<table>
<tr><th>序号</th><th>图例</th><th>说明</th></tr>
<tr><td>5</td><td>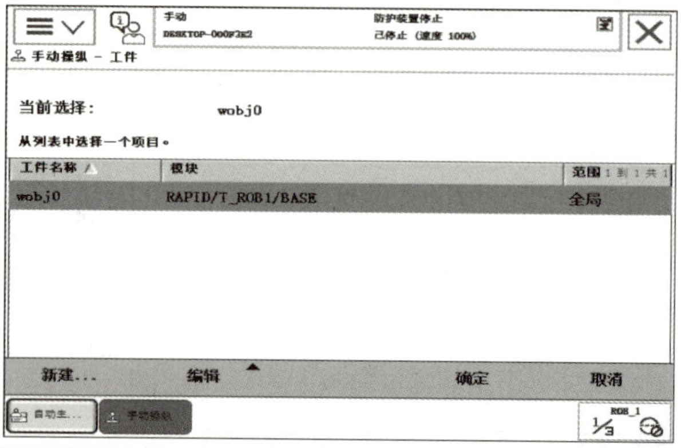
</td><td>工件坐标：选择或定义机器人当前使用的工件坐标数据</td></tr>
<tr><td>6</td><td>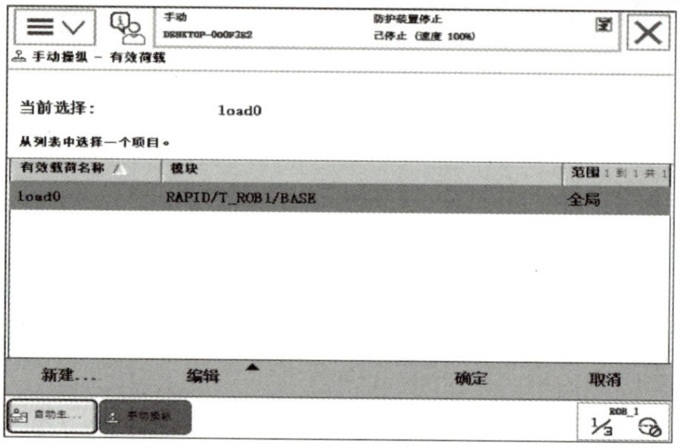
</td><td>有效荷载：选择或定义机器人当前使用的有效荷载数据</td></tr>
<tr><td>7</td><td>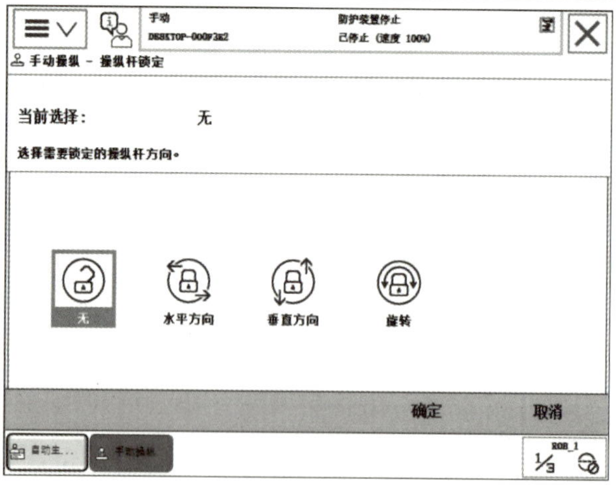
</td><td>操纵杆锁定：选择并锁定操纵杆的特定方向，从而阻止一个或多个轴运动，可以选择多个方向进行锁定</td></tr>
</table>

续表

序号	图例	说明
8	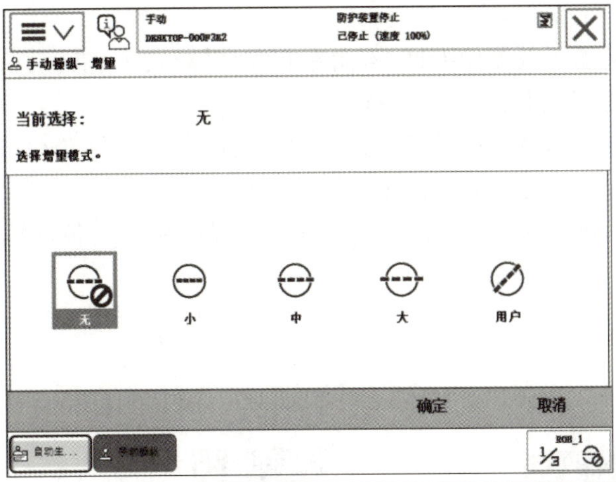	增量：选择或取消机器人的增量移动模式。在增量模式下，操纵杆每偏转一次，机器人移动一步，当操纵杆偏转持续 1 s 或数秒时，机器人将会以 10 步/s 的速度持续运动

2.3.2　单轴移动机器人

微课：示教器快捷按键介绍

1. 工业机器人手动操作的快捷按键

工业机器人手动操作的快捷按键如图 2-3-2 所示。其中，A 为机器人和外轴的切换按键；B 为线性运动模式和重定位运动模式的切换按键；C 为轴 1-3 和轴 4-6 的切换按键；D 为增量开关。

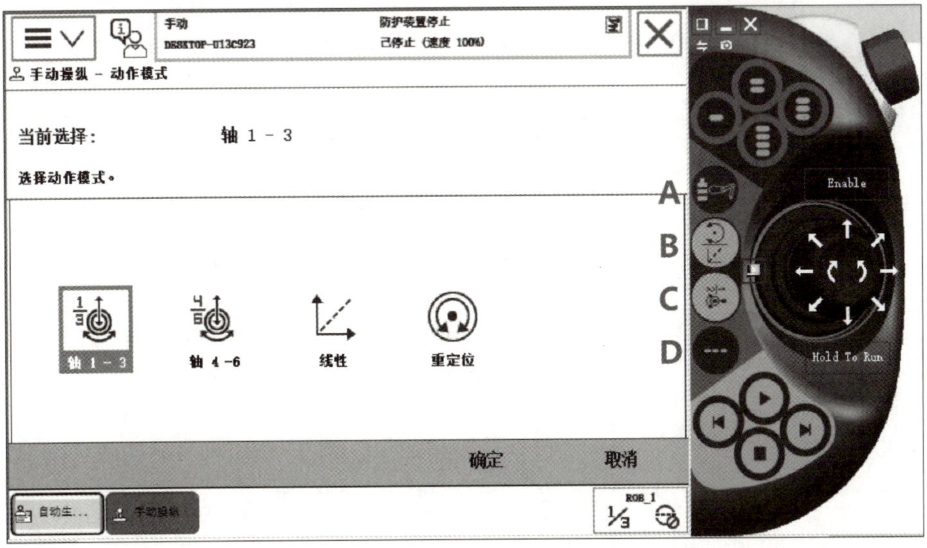

图 2-3-2　工业机器人手动操作的快捷按键

如果当前动作模式与按下的按键不一致，则会切换到对应按键的默认工作模式。例如在单轴运动模式下按下 B 按键则切换为线性运动模式，反之则切换为轴 1-3 运动模式。

2. 在单轴运动模式下手动操作工业机器人

在单轴运动模式下手动操作工业机器人，首先要按下图 2-3-2 中的 C 键进行轴 1-3 和轴 4-6 的切换。

在轴 1-3 运动模式下，推动示教器操纵杆，若向左右推，机器人 J_1 轴转动；若向上下推，机器人 J_2 轴转动；若拧动操纵杆，机器人 J_3 轴转动。

在轴 4-6 运动模式下，推动示教器操纵杆，若向左右推，机器人 J_4 轴转动；若向上下推，机器人 J_5 轴转动；若拧动操纵杆，机器人 J_6 轴转动。

在单轴运动模式下手动操作工业机器人示教器的操纵杆，机器人各轴转动情况如图 2-3-3 所示。

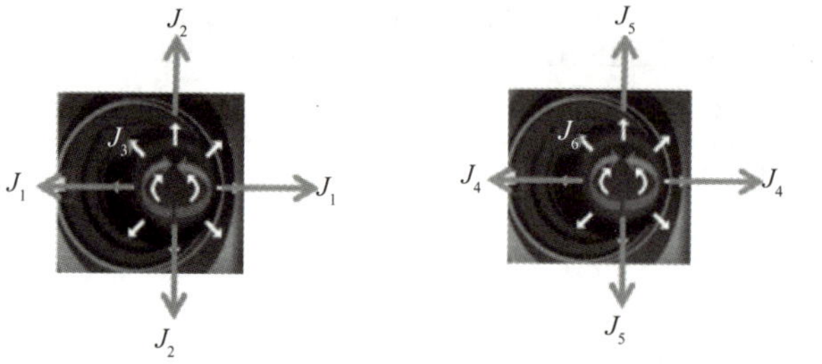

图 2-3-3　在单轴运动模式下手动操作工业机器人示教器操纵杆时机器人各轴转动情况

单轴移动机器人步骤见表 2-3-2。

表 2-3-2　单轴移动机器人步骤

步骤	操作说明	图例
1	单击主菜单按钮→选择“手动操纵”	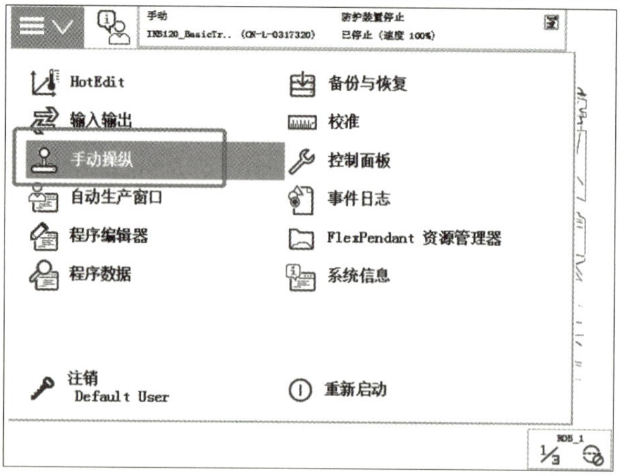

续表

步骤	操作说明	图例
2	单击“动作模式”	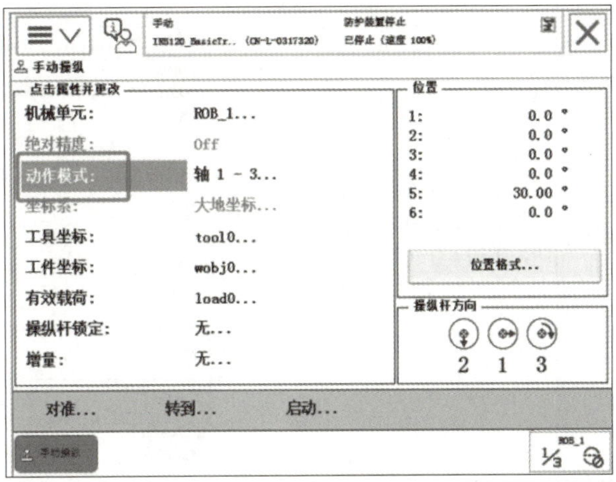
3	若选中“轴 1-3”→单击“确定”，则可以操纵轴 1-3；若选中“轴 4-6”→单击“确定”，则可以操纵轴 4-6	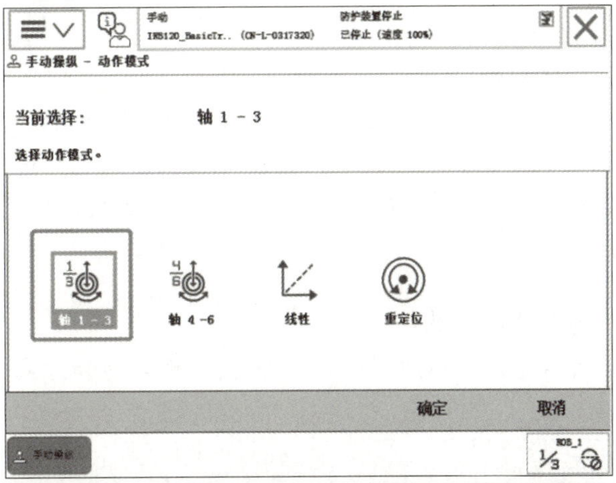
4	用左手按下使能按键，进入“电机开启”状态	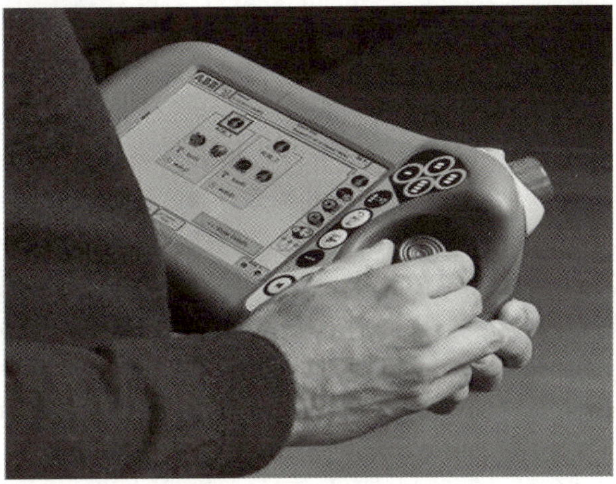

续表

步骤	操作说明	图例
5	在状态栏中确认“电机开启”状态，“操纵杆方向”栏显示“轴1-3”的操纵杆方向，箭头方向为正方向	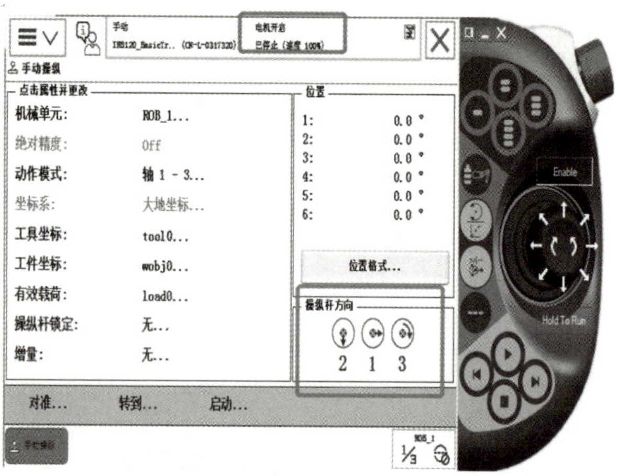

师傅点拨：

工业机器人在手动模式下移动时主要有两种运动模式，即默认模式和增量模式。在默认模式下，操纵杆的拨动幅度越小，机器人运行速度越慢；反之，操纵杆的拨动幅度越大，机器人运行速度越快。对初学者而言，在默认模式下操作机器人时应注意操纵杆的幅度，要循序渐进。

创新思维训练：

移动操纵杆的时候，观察单个轴的运动和方向，验证是否与示教器上指示的轴向一致。

2.3.3 线性移动机器人

1. 增量模式

ABB 工业机器人的增量模式用于实现手动操纵机器人运动的微量控制，在调节机器人准确对位时非常有用。例如，在机器人编程过程中，需要对机器人的位置进行微调时，增量模式可以帮助操作人员更加准确地控制机器人移动到所需的位置，避免大幅度的移动。如果对使用操纵杆通过位移幅度来控制机器人的运动速度不熟练的话，就可以使用增量模式来控制机器人的运动。

慕课：手动操作机器人

增量模式包含“无”“小”“中”“大”以及“用户模块”等选项。通过单击“显示值”按钮，可以看到增量包含轴运动的增量（单位为 deg）、线性运动的增量（单位为 mm）、重定向的增量（单位为 deg）等参数。在增量模式下，手动操纵机器人进行线性、重定位、轴运动时，机器人会依据设定的增量参数进行单位运动量的移动。在增量模式下，操纵杆每偏转一次，机器人移动一步，当操纵杆偏转持续 1 s 或数秒时，机器人将会以 10 步/s 的速度持续运动。

通常可以通过操作机器人的示教器在手动操纵界面进入增量模式，操作步骤见表 2-3-3，但一般通过示教器快捷按键可以更方便地切换到增量模式。

表 2-3-3　增量模式设置

步骤	操作说明	图例
1	单击示教器触摸屏右下角的快捷键	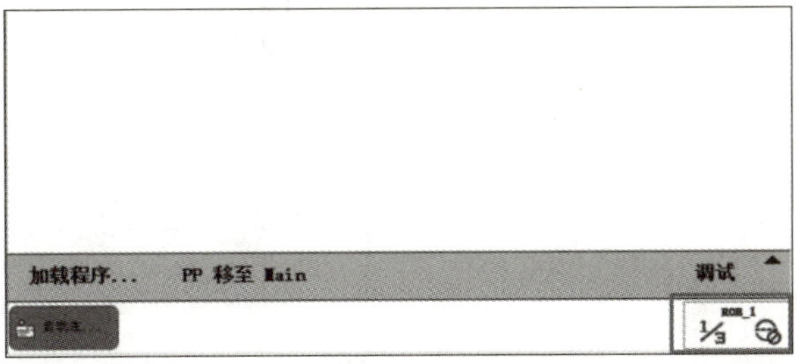
2	单击视图右上角“增量模式”按钮	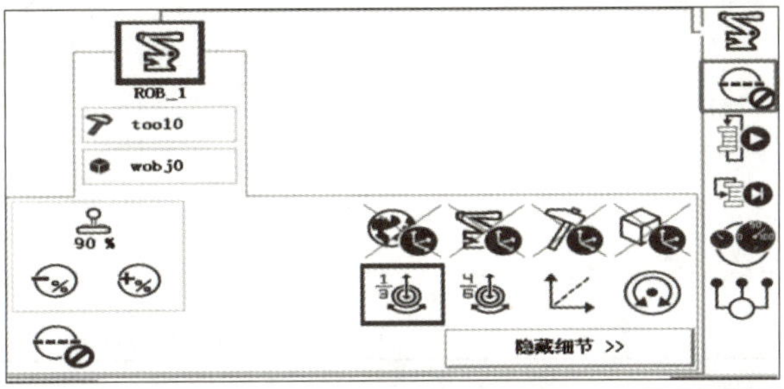
3	单击“大”“中”“小”增量按钮之一，即选择该增量模式	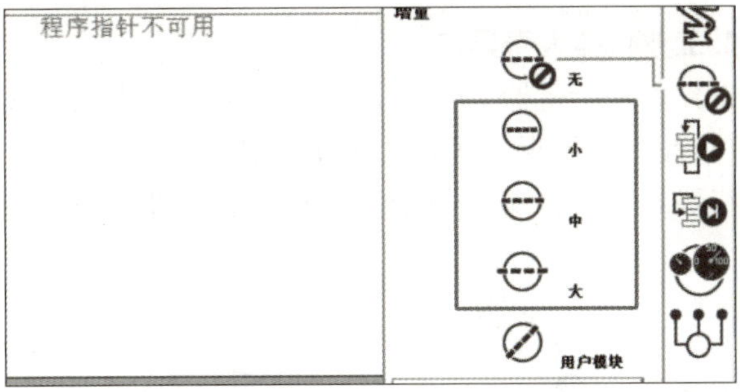
4	单击“显示值”按钮，可查看该增量模式的单步增量值	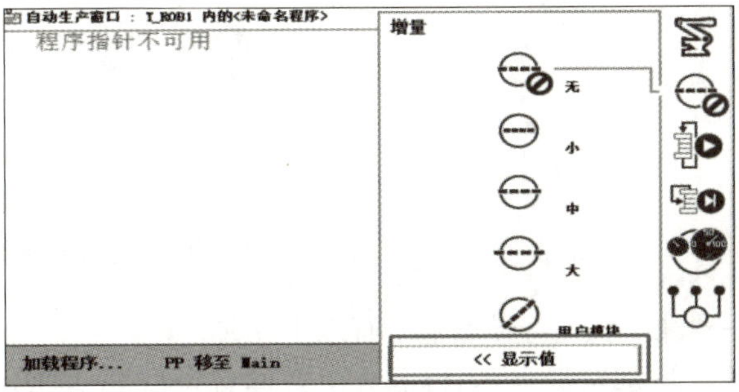

续表

步骤	操作说明	图例
5	如果需要设置增量参数值，依次单击“用户模块”“显示值”按钮	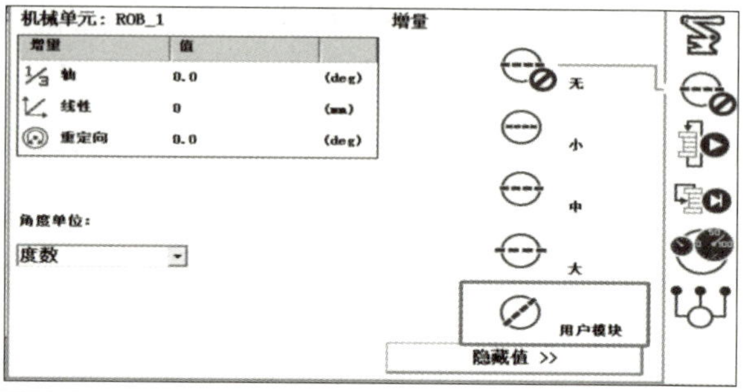
6	单击“值”下方任意数值，如右图中“0.00573”，即可进行设置	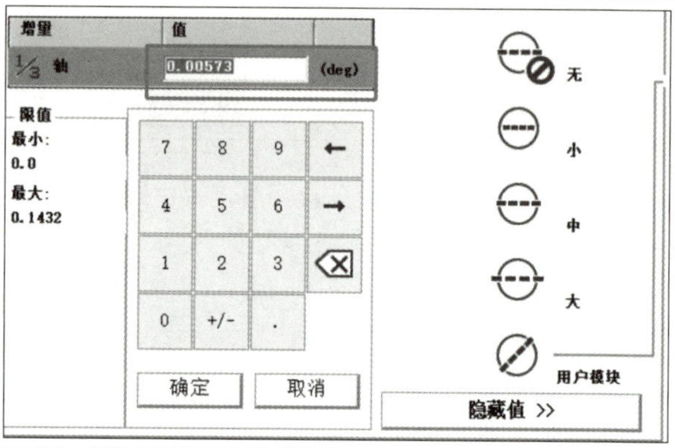

2. 工业机器人奇异点

奇异点是指机器人运动学中的特殊位置，如图 2-3-4 所示。直观来说，当机器人处于奇异点位置时，会出现一些异常运动情况。例如：某些关节可能会以非常快的速度运动，而末端执行器却只能实现微小的位移；机器人运动方向不确定。

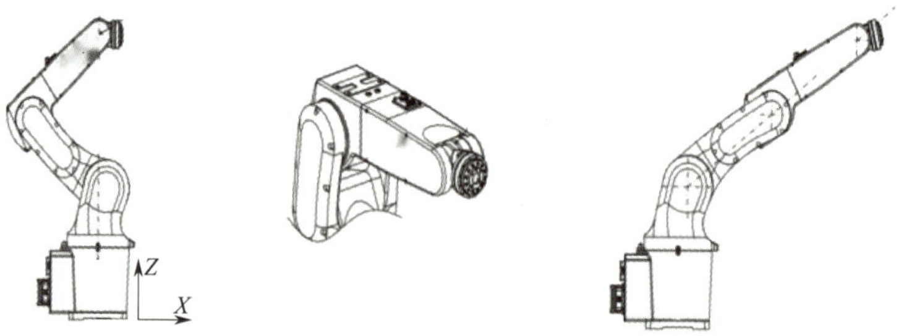

图 2-3-4　肩部、腕部与肘部奇异点

一般情况下，奇异点主要有以下几种。

（1）肩部奇异点：当机器人手臂伸直且肩部、肘部和腕部近似在同一条直线上时出现，机器人在这个位置附近运动可能会失去一个自由度。

（2）腕部奇异点：当机器人腕部中心和末端执行器在同一条直线上时出现，此时腕部关节运动方向会受到限制。

（3）肘部奇异点：主要出现在肘部接近完全伸展或完全弯曲的位置，这会导致机器人运动灵活性降低。

在实际应用中，奇异点可能会给机器人的正常运行带来风险，例如可能导致机器人失控、运动精度下降、负载能力降低等。为了避免这些问题，在编程和规划路径时，需要合理规划机器人的运动轨迹，让机器人尽量避开奇异点位置。

3. 线性移动工业机器人

工业机器人的线性运动是指安装在工业机器人第六轴法兰盘上的工具的中心点在空间中做线性运动。

在线性运动模式下手动操作工业机器人，推动示教器操纵杆，向上推，机器人沿 *X*−方向移动；向下推，机器人沿 *X*+方向移动；向左推，机器人沿 *Y*−方向移动；向右推，机器人沿 *Y*+方向移动；顺时针拧动，机器人沿 *Z*−方向移动；逆时针拧动，机器人沿 *Z*+方向移动。

在线性运动模式下手动操作工业机器人示教器的操纵杆，机器人移动方向如图 2-3-5 所示。

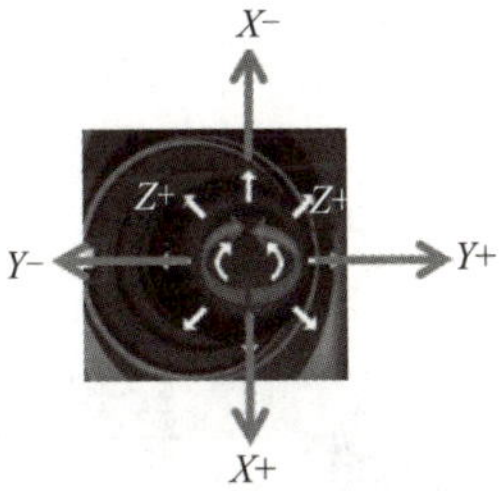

图 2-3-5　在线性运动模式下手动操作工业机器人示教器操纵杆时机器人移动方向

线性移动机器人步骤见表 2-3-4。

表 2-3-4　线性移动机器步骤

步骤	操作说明	图例
1	单击主菜单按钮→选择“手动操纵”	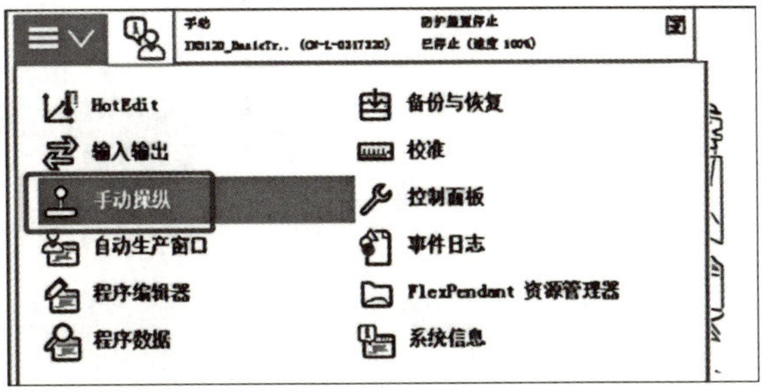

续表

步骤	操作说明	图例
2	单击“动作模式”	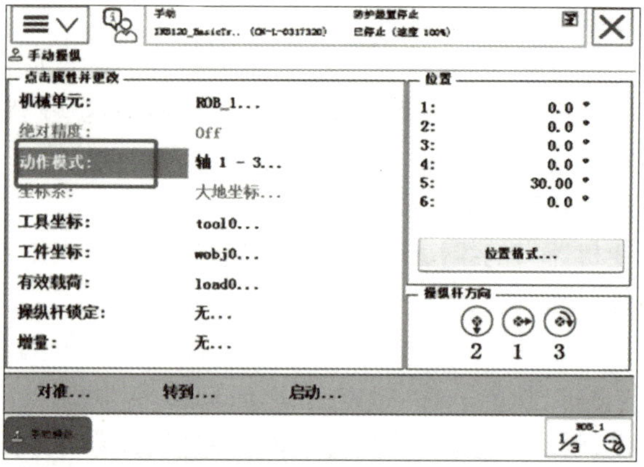
3	选择“线性”→单击“确定”	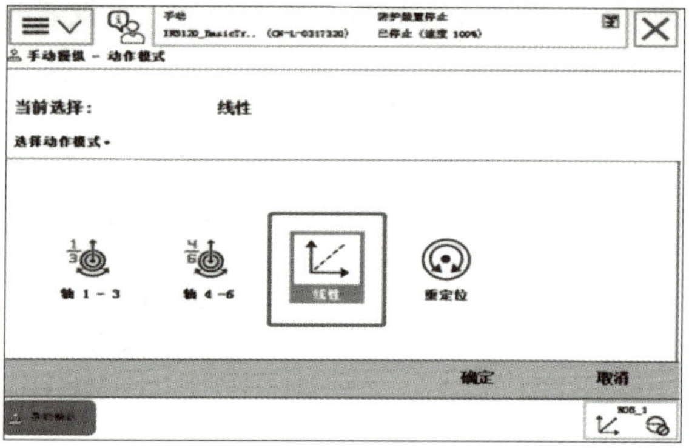
4	单击“坐标系”→选择“大地坐标”	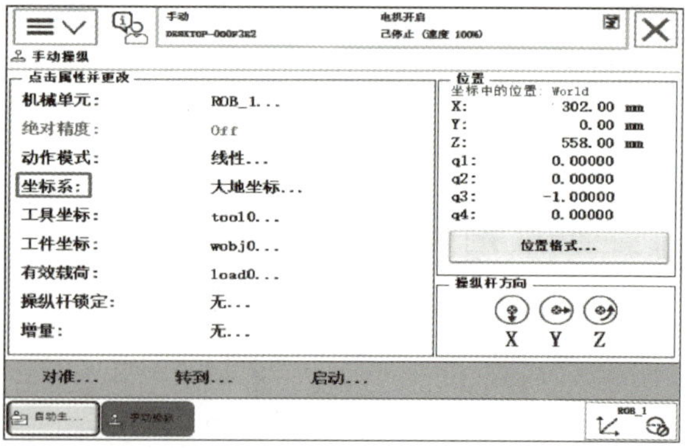

续表

步骤	操作说明	图例
5	“工具坐标”选择默认的“tool0”，“工件坐标”选择默认的“wobj0”	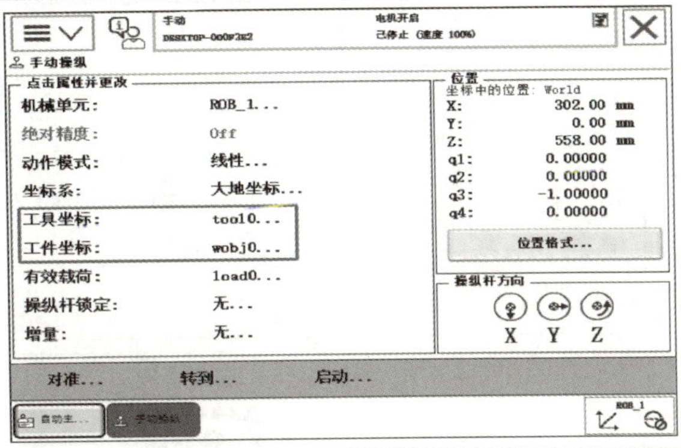
6	在状态栏中确认“电机开启”状态，“操纵杆方向”栏显示轴 *X*、*Y*、*Z* 的操纵杆方向，箭头方向为正方向；操作示教器操纵杆，工具的中心点在空间中做线性运动	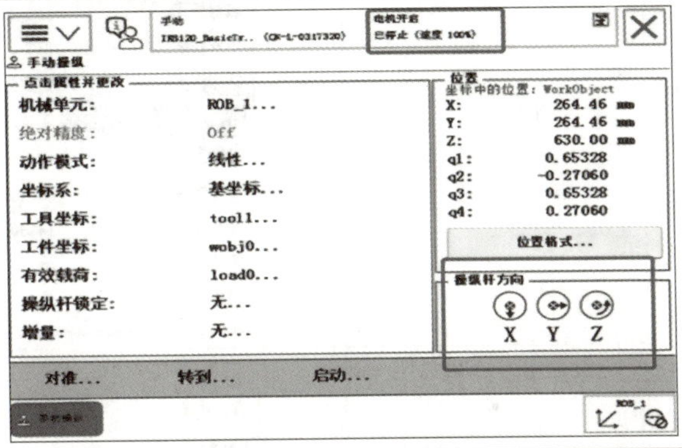

2.3.4　重定位移动机器人

工业机器人的重定位运动是指安装在机器人第六轴法兰盘上的工具的中心点在空间绕着坐标轴旋转的运动，也可以理解为机器人绕着工具的中心点做姿态调整的运动，同时重定位移动也可以用来检验工具数据的准确性。

在重定位运动模式下手动操作工业机器人，推动示教器操纵杆，向上下推，机器人绕 *X* 轴转动；向左右推，机器人绕 *Y* 轴转动；拧动操纵杆，机器人绕 *Z* 轴转动。

在重定位运动模式下手动操作工业机器人示教器的操纵杆，机器人绕坐标轴转动方向如图 2-3-6 所示。

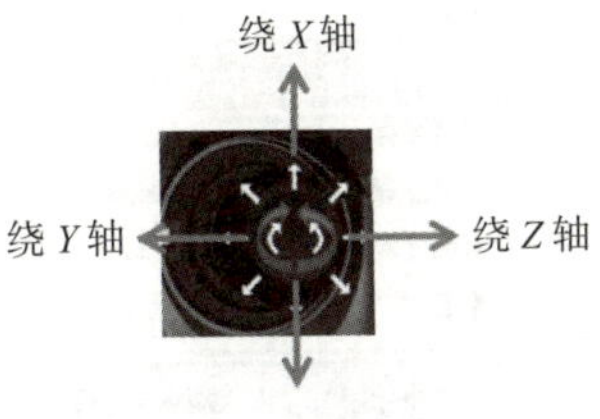

图 2-3-6　在重定位模式下手动操作工业机器人示教器操纵杆时机器人绕坐标轴转动方向

手动重定位移动机器人步骤见表 2-3-5。

表 2-3-5　手动重定位移动机器人步骤

<table>
<tr><th>步骤</th><th>操作说明</th><th>图例</th></tr>
<tr><td>1</td><td>单击主菜单按钮→选择“手动操纵”→单击“动作模式”→选择“重定位”→单击“确定”</td><td>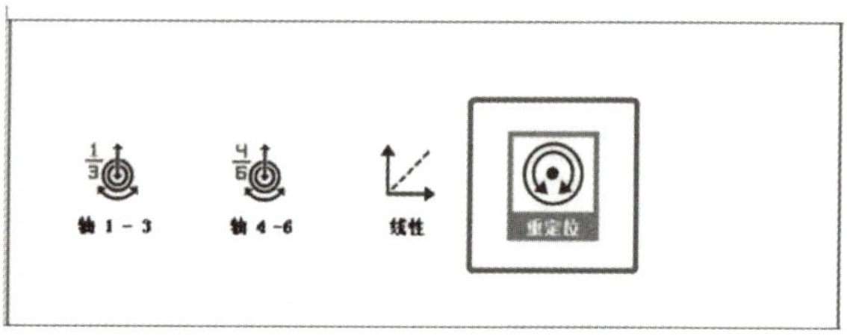
</td></tr>
<tr><td>2</td><td>单击“坐标系”</td><td>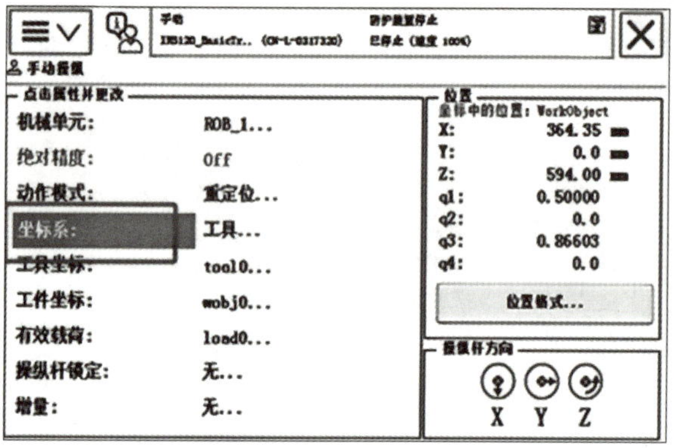
</td></tr>
<tr><td>3</td><td>选择“工具”→单击“确定”</td><td>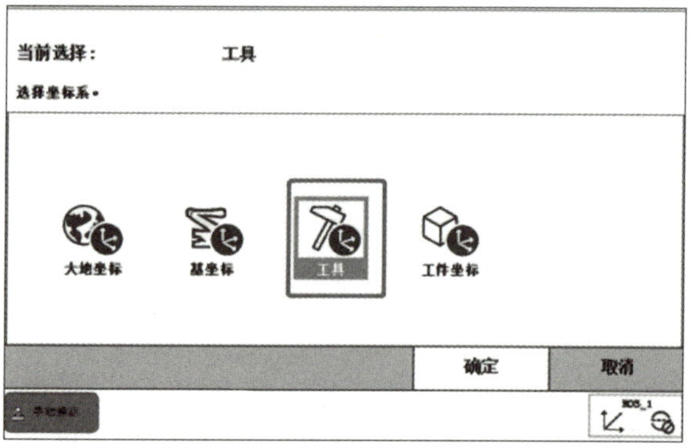
</td></tr>
<tr><td>4</td><td>单击“工具坐标”</td><td>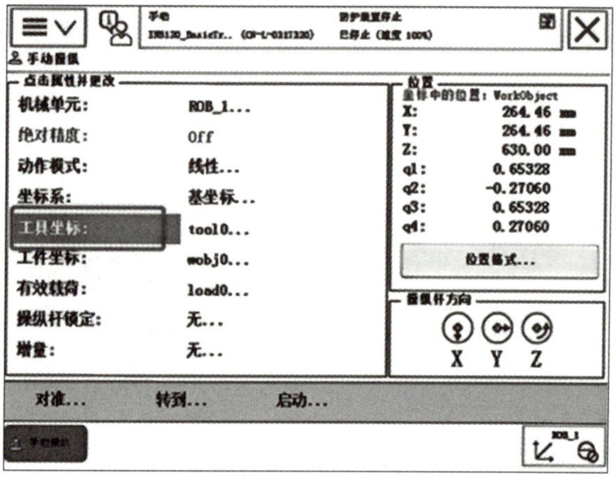
</td></tr>
</table>

续表

步骤	操作说明	图例
5	选中对应的工具“tool1”→单击“确定”	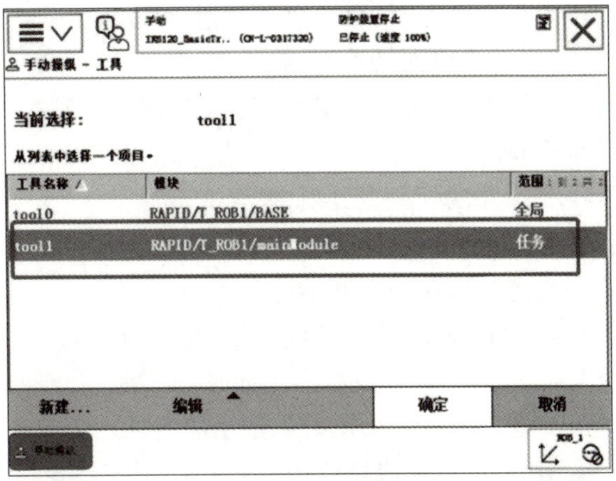
6	用左手将使能按键按至中间位，进入“电机开启”状态；在状态栏中确认“电机开启”状态，“操纵杆方向”栏显示轴 X、Y、Z 的操纵杆方向，箭头方向为正方向；操作示教器操纵杆，机器人绕着工具的中心点做姿态调整的运动	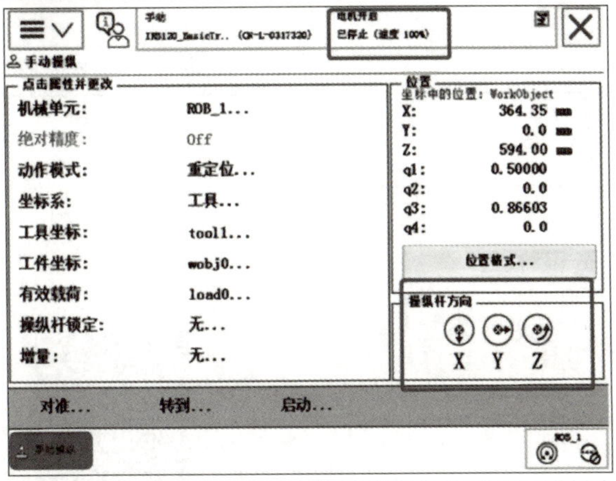

任务实施

2.3.5　手动操作工业机器人

使用合理的运动方式手动操作工业机器人，描绘“中”字的轨迹，如图 2-3-7 所示。

图 2-3-7　“中”字轨迹

1. 实训要求

(1)手动操作机器人在 180 s 内完成“中”字轨迹的描绘。

(2)机器人运行速度百分比不超过 20%。

(3)笔尖与纸张保持垂直的姿态。

(4)描绘的“中”字轨迹连续、完整、清晰、美观。

2. 实训步骤

步骤 1:按照两人一组分组,配合完成。

步骤 2:把将要描绘的字体所在纸张固定在工作台的相应位置。

步骤 3:老师选取一名同学计时。

步骤 4:计时开始,第一位同学描绘外部模型,在第一位同学描绘完成后,第二位同学开始描绘内部图形,描绘完成后停止计时。

步骤 5:老师根据描绘用时和描绘质量评定分数。

步骤 6:评分,在完成轨迹描绘后,填写表 2-3-6。

表 2-3-6 评分表

小组成员	所用时间	完成质量	评分

学而有思

中国焊工高凤林:匠心独运,火箭焊接传奇

任务验收考核

姓名			学号		
任务名称	考核要点	考核要求	配分	评分标准	得分
手动操作工业机器人	1. 基础知识(80 分)	(1)手动单轴移动工业机器人	20	机器人操作及运行过程正确,运动位置正确,每错一项扣 5 分	
		(2)手动线性移动工业机器人	20	机器人操作及运行过程正确,运动位置正确,每错一项扣 5 分	
		(3)手动重定位移动工业机器人	20	机器人操作及运行过程正确,运动位置正确,每错一项扣 5 分	
		(4)正确完成“中”字轨迹的描绘	20	轨迹描绘正确,机器人运行平稳,点位运动正确,每错一项扣 5 分	

续表

任务名称	考核要点	考核要求	配分	评分标准	得分
手动操作工业机器人	2. 职业素养（20 分）	（1）操作前按照机器人安全操作规程正确着装并佩戴安全帽	4	着装不规范每处扣 1 分	
		（2）操作过程中未发生机器人与其他外围设备碰撞的现象	4	发生碰撞每次扣 2 分	
		（3）操作过程中未发生踩踏机器人电缆的现象	4	踩踏机器人电缆每次扣 2 分	
		（4）操作过程中积极参与，互帮互助，团结协作	4	操作过程中发现不参与实训、影响团队合作的现象扣 1 分	
		（5）操作过程中工位整洁有序，操作结束后按照“6S”法则整理工位	4	工位整理不符合“6S”法则每处扣 1 分	
合计			100	总分	

知识拓展

操纵杆速度设定

习题与测试

任务 2.3 习题与测试

项目3

工业机器人涂胶工作站操作与编程

证书技能要求

工业机器人系统操作员（四级）		
工作内容	技能要求	对应教学内容
示教编程与调试	能利用关节坐标系、基坐标系、工具坐标系、工件坐标系等运动坐标系操作机器人，记录和更改示教程序点	3.2
	能在手动或自动模式下，控制机器人末端执行器对工件进行作业	3.1
	能利用示教器编制机器人基本运动轨迹程序	3.1
	能启动、暂停、停止机器人运行程序，完成单步、连续等运行操作	3.2
	能读取和设置机器人位置数据	3.1
	能备份和恢复/加载机器人系统文件、程序文件等	3.2
工业机器人系统操作员（三级）		
工作内容	技能要求	对应教学内容
系统操作与设定	能创建工具坐标系、工件坐标系，完成坐标系标定	3.2
示教编程与调试	能创建搬运、码垛、焊接、喷涂、装配、打磨等机器人工作站或系统的运行程序，添加作业指令，进行系统工艺程序编制与调试	3.1、3.2

项目学习导读

工业机器人涂胶是一种先进的自动化生产技术。工业机器人能够以极高的精度进行涂胶操作，确保胶线均匀、一致，提高产品质量。相比人工涂胶，工业机器人可以持续、快速地工作，大大提高生产效率。工业机器人的动作稳定可靠，不会因为疲劳、情绪等因素影响涂胶质量，且可以满足不同形状、尺寸的工件涂胶需求，通过编程可以轻松实现复杂的涂胶路径，因此广泛应用在汽车制造、家电制造和电子产品制造等多个领域。

通过本项目的学习，同学们能够完成各种工业机器人轨迹移动任务，以便将来进入企业后能够尽快适应工业机器人涂胶等编程工作任务。

项目描述

某企业新引进一套 ABB 工业机器人涂胶工作站，现在工程师已经完成工作站的安装，下一步需要进行工业机器人相关程序的编写与调试。本项目将学习工业机器人涂胶工作站操作与编程，最终的学习成果为在斜面上完成轨迹的涂胶工作。通过本项目的学习，应掌握工业机器人轨迹编程这一类任务的完成方法。本项目主要讲解工业机器人轨迹类编程应用，介绍常用的运动指令、轨迹规划方法、程序创建和调试流程，对工业机器人编程语言进行介绍，以便能够完成 TCP 的标定，并在斜面上完成涂胶程序的创建。

项目学习导图

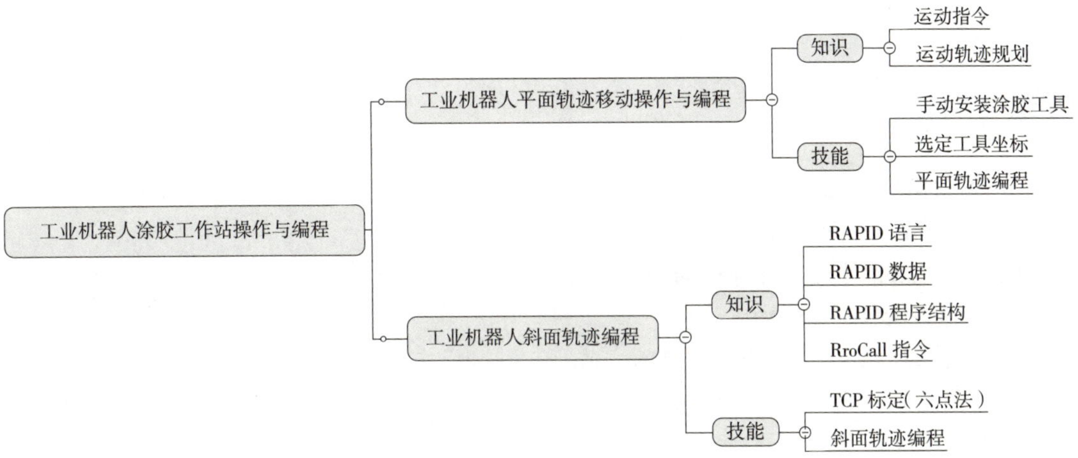

任务 3.1　工业机器人平面轨迹移动操作与编程

任务描述

本任务要完成的涂胶轨迹如图 3-1-1 所示，该直升机轨迹由一些直线和圆弧组成。本任务需要首先完成直线轨迹的涂胶任务，然后完成曲线轨迹的涂胶任务。

本任务要学习常用的编程指令、轨迹规划方法，掌握程序新建方法、示教编程流程、程序调试方法。

任务要求

(1)创建涂胶轨迹,完成直升机的直线和曲线轨迹的涂胶任务;

(2)图形涂胶要精确、完整、清晰、美观,工业机器人姿态要合理,自动运行涂胶时间不超过 60 s,自动运行速度百分比设置为 20%;

(3)工业机器人运行轨迹合理,涂胶枪与模型保持垂直的姿态,运行无障碍,且没有不必要的停顿。

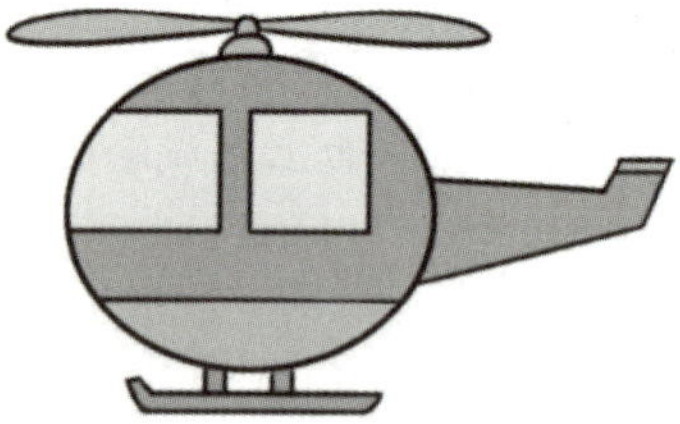

图 3-1-1 直升机涂胶轨迹

任务目标

1. 知识目标

(1)能描述程序新建的流程及方法;

(2)能说出基本运动指令的用法;

(3)能描述程序修改的方法;

(4)能描述轨迹规划、姿态调整的方法;

(5)能总结项目示教编程的流程及方法。

2. 能力目标

(1)能够使用基本运动指令创建程序;

(2)能够使用基本运动指令编程控制工业机器人完成涂胶工作;

(3)能够根据实际工作情况修改程序参数;

(4)能够对工业机器人进行运动轨迹规划和姿态调整;

(5)能够按照工作规范和要求对工业机器人进行示教编程。

3. 素养目标

(1)培养学生良好的工业机器人操作习惯;

(2)培养学生良好的编程素养和编程思维。

任务准备

3.1.1 运动指令认识

工业机器人在空间中运动主要用到的运动指令包括绝对关节运动（MoveAbsJ）指令、关节运动（MoveJ）指令、线性运动（MoveL）指令、圆弧运动（MoveC）指令。

微课：基本运动指令介绍

1. MoveAbsJ 指令

MoveAbsJ 指令用于将工业机器人各关节移动至指定的绝对位置（角度），MoveAbsJ 指令描述的是各关节角度到角度的运动，因此其位置不随工具坐标系和工件坐标系而变化。基于 MoveAbsJ 指令的动作特性，其常用于使工业机器人回到特定的位置（如机械零点）或经过运动学奇异点的位姿。

2. MoveJ 指令

工业机器人在空间中大范围移动时，不需要非常准确的运动轨迹，而对轨迹精度要求不高时，即可采用关节运动指令（即 MoveJ 指令）。

MoveJ 指令常用在对路径精度要求不高的情况下，使机器人的 TCP 从一个位置移动到另一个位置，两个位置之间的路径不一定是直线，如图 3-1-2 所示。

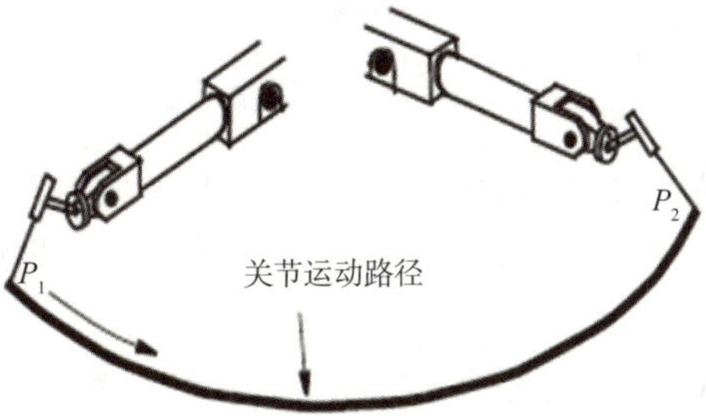

图 3-1-2　关节运动示意图

MoveJ 指令适用于机器人大范围运动，不容易在运动过程中出现关节轴进入机械死点的问题。

在示教器中添加 MoveJ 指令的程序语句如图 3-1-3 所示。

```
MoveJ p2, v100, fine, tool0\WObj:=wobj0;
```

图 3-1-3　添加 MoveJ 指令的程序语句

图 3-1-3 所示程序语句含义为工业机器人以关节运动的形式运动到 P_2 点，其余参数含义同 MoveL 指令。

创新思维训练：

观察图 3-1-4，工业机器人从 P_1 点以 200 mm/s 的速度移动到 P_2 点，再以 100 mm/s

的速度移动到 P_3 点，最后以 500 mm/s 的速度移动到 P_4 点，写出这段程序。

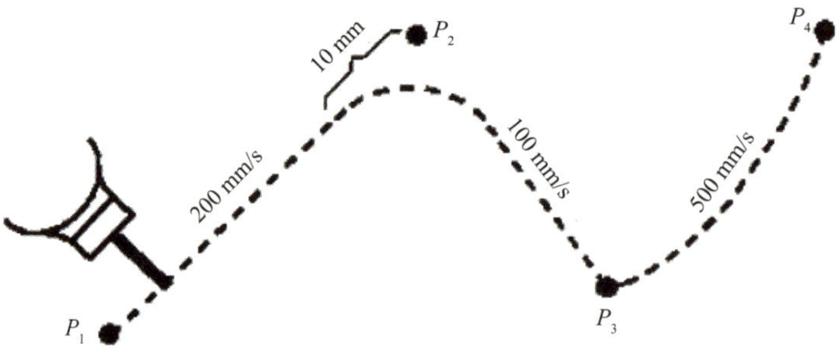

图 3-1-4　平面轨迹移动程序编写

3. MoveL 指令

在三角形绘图编程中，三角形是由 3 条直线组成的，轨迹为从 *A* 点经 *B* 点到 *C* 点并回到 *A* 点结束，如图 3-1-5 所示。

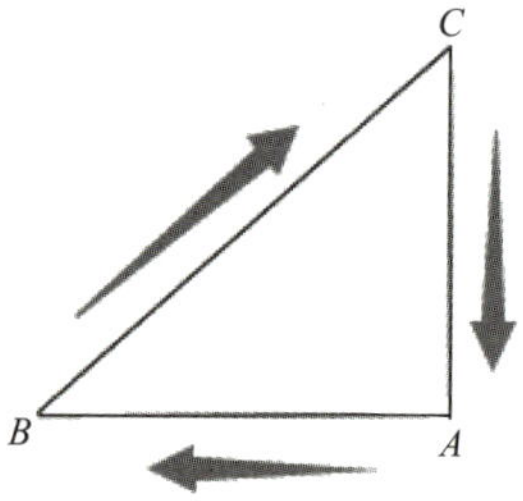

图 3-1-5　三角形绘图轨迹

其中，从 *A* 点到 *B* 点为一条直线，因此可以看出工业机器人从 *A* 点到 *B* 点的轨迹是规定好的，且不能再更改，工业机器人可以采用线性运动指令（即 MoveL 指令），在三角形绘图编程的步骤中会实际运用该指令。

线性运动是机器人的 TCP 从起点到终点的路径始终保持为直线，Movel 指令一般用于焊接、涂胶等对路径精确度要求高的场合，如图 3-1-6 所示。

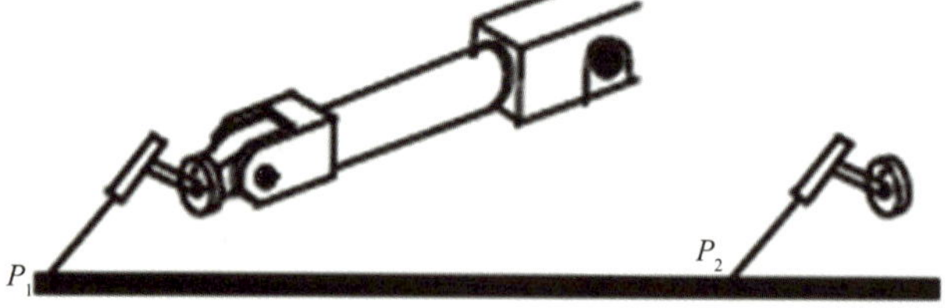

图 3-1-6　线性运动示意图

在示教器中添加 MoveL 指令的程序语句如图 3-1-7 所示。

```
MoveL p2, v100, fine, tool0\WObj:=wobj0;
```

图 3-1-7　添加 MoveL 指令的程序语句

图 3-1-7 所示程序语句含义为工业机器人从当前位置以线性运动的方式移至目标位置 P_2 点。其中,各参数说明如下。

(1)MoveL——指令名称,即线性运动指令,插入形式为上述固定格式。

(2)p2——位置点,存储机器人和外部轴的目标点,数据类型为 robtarget。

(3)v100——速度,运行速度为 100 mm/s,运行速度可取值为 5~7 000 mm/s,数据类型为 speeddata。

(4)fine——转弯区数据,若使用 fine,则表示转弯区数据为 0,且机器人在 P_2 点会稍作停顿,才会去下一个点,如图 3-1-8 所示。转弯区数据除 fine 外,还有 z0~z200,表示转弯半径对应为 0~200 mm,在后面调试轨迹时会具体讲解。

图 3-1-8　转弯区数据为 fine

(5)tool0——工具坐标系,即移动机器人时正在使用的工具坐标系,数据类型为 tooldata。

(6)Wobj——工件坐标系,即指令中位置关联的工件坐标系,如果采用默认的工件坐标系 wobj0,该参数可省略。

4. MoveC 指令

头脑风暴:

如图 3-1-9 所示,工业机器人从 P_1 点经过 P_2 点到达 P_3 点。使用 MoveL 和 MoveJ 指令,能否画出图中所示的图形?操作工业机器人验证你的想法。

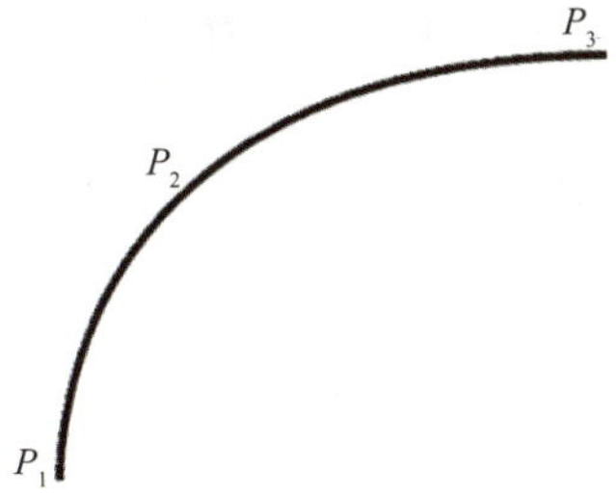

图 3-1-9　由 P_1 点至 P_3 点的路径

很明显,MoveL 和 MoveJ 指令都不能画出图 3-1-9 中从 P_1 点经过 P_2 点到达 P_3 点的圆弧轨迹,因此需要给机器人增加新的运动指令,即圆弧运动指令(MoveC 指令),才能画出圆弧或者圆。

完成曲线轨迹的绘图需要掌握 MoveC 指令的任务准备,下面先介绍 MoveC 指令,再绘制曲线图形。

MoveC 指令是在机器人可到达的空间范围内定义三个位置点,并通过这三个点唯一确定一条圆弧路径。如图 3-1-10 所示,第一个点是圆弧的起点(P_1 点);第二个点为中间点,用于确定圆弧的曲率(P_2 点);第三个点是圆弧的终点(P_3 点)。

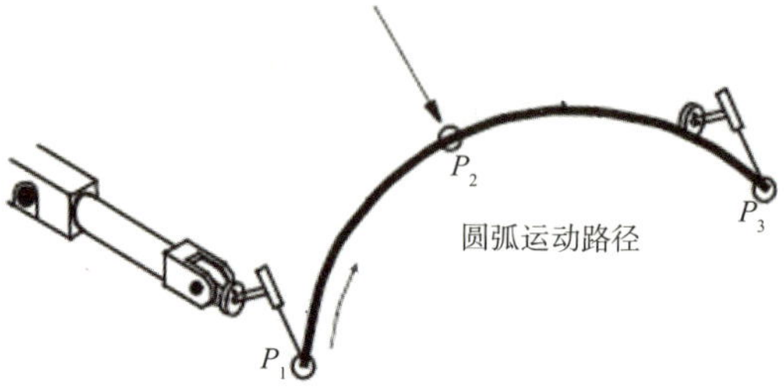

图 3-1-10　由 P_1 点至 P_3 点的圆弧运动路径

MoveC 指令一般由两条指令语句组成,第 1 条指令语句记录 P_1 点的位置,且一般使用 MoveL 指令;第 2 条指令语句记录 P_2 点和 P_3 点的位置,且一般使用 MoveC 指令。

在示教器中添加 MoveC 指令的程序语句如图 3-1-11 所示。

```
MoveL p1, v100, fine, tool1;
MoveC p2, p3, v100, fine, tool1;
```

图 3-1-11　添加 MoveC 指令的程序语句

图 3-1-11 所示程序语句含义为工业机器人以圆弧运动方式从 P_1 点开始,经过 P_2 点,移动至目标位置 P_3 点。其中,各参数和指令语句说明如下。

(1)MoveC——圆弧运动指令,插入形式为上述固定格式。

(2)p1——工业机器人当前的位置(即起始位置)。

(3)p2——过渡点位置,工业机器人需要到达 P_3 点,则需要先经过 P_2 点(即过渡位置),该点能确定圆弧运动的半径大小,即 P_2 点的作用为确定圆弧的曲率。

(4)p3——工业机器人需要到达的目标位置(即终点位置)。

(5)第 1 条指令语句只说明到达 P_1 点之前工业机器人的运动方式是直线运动。

(6)第 2 条指令语句说明工业机器人是从 P_1 点开始,经过 P_2 点,最后到 P_3 点,且工业机器人的运动方式都是圆弧运动。

师傅点拨:

线性运动是保持机器人末端执行器以直线的运动方式完成两点之间的运动,所以直线运动时对机器人六个轴的动作要求较高,导致直线运动要比点到点的运动慢一些。这种直线的运动插补方式多适用于狭窄空间的运动、带着快换工具垂直上下取件和放件、弧焊行业等精准的点位示教。

3.1.2　轨迹规划

1. 直线轨迹规划

在搬运、焊接、喷涂等作业中都需要确定一些点位，如将要接近物料的位置、接近物料的位置、到达物料的位置等。由于现场的生产情况不会毫无障碍，在编程时要设置点位规避障碍。这些点位在编程前需要预先规划好，即为轨迹规划。轨迹规划不仅能加深对项目的认识，也能缩短程序的编制时间，提高工作效率。

为了清晰展示轨迹规划的路径，以正方形图形绘图编程的轨迹规划为例，工业机器人的运动路径是从工业机器人原点到涂胶接近点 P_1，再依次运动到正方形的 P_2 点、P_3 点、P_4 点、P_5 点，并回到 P_2 点，再从平面离开，如图 3-1-12 所示。

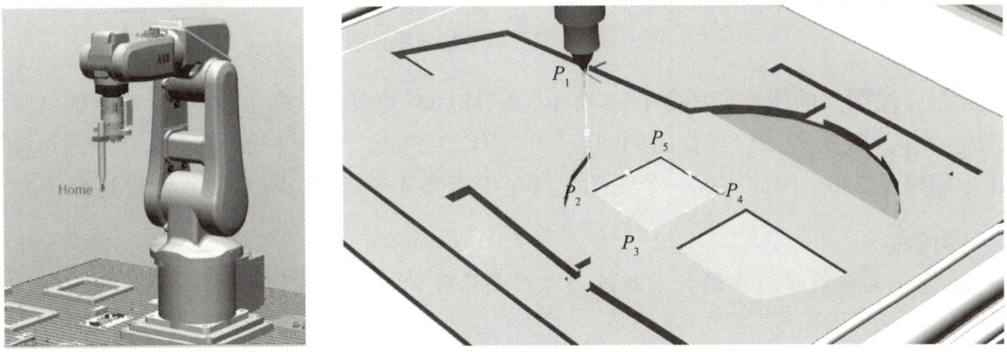

图 3-1-12　直线轨迹规划示意图

师傅点拨：

点位说明

接近点：在工业机器人应用中，对接近（离开）工作点的速度、位姿通常有特殊要求，需要添加辅助点，即为接近点。

过渡点：工业机器人末端执行器在运行过程中可能遇到障碍，需要设置一些点位规避障碍，即为过渡点。

在示教位置点时，以示教准确、方便为原则，不必按照程序语句的顺序示教。通常先示教关键点，如平面图形绘画的 P_2 点，将 P_2 点的正上方作为接近点或离开点。接近点与离开点的位置可重复使用，也可不同。

2. 曲线轨迹规划

曲线轨迹规划与直线轨迹规划类似，如图 3-1-13 所示。

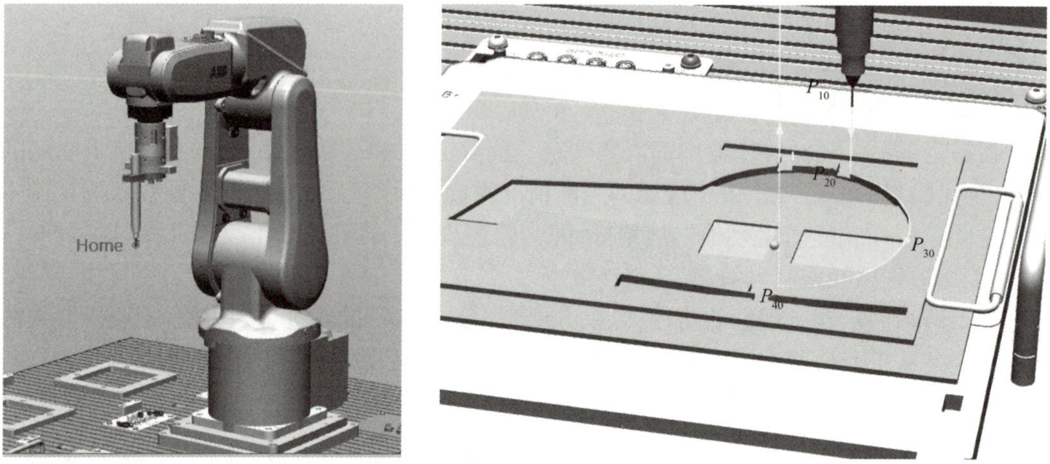

图 3-1-13 曲线轨迹规划示意图

绘制一段圆弧的轨迹如图 3-1-13 所示，从“Home”点开始，P_{10} 点作为绘制圆弧的接近点，P_{20} 点作为起始点，P_{30} 点作为中间点，P_{40} 点作为终点。由于一条 MoveC 指令的运动圆周角不能超过 240°，因此完成一个完整的圆至少需要 4 个点位，点位越多，轨迹越精确。

师傅点拨：

在复杂的曲线涂胶中增加示教点可以提高涂胶的精度和质量。

任务实施

工业机器人平面轨迹移动任务可分解为平面直线轨迹移动和平面曲线轨迹移动。

3.1.3 程序创建

本任务中的直线涂胶轨迹包括直线轨迹和正方形轨迹，以典型的正方形轨迹为载体介绍直线轨迹的涂胶编程的流程及方法；曲线涂胶轨迹包含四段圆弧轨迹，以其中较长一段圆弧轨迹为载体介绍曲线轨迹的涂胶编程的流程及方法。要编程的直线轨迹和曲线轨迹如图 3-1-14 所示。

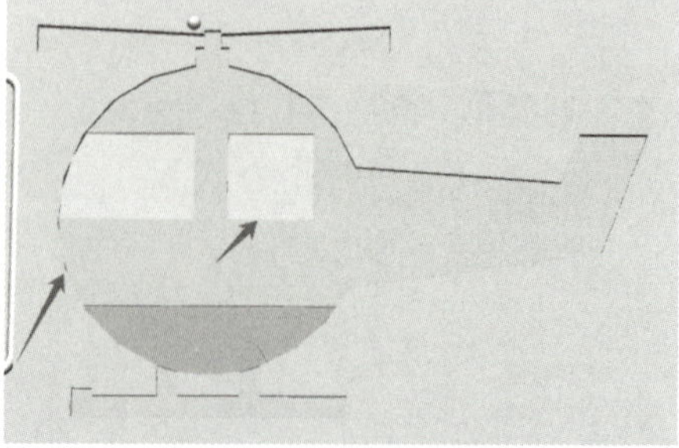

图 3-1-14 要编程的直线轨迹和曲线轨迹

头脑风暴：

机器人直线编程可以划分为几个步骤？

1. 工具快换装置

工业机器人执行的任务具有多样性，任务目标的质量、形状和尺寸大多不同，因此仅使用单一的末端工具不能满足复杂的任务要求。工具快换装置可以使工业机器人根据作业任务的需要，自动、快速地更换末端工具或外围设备，使工业机器人的应用更具柔性，从而提高作业能力与效率。

工业机器人工具快换装置主要由机器人侧和工具侧两部分组成，两侧设计可以自动锁紧连接，如图 3-1-15 所示。工具快换装置可以连通和传递电信号、气体、液体、超声等介质，能够让不同的介质从机器人手臂连通到末端执行器。大多数的工具快换装置使用气体锁紧机器人侧和工具侧。工具快换装置的机器人侧安装在机器人末端上，工具侧安装在工具上，例如吸盘、夹爪或焊枪等。

2. 气动控制板

气动控制板固定于实训台上，通过按下电磁阀强制按钮，实现对气动工具的强制动作，如图 3-1-16 所示。

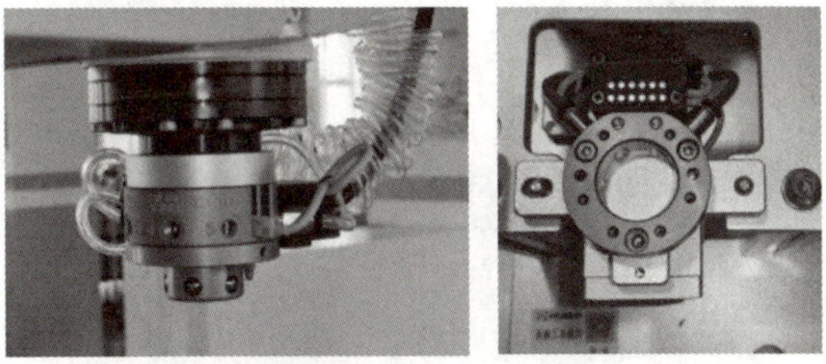

（a）机器人侧　　（b）工具侧

图 3-1-15　工具快换装置

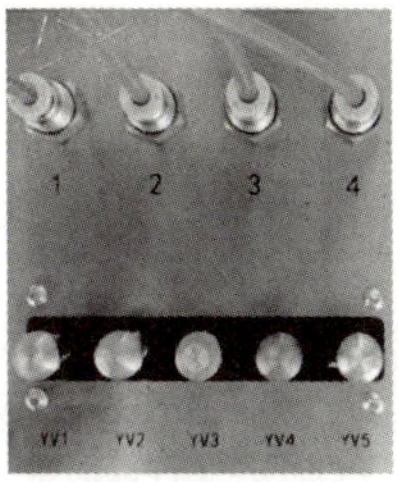

图 3-1-16　气动控制板

按下 YV1~YV5 电磁阀按钮，对应的强制气动动作见表 3-1-1。

表 3-1-1　快换手爪动作表

电磁阀	主盘锁紧	主盘松开	夹爪闭合	夹爪松开	吸盘动作	吸盘停止
YV1		√				
YV2	√					
YV3				√		
YV4			√			√
YV5					√	

3. 手动安装涂胶工具

手动将涂胶工具对准工具快换装置机器人侧，通过按下气动控制板上的电磁阀按钮，锁紧涂胶工具。手动安装涂胶工具步骤见表 3-1-2。

表 3-1-2　手动安装涂胶工具步骤

步骤	操作说明	图例
1	长按气动控制板上的 YV1 电磁阀按钮	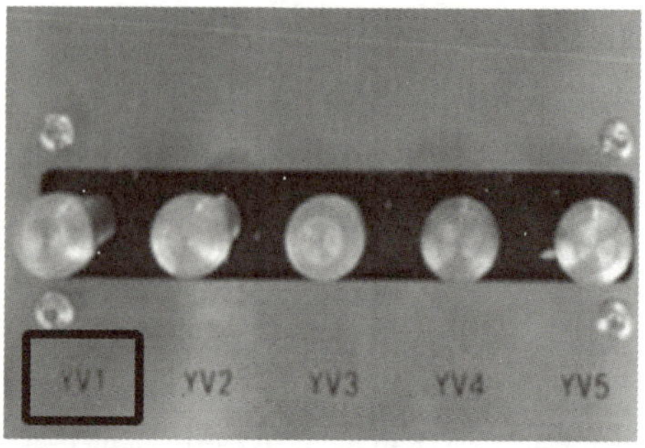
2	确认快换工具锁紧钢柱处于缩回状态	
3	手持涂胶工具安装到工业机器人末端位置，使机械接口与电气接口对齐，YV1 电磁阀按钮需要保持按下状态	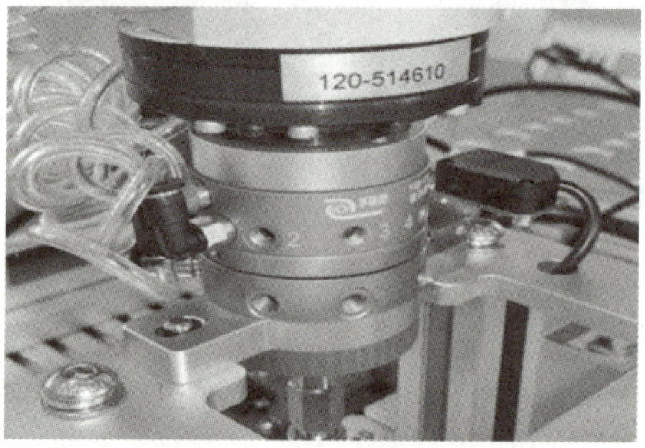
4	保持手持工具的状态，松开 YV1 电磁阀按钮，按住 YV2 电磁阀按钮约 1 s，工具锁紧后，松开 YV2 电磁阀按钮，完成涂胶工具的安装	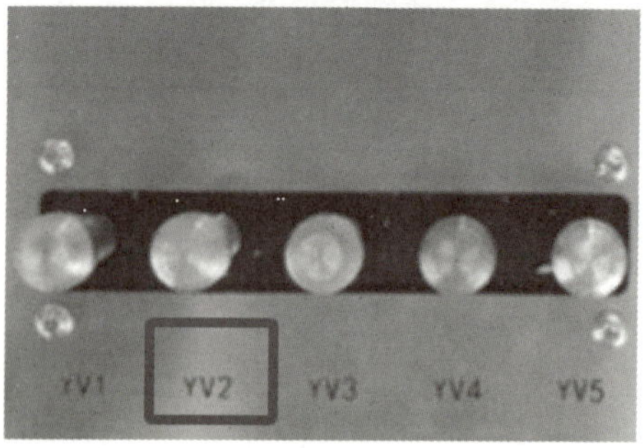

4. 选定工具坐标

为了说明点的位置、运动的快慢和方向等，必须选取其坐标系，因此需要先修改工具坐标。如果不修改工具坐标，新增加的点仍采用原来的工具坐标记录；只有把工具坐标修改为想要的工具坐标，新增加的点才是需要的工具坐标记录。

无论是何种品牌的工业机器人，出厂前都定义了一个工具坐标，也就是默认工具坐标（即 tool0），ABB 工业机器人将这个坐标系的 *XY* 平面绑定在机器人第六轴的法兰盘平面上，即坐标原点与法兰盘中心重合。此时，ABB 工业机器人的默认工具坐标（即 tool0）的 TCP 位于工业机器人安装法兰的中心。

很显然，使用 tool0 的工具坐标绘制图形是很难实现的，因此在本工作站中事先设置一个工具坐标“Tujiaoqiang”（具体在任务 3.2 中的 TCP 标定部分讲解），这里使用工具坐标“Tujiaoqiang”绘制直升机涂胶轨迹。

选定工具坐标的步骤见表 3-1-3。

表 3-1-3 选定工具坐标的步骤

步骤	操作说明	图例
1	单击主菜单按钮→选择“手动操纵”	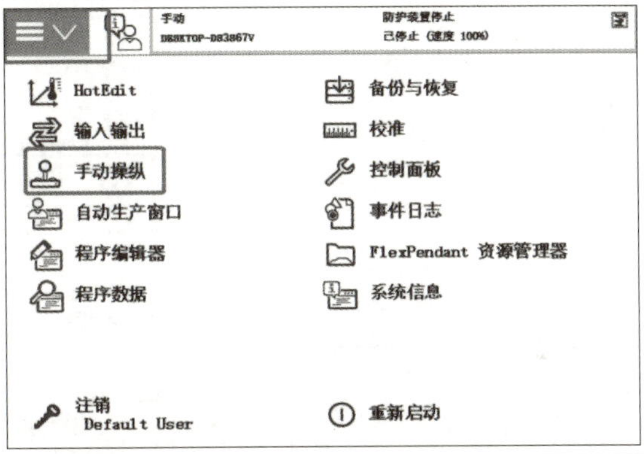
2	单击“工具坐标”	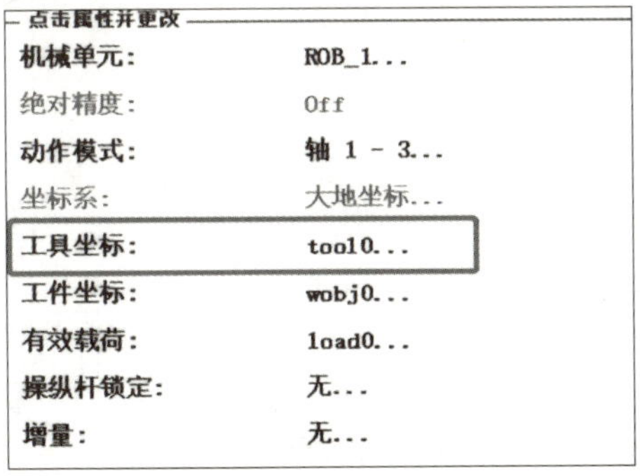
3	选择“Tujiaoqiang”→单击“确定”	

5. 新建程序

新建程序步骤见表 3-1-4。

微课：程序模块和例行程序建立方法

表 3-1-4　新建程序步骤

步骤	操作说明	图例
1	单击主菜单按钮→选择“程序编辑器”，在弹出的窗口中单击“新建”	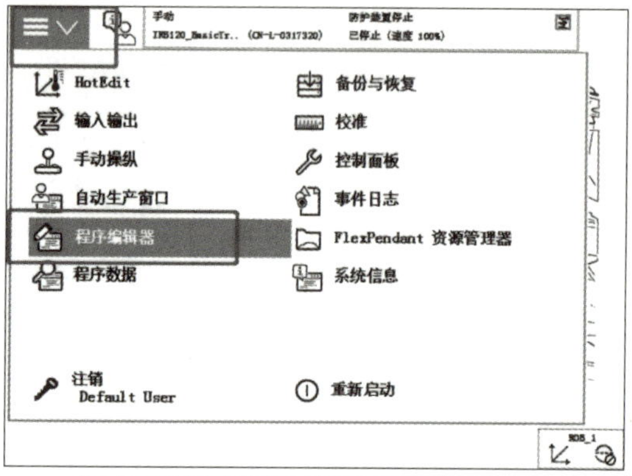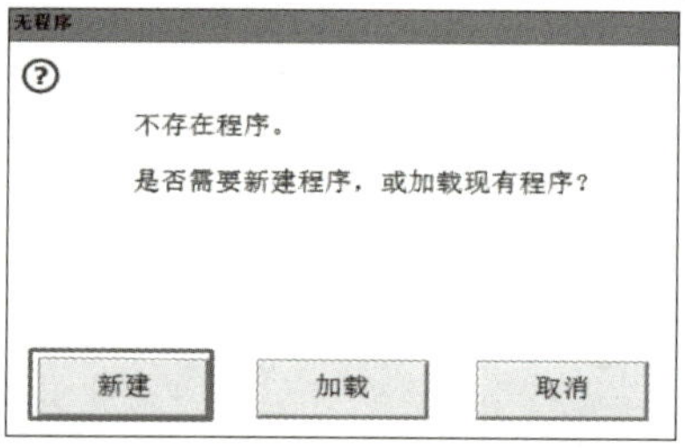
2	系统自动生成名称为“MainModule”的程序模块，并打开“main”程序界面；除自动生成的“MainModule”程序模块外，为便于程序管理，用户可根据需要自行创建其他程序模块	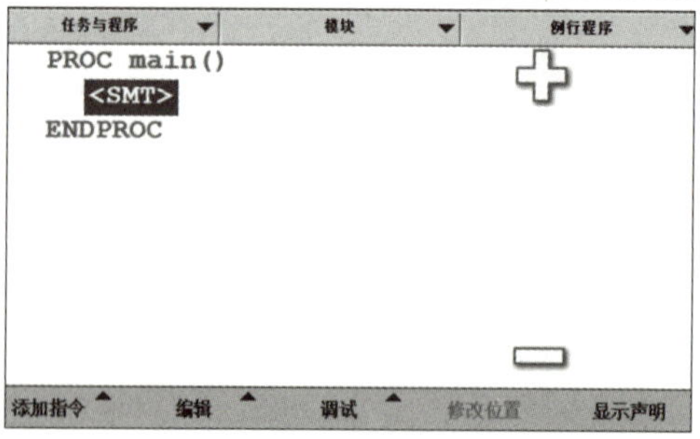

续表

步骤	操作说明	图例
3	单击界面中间的“模块”→单击左下角“文件”→选择“新建模块”	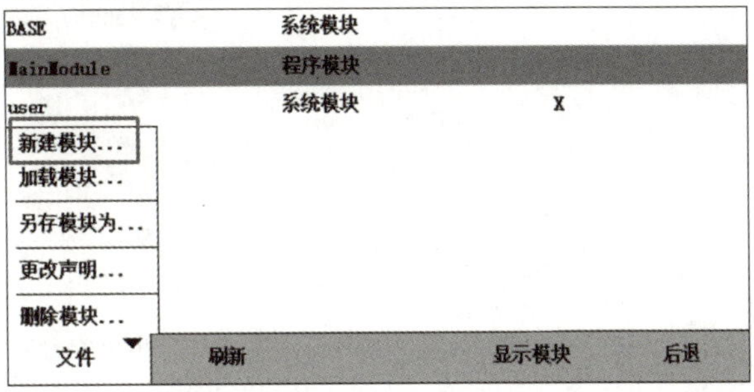
4	单击“ABC...”，设定新模块名称为“Tujiaoguiji”，完成后单击“确定”，将本任务绘图编程的例行程序放在“Tujiaoguiji”的程序模块当中	
5	选中“Tujiaoguiji”模块→单击“显示模块”，在弹出的窗口中单击“例行程序”	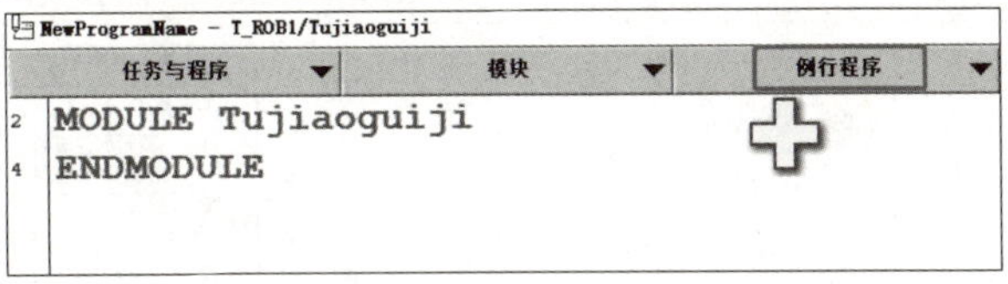
6	单击左下角“文件”→选择“新建例行程序...”	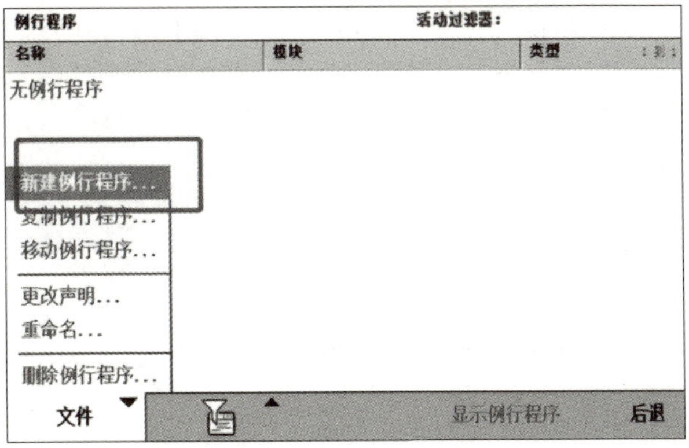

续表

步骤	操作说明	图例
7	单击“ABC...”，设定例行程序名称为“zhengfangxing”，完成后单击“确定”	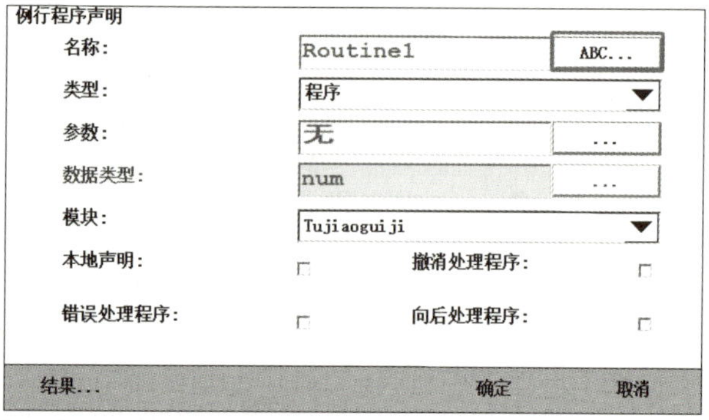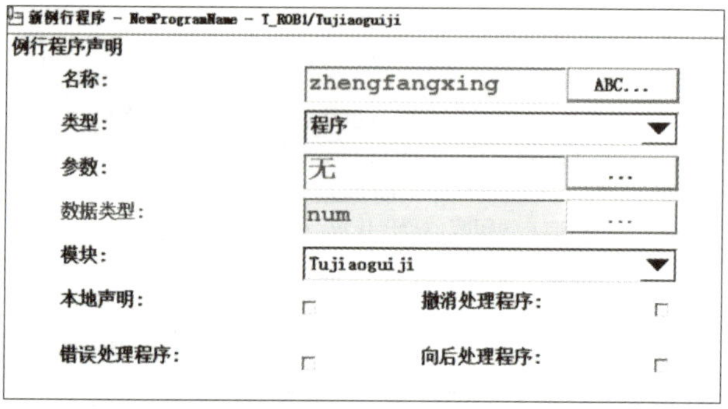
8	选中“zhengfangxing”程序→单击“显示例行程序”，显示新建好的程序界面	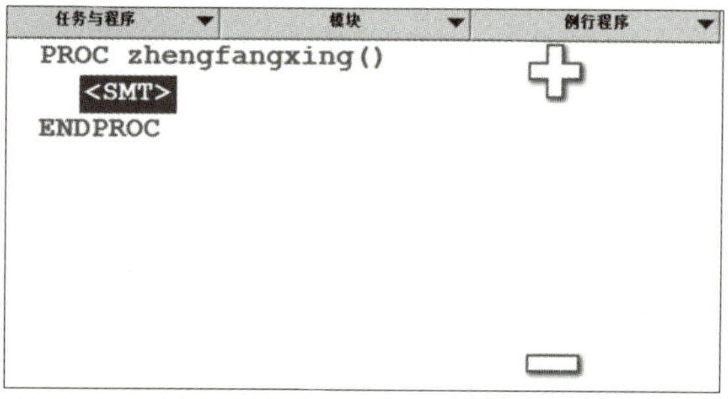
9	同理，在“Tujiaoguiji”模块中新建一名称为“yuanhu”的例行程序	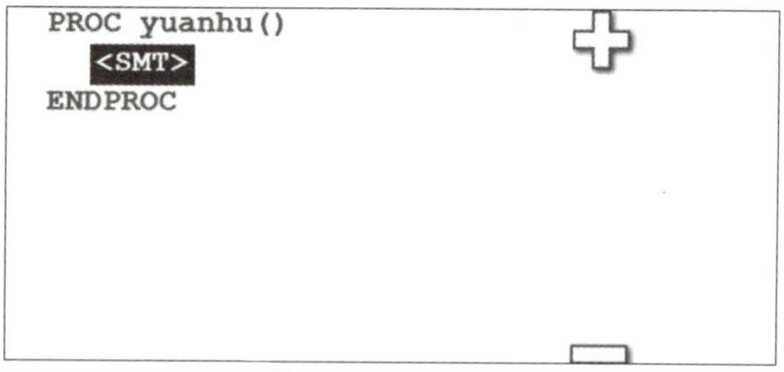

6. 姿态调整

要描述空间物体的状态，只确定工具在空间中的位置是不够的，如果该工具有足够多的自由度，那么其在空间中的同一点处也会呈现出多种状态，如图 3-1-17 所示。尤其在弧焊、喷涂、装配和打磨等领域，对工业机器人的姿态规划尤为严格，对涂胶姿态的要求是涂胶枪和工作平面保持垂直，则图 3-1-17（a）和（b）所示姿态都是不正确的，只有图 3-1-17（c）所示姿态是正确的。

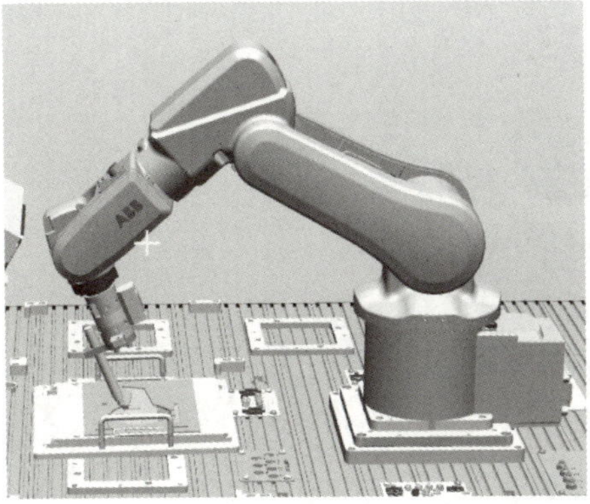

（a）姿态 1

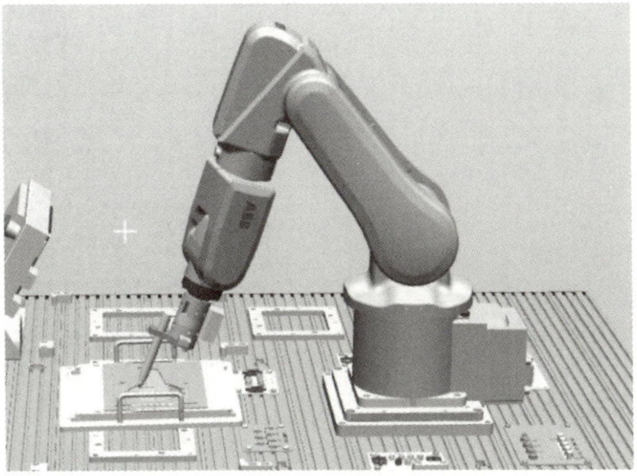

（b）姿态 2

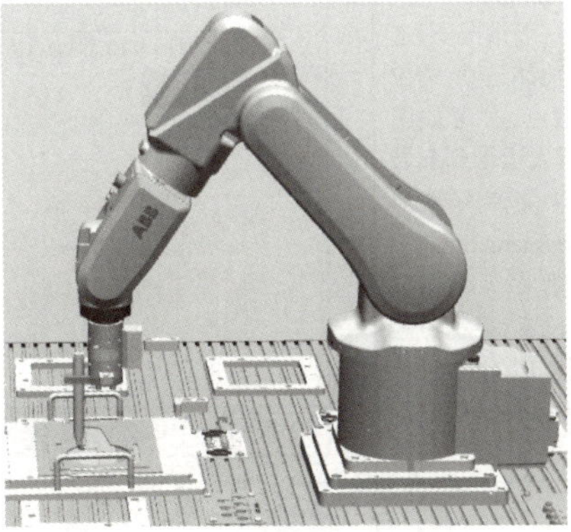

（c）姿态 3

图 3- 1-17　工业机器人涂胶姿态

7. 位置点记录

新建好程序并且修改好工 具坐标以后，需要操作工业机器人运动，并且记录工业机器人运动的轨迹，而该轨迹是由运动指令控制的，因此可使用 MoveL 和 MoveJ 指令完成正方形涂胶轨迹的编程，使用 MoveC 指令完成圆弧涂胶轨迹的编程。

根据正方形轨迹规划的路径，总共有 6 个点，第一步添加初始点（称为“Home”点）的指令，工业机器人初始点是指机器人准备运行时所处的安全位置，如图 3-1-18 所示。位置点记录步骤见表 3-1-5。

慕课：平面轨迹移动编程演示

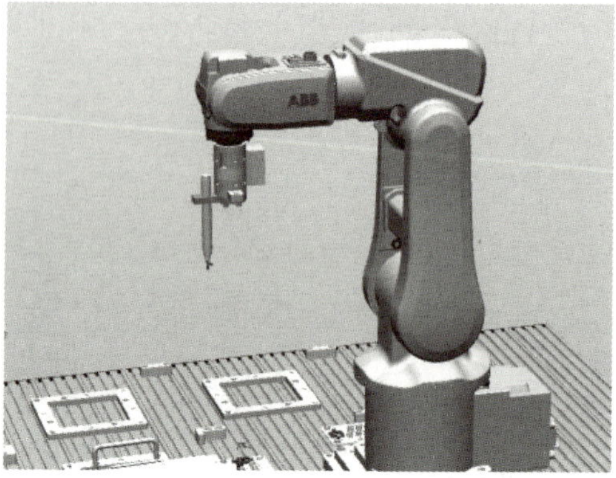

图 3-1-18　工业机器人初始点位置

表 3-1-5　位置点记录步骤

步骤	操作说明	图例
1	记录工业机器人初始点，一般情况下，选择第 5 轴为 90°，其余 5 个轴都是 0° 的位置作为工业机器人的初始点，参考如图 3-1-18 所示的状态。将机器人运动到起始点位置（第 5 轴为 90°，其余 5 个轴为 0°），在新建好的程序“zhengfangxing”中添加一条 MoveJ 指令。在程序编辑窗口中，选中要插入指令的程序位置，显示为蓝色，选中“<SMT>”，单击“添加指令”，打开指令列表，单击此按钮可以切换到其他分类的指令列表，选择 MoveJ 指令	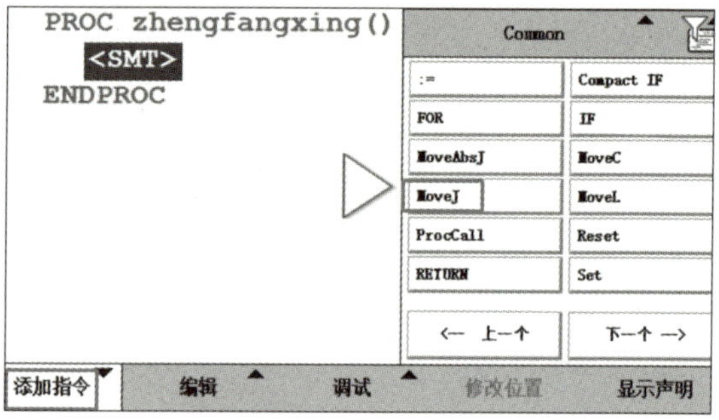
2	修改点名称，即双击“*”，在新打开的窗口中选择“*”的内容，单击“新建”，单击“名称”栏右侧的“...”，修改名称为“Home”，单击“确定”，完成名称修改。 这部分只是修改点的名称，其余部分不做任何更改，采用默认值	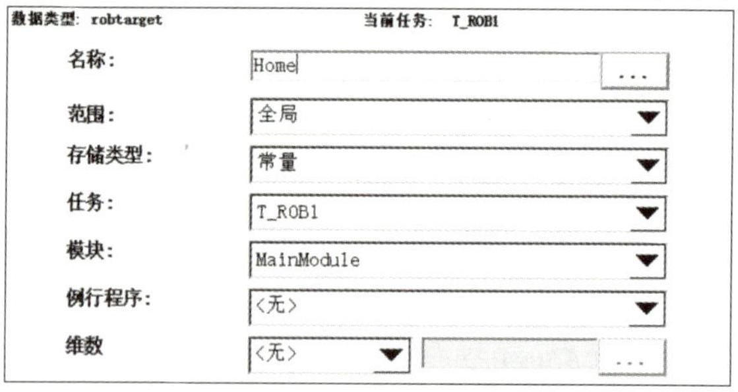
3	修改速度，即选中速度，此处默认为“v1000”，需设置的速度是 v100，则单击“v100”	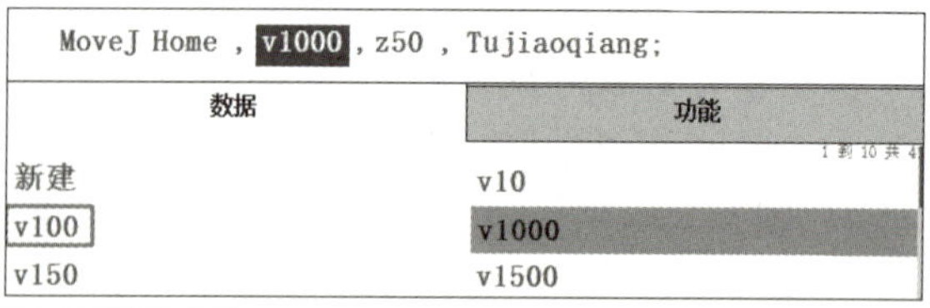

续表

<table>
<tr><th>步骤</th><th>操作说明</th><th>图例</th></tr>
<tr><td>4</td><td>修改转弯区数据，即选中转弯区数据“z50”，需更改为 fine，则单击“fine”即可</td><td>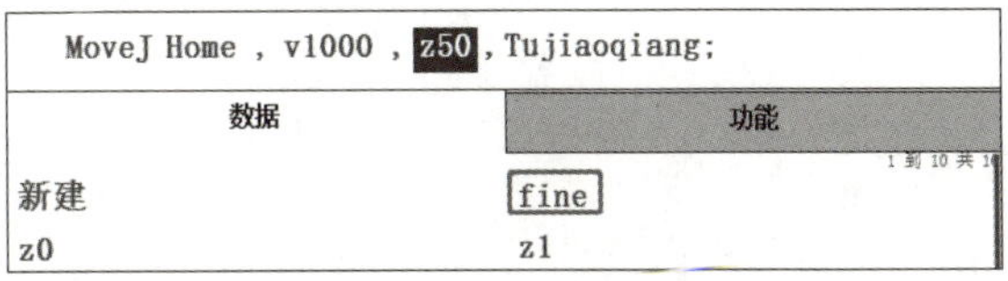
</td></tr>
<tr><td>5</td><td>修改工具坐标，即确保工具坐标为“Tujiaoqiang”，在指令中修改工具坐标前，应该先在手动操纵界面将工具坐标修改为要使用的坐标</td><td>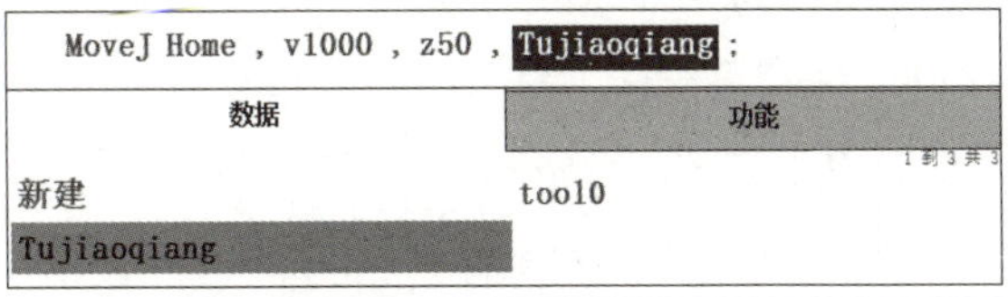
</td></tr>
<tr><td>6</td><td>单击“修改位置”，在弹出的窗口中单击“修改”，则初始点位置记录完毕</td><td>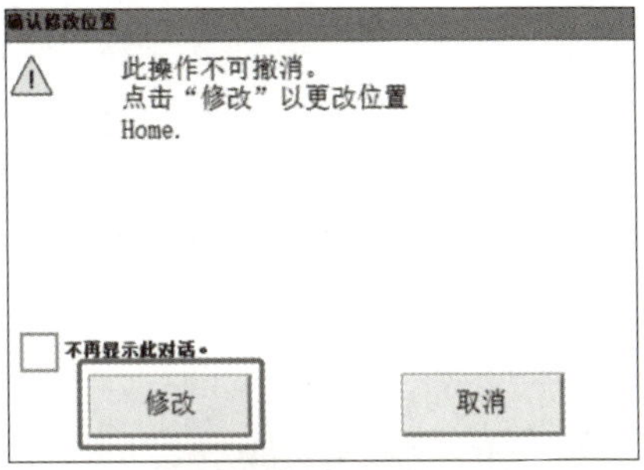
</td></tr>
<tr><td>7</td><td>工业机器人从初始点运动到 P_1 点，一般情况下，采用 MoveJ 指令，且转弯区数据设置为 fine</td><td>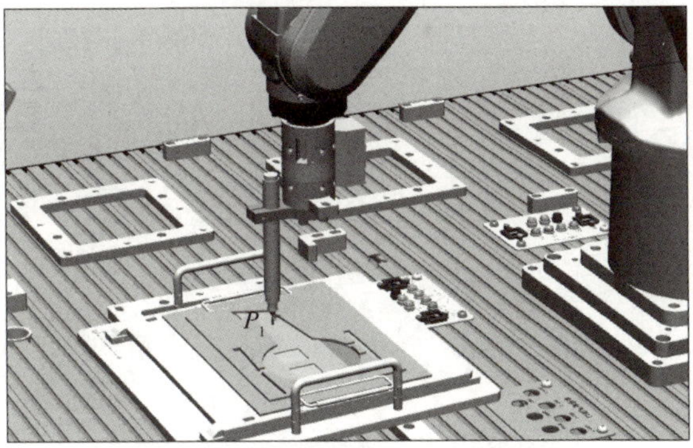
</td></tr>
<tr><td>8</td><td>选中初始点位置的程序，显示为蓝色；单击“添加指令”，打开指令列表，单击此按钮可以切换到其他分类的指令列表，选择 MoveJ 指令，在弹出的窗口中单击“下方”，则表示 P_1 点在初始点的后面</td><td>
</td></tr>
</table>

续表

<table>
<tr><th>步骤</th><th>操作说明</th><th>图例</th></tr>
<tr><td>9</td><td>选择新增的程序指令，双击“Home10”，更改该点名称为“P1”点，速度为“100 mm/s”，转弯区数据为“fine”，工具坐标为“Tujiaoqiang”。
提示：选中指令语句，单击“修改位置”，才能记录该点的位置。
以上完成了设置初始点、P_1 点这两个点的指令，然而从 P_1 点运动到 P_2 点，P_2 点运动到 P_3 点，P_3 点运动到 P_4 点，P_4 点运动到 P_5 点，P_5 点运动到 P_2 点，P_2 点运动到 P_1 点全都是直线路径，则需要使用 MoveL 指令</td><td>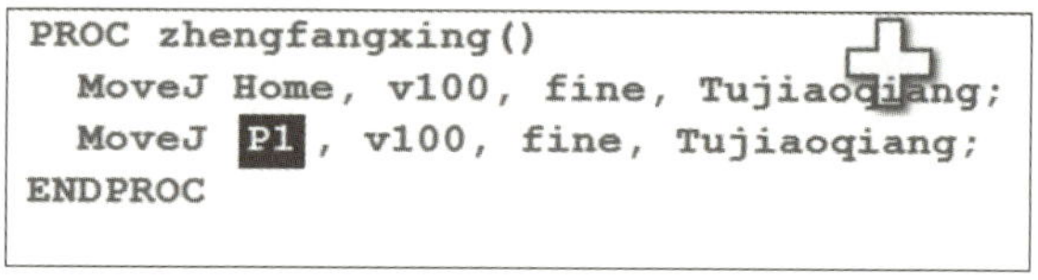
</td></tr>
<tr><td>10</td><td>将工业机器人移动到 P_2 点，并记录 P_2 点位置</td><td>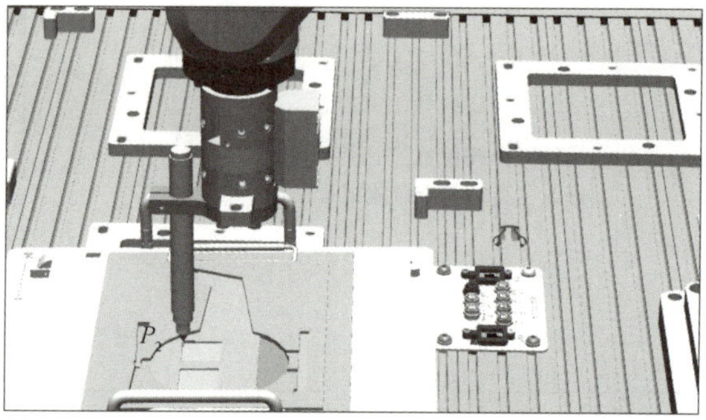</td></tr>
<tr><td>11</td><td>选中要插入指令的程序位置，在该指令下方添加 MoveL 指令，即单击“添加指令”，打开指令列表，选择 MoveL 指令</td><td>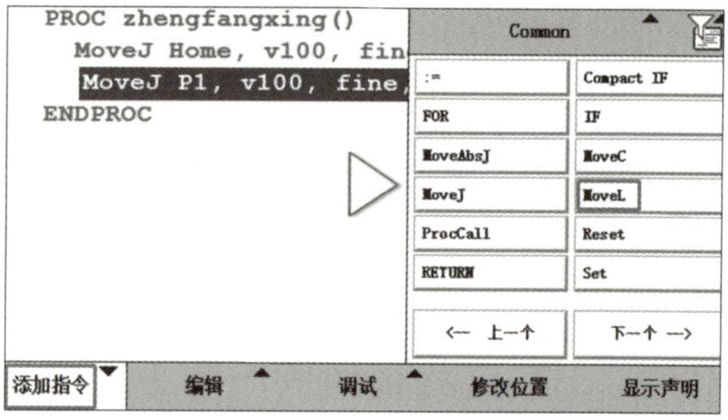

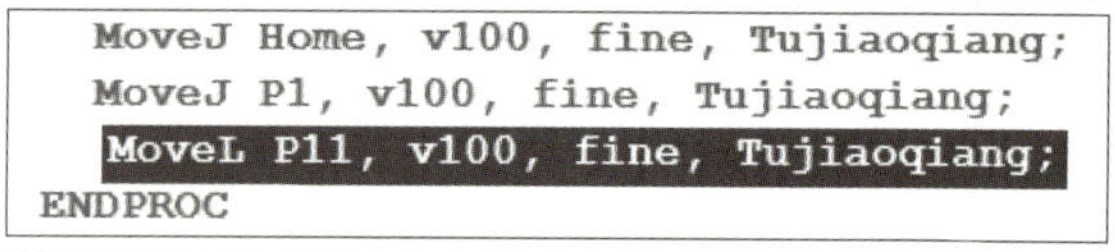
</td></tr>
<tr><td>12</td><td>MoveL 指令添加完成后，将“P11”修改为“P2”，修改方法与修改初始点相同；P_2 点修改完成以后，记录 P_2 点的位置</td><td>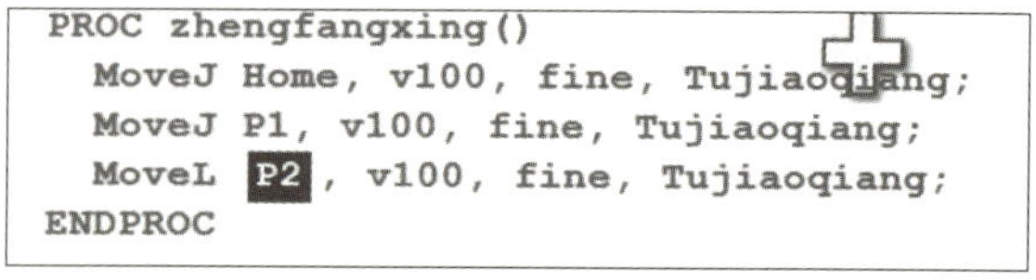
</td></tr>
</table>

续表

步骤	操作说明	图例
13	将工业机器人移动到 P_3 点，并记录 P_3 点位置	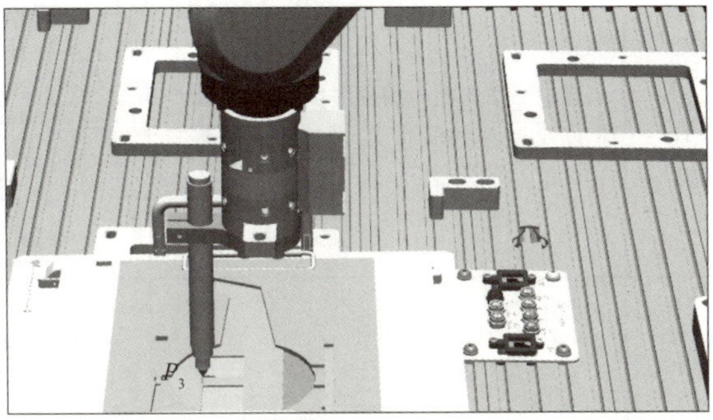
14	选中要插入指令的程序位置，在该指令下方添加 MoveL 指令，并修改点名称为“P3”	MoveJ Home, v100, fine, Tujiaoqiang; MoveJ P1, v100, fine, Tujiaoqiang; MoveL P2, v100, fine, Tujiaoqiang; MoveL P3, v100, fine, Tujiaoqiang; ENDPROC
15	将工业机器人移动到 P_4 点，并记录 P_4 点位置	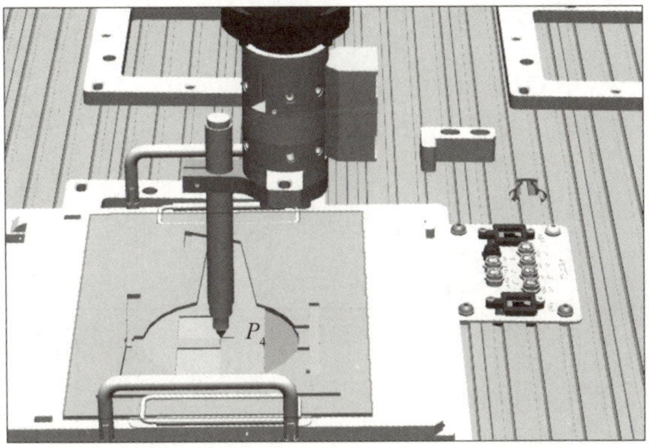
16	选中要插入指令的程序位置，在该指令下方添加 MoveL 指令，并修改点名称为“P4”	MoveJ Home, v100, fine, Tujiaoqiang; MoveJ P1, v100, fine, Tujiaoqiang; MoveL P2, v100, fine, Tujiaoqiang; MoveL P3, v100, fine, Tujiaoqiang; MoveL P4, v100, fine, Tujiaoqiang; ENDPROC
17	将工业机器人移动到 P_5 点，并记录 P_5 点位置	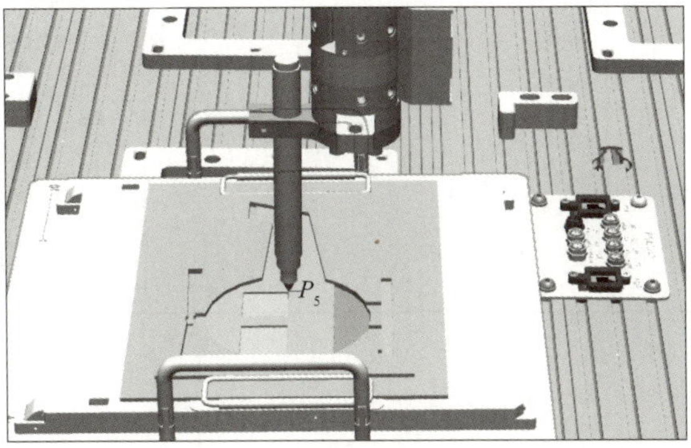

续表

步骤	操作说明	图例
18	选中要插入指令的程序位置，在该指令下方添加 MoveL 指令，并修改点名称为“P5”	PROC zhengfangxing() MoveJ Home, v100, fine, Tujiaoqiang; MoveJ P1, v100, fine, Tujiaoqiang; MoveL P2, v100, fine, Tujiaoqiang; MoveL P3, v100, fine, Tujiaoqiang; MoveL P4, v100, fine, Tujiaoqiang; MoveL P5, v100, fine, Tujiaoqiang; ENDPROC
19	将工业机器人移动到 P_2 点，P_2 点位置已经记录，按前述方法添加 MoveL 指令，并修改点名称为“P2”	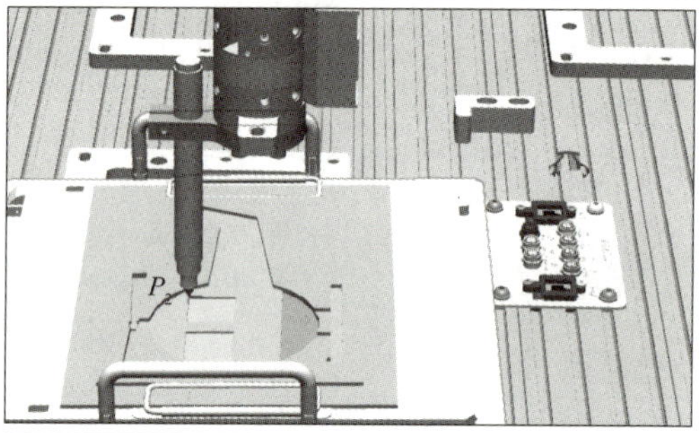 PROC zhengfangxing() MoveJ Home, v100, fine, Tujiaoqiang; MoveJ P1, v100, fine, Tujiaoqiang; MoveL P2, v100, fine, Tujiaoqiang; MoveL P3, v100, fine, Tujiaoqiang; MoveL P4, v100, fine, Tujiaoqiang; MoveL P5, v100, fine, Tujiaoqiang; MoveL P2, v100, fine, Tujiaoqiang; ENDPROC
20	将工业机器人移动到 P_1 点(离开点)，按前述方法添加 MoveL 指令，并修改点名称为“P1”	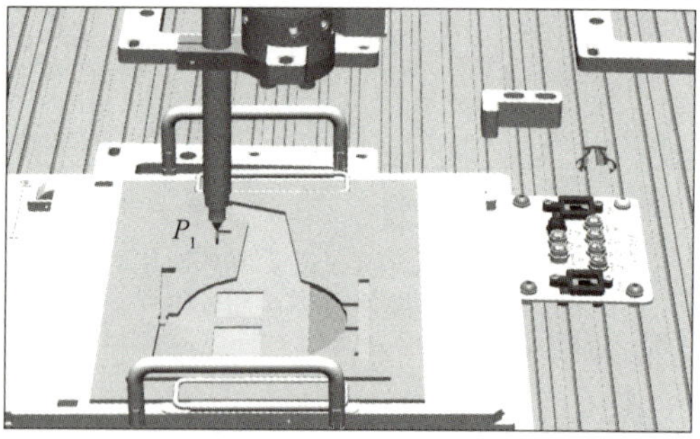 PROC zhengfangxing() MoveJ Home, v100, fine, Tujiaoqiang; MoveJ P1, v100, fine, Tujiaoqiang; MoveL P2, v100, fine, Tujiaoqiang; MoveL P3, v100, fine, Tujiaoqiang; MoveL P4, v100, fine, Tujiaoqiang; MoveL P5, v100, fine, Tujiaoqiang; MoveL P2, v100, fine, Tujiaoqiang; MoveL P1, v100, fine, Tujiaoqiang; ENDPROC

续表

步骤	操作说明	图例
21	将工业机器人移动回 Home 点，不需要严格按照直线轨迹移回，可采用 MoveJ 指令	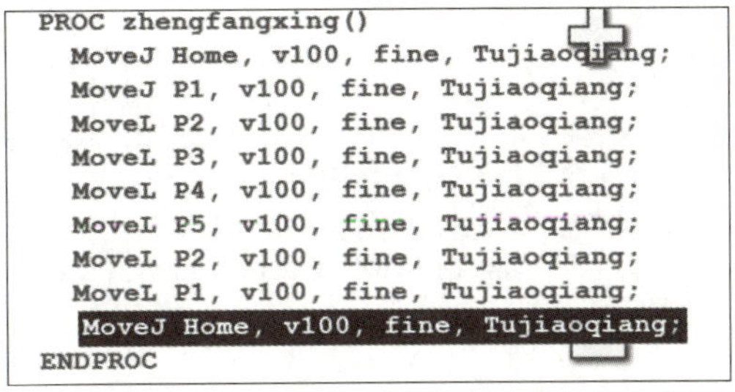

师傅点拨：

在不移动工业机器人到 Home 点位置的情况下，可以使用 MoveAbsJ 指令替代 MoveJ 指令记录工业机器人初始点位置，见表 3-1-6。

表 3-1-6　MoveAbsJ 指令使用

步骤	操作说明	图例
1	单击“添加指令”→选择 MoveAbsJ 指令	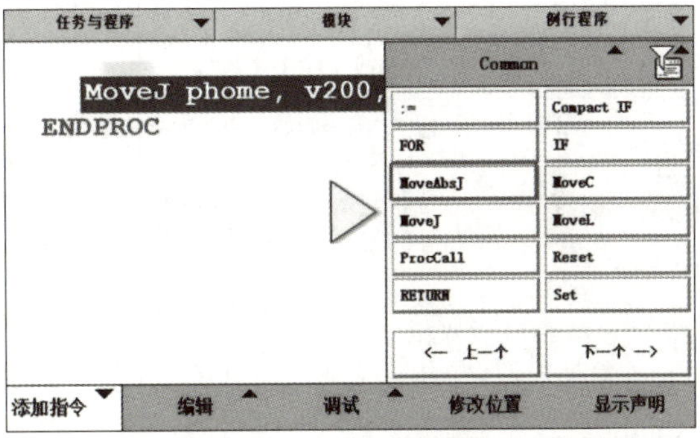
2	单击选择 MoveAbsJ 后面的星形符号，显示为蓝色，单击“调试”→“查看值”	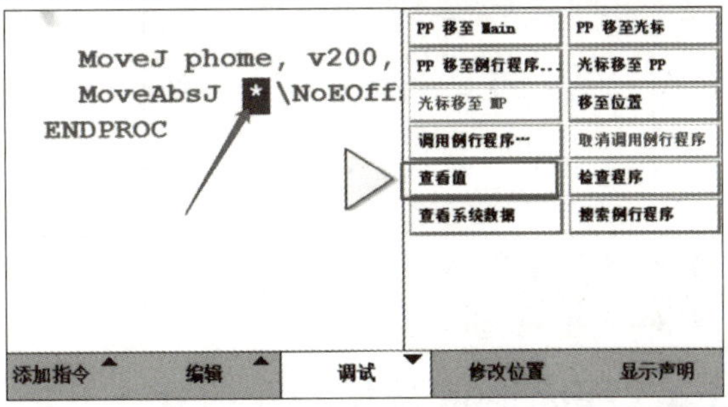

续表

步骤	操作说明	图例
3	在弹出的界面中找到6个轴，将“rax_5”的值修改为“90”，将其余5个轴的值均修改为“0”，单击“确定”，即完成MoveAbsJ指令的编辑	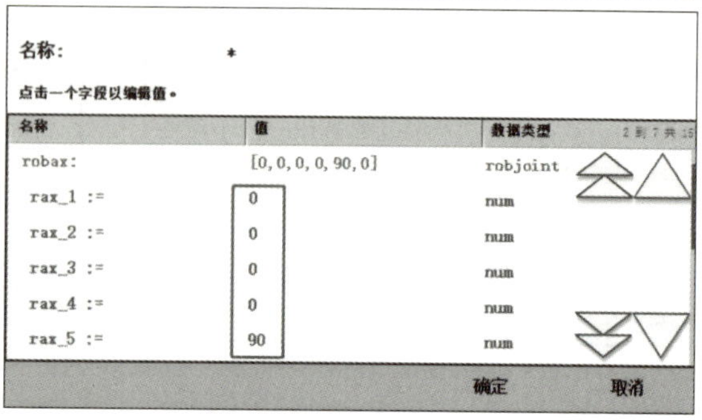

新建名称为“yuanhu”的例行程序，绘制圆弧的完整程序见表3-1-7。

表 3-1-7　绘制圆弧的完整程序

步骤	操作说明	图例
1	机器人由“Home”点→接近点P_{10}点的程序。 机器人移动到相应点位后，记得单击“修改位置”记录当前的位置	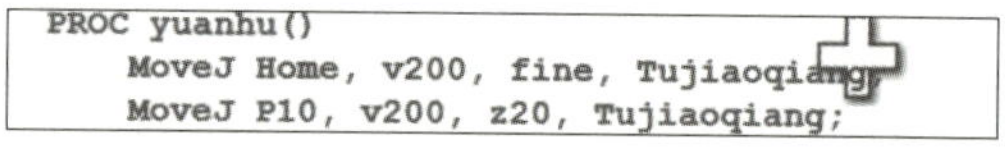
2	机器人由接近点P_{10}点→起始点P_{20}点的程序。 接近点P_{10}点位于起始点P_{20}点的正上方，使用MoveL指令运动到P_{20}点即可	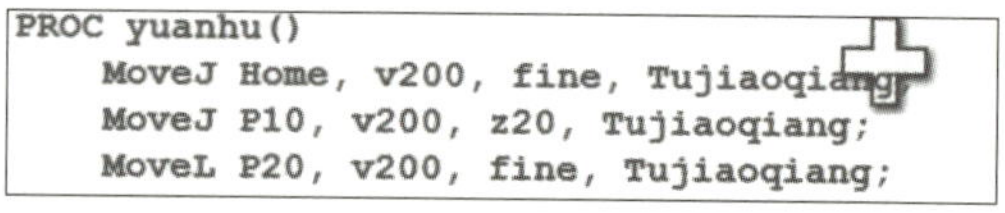
3	机器人由P_{20}点→P_{30}点→P_{40}点的程序。 该路径是半圆弧，P_{20}点为该半圆弧的起始点，P_{30}点为中间点(确定圆弧曲率的点)，P_{40}点为结束点	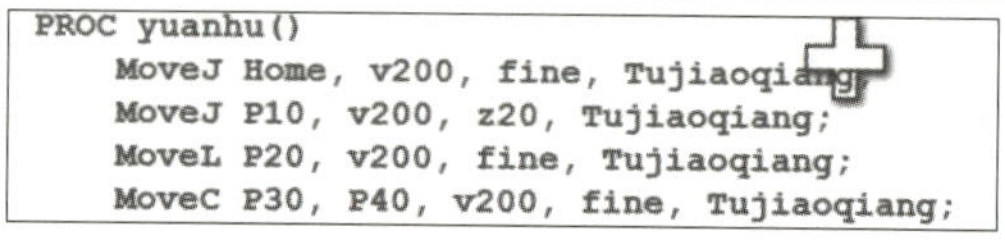
4	圆弧绘制完成，添加离开点P_{50}点及回原点指令	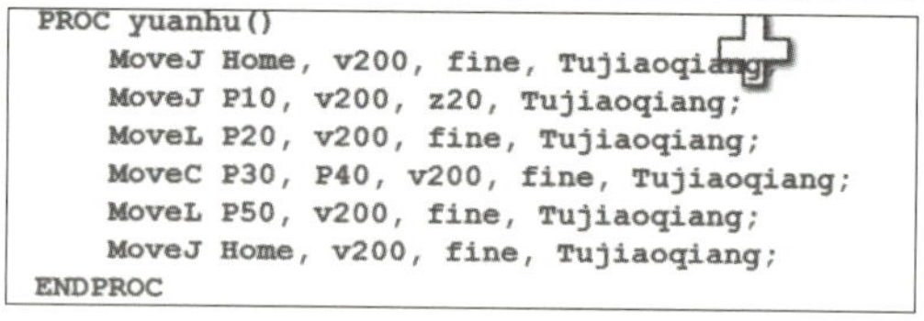

3.1.4　程序调试及优化

1. 程序调试

位置点记录完成后，并不代表就可以让工业机器人画出正确的图形。程序的正确性不仅表现在正常功能的完成，更重要的是对意外情况的正确处理，因此必须检查程序，也就是对程序进行调试。程序调试的目的有以下两个：

（1）检查程序的位置点是否正确；

（2）检查程序的逻辑控制是否有不完善的地方。

程序调试的流程如图 3-1-19 所示。

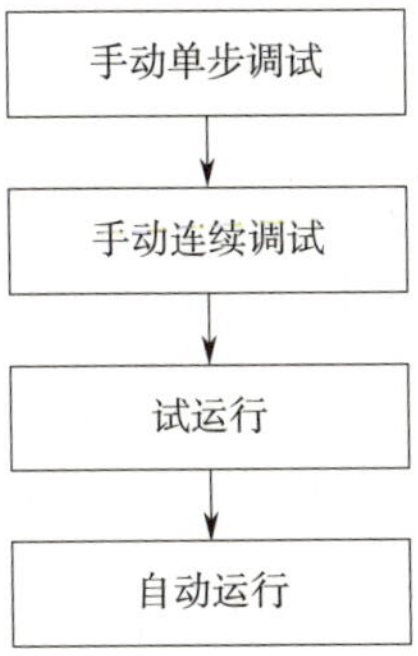

图 3-1-19　程序调试流程

1）手动单步调试

手动单步调试可以一步一步跟踪程序执行的流程，观察工业机器人的执行结果，从而找到程序不正确或不完善的地方。手动单步调试步骤见表 3-1-8。

表 3-1-8　手动单步调试步骤

步骤	操作说明	图例
1	单击“调试”，选择“PP 移至例行程序”，在弹出的窗口中选中“zhengfangxing”例行程序，单击“确定”	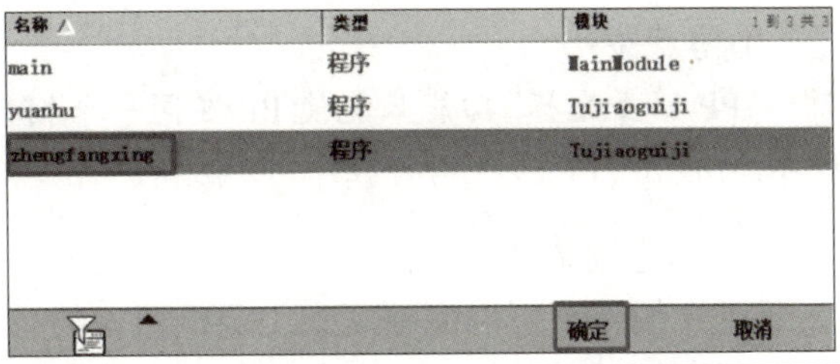
2	PP 是程序指针（左侧小箭头）的简称，程序指针是工业机器人运行过程中指向将要执行的指令的指示。 通过程序指针可以找到程序即将要运行哪一步，而工业机器人则处于程序指针的上一行，即正在运行的程序	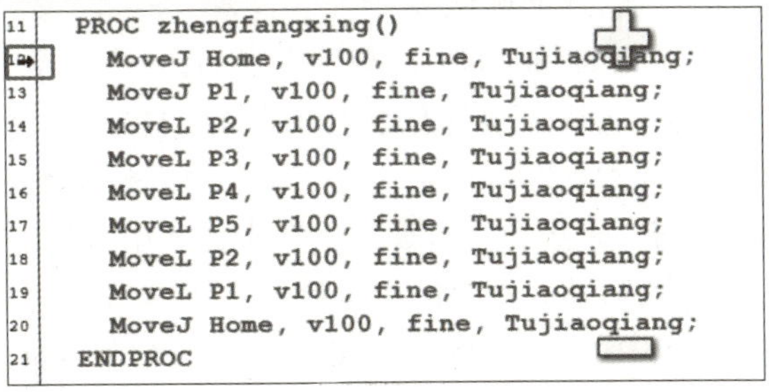

续表

步骤	操作说明	图例
3	左手按下示教器使能按键，进入“电机开启”状态，按下步进按键，并仔细观察机器人的移动情况	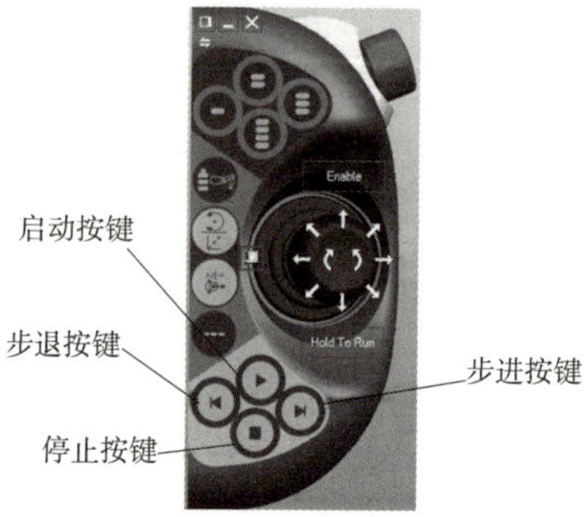
4	机器人从初始点到 P_1 点，再到 P_2 点、P_3 点、P_4 点、P_5 点、P_2 点，最后回到 P_1 点进行运动。如果要单步调试其中一步，可以将程序指针（PP）手动移动到想要执行的指令行，工业机器人就可以单步运行其中一步。 例如要调试 P_2 点，即选中 P_2 点的指令后，选择“PP 移至光标”，可以将程序指针移至想要执行的指令行进行执行，方便程序的调试	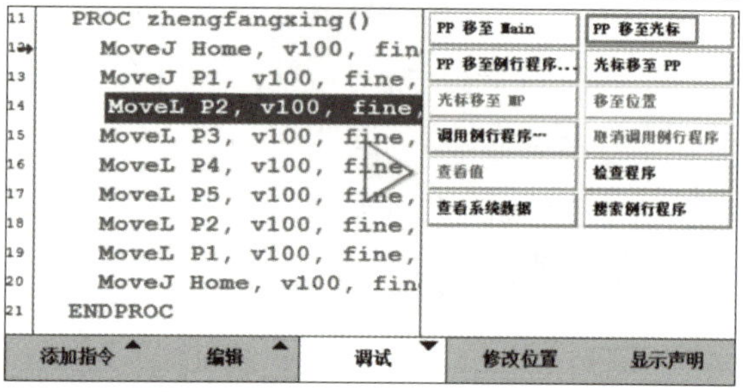

师傅点拨：

“PP 移至光标”功能只能使 PP 在同一个例行程序中跳转。如要将 PP 移至其他例行程序，可使用“PP 移至例行程序”功能。

2）手动连续调试

手动连续调试可以完整观察工业机器人的运行路径，查找点与点之间的连接是否有停顿，路径是否还能优化。

要在完成程序的手动单步调试后，再进行手动连续调试。整体调试的实质是自动运行工业机器人，程序运行有单周和连续两种模式。单周即为程序运行完一次之后自动停止运行；连续即为程序运行完一次之后自动从头开始运行，即循环运行。需要根据当前工作站实际工艺需要来选择运行模式。在本任务中，机器人运行完一次程序后即完成了当前工件的轨迹处理，机器人需要停止运行，等待更换工件或者有其他运动轨迹，可再次启动运行，所以在本任务中可以使用单周模式。手动连续调试步骤见表 3-1-9。

表 3-1-9　手动连续调试步骤

步骤	操作说明	图例
1	将程序提升移至第一行程序	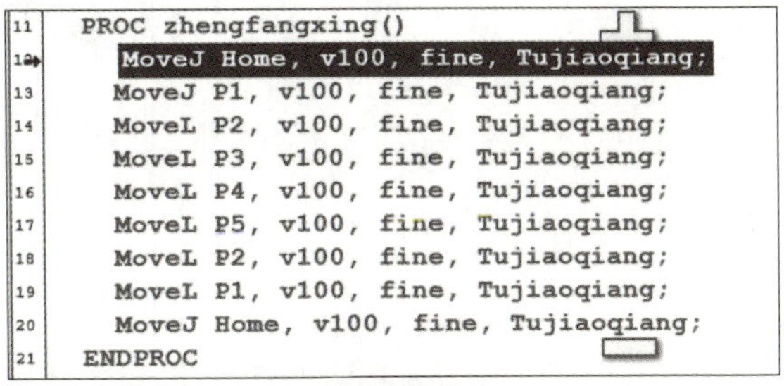
2	左手按下示教器使能按键，进入“电机开启”状态，按下启动按键，并仔细观察机器人的移动	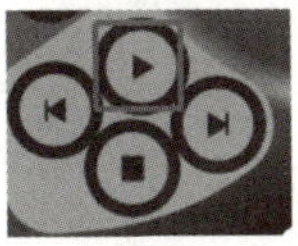

3)试运行

试运行的目的是确保工业机器人运行的稳定性。工业机器人试运行时，程序默认执行“main”程序，若要执行例行程序，该例行程序必须被“main”程序调用，因此我们编辑的“zhengfangxing”和“yuanhu”例行程序必须被“main”程序调用。调用“zhengfangxing”例行程序的步骤见表 3-1-10。

表 3-10　调用“zhengfangxing”例行程序的步骤

步骤	操作说明	图例
1	找到主程序所在的模块，打开该主程序，单击“模块”	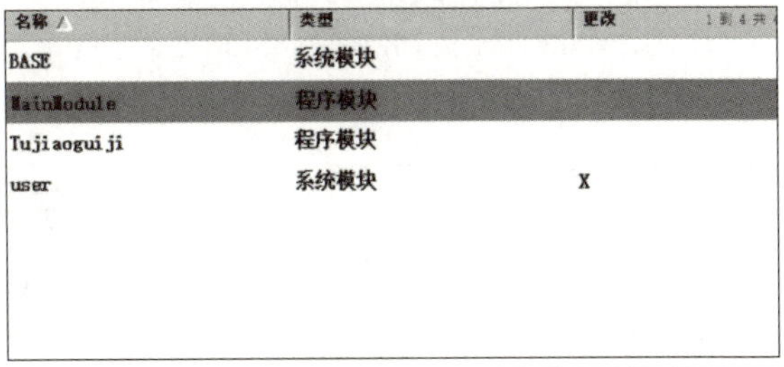
2	单击“MainModule”→“显示模块”	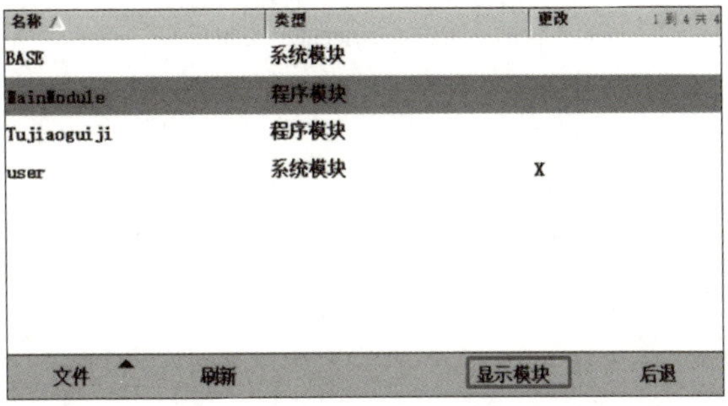

续表

<table>
<tr><th>步骤</th><th>操作说明</th><th>图例</th></tr>
<tr><td>3</td><td>选中“<SMT>”→单击“添加指令”→选择 ProcCall 指令，在弹出的窗口中选择“zhengfangxing”，单击“确定”</td><td>
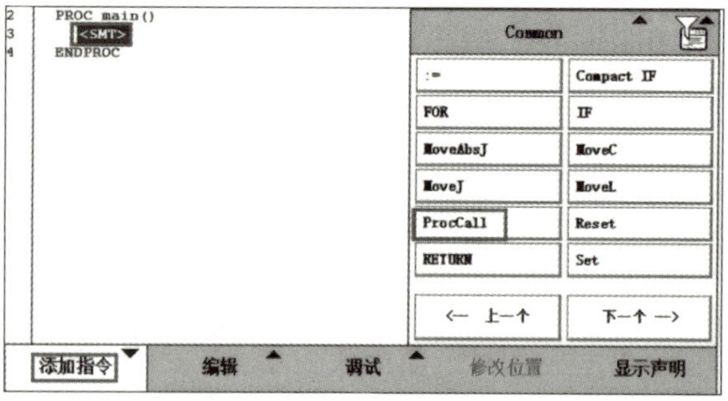

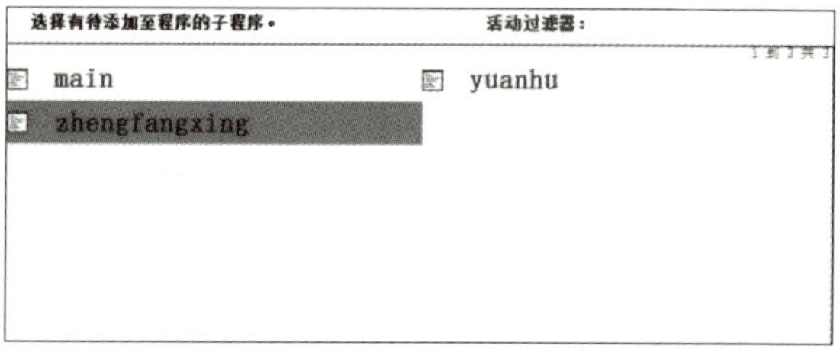

</td></tr>
<tr><td>4</td><td>“zhengfangxing”例行程序添加完成后，在试运行工业机器人时，“main”程序会自动调用“zhengfangxing”例行程序</td><td>
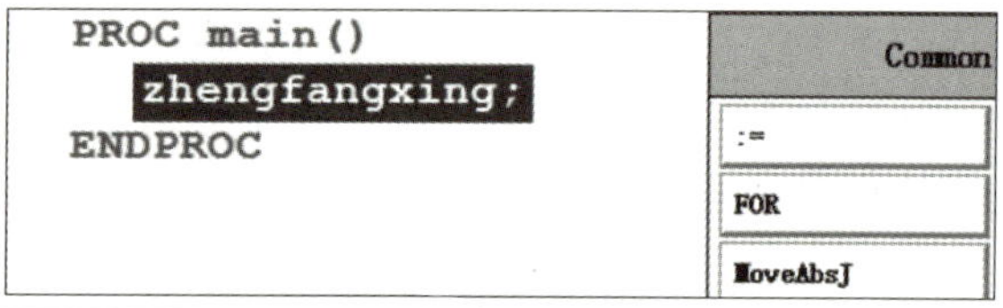

</td></tr>
<tr><td>5</td><td>将工业机器人调至自动运行模式。在控制柜面板上通过钥匙将机器人切换至左侧的自动模式，然后按下控制柜面板上面的白色马达上电按钮</td><td>

</td></tr>
<tr><td>6</td><td>单击示教器触摸屏右下角的快捷键→选择第三个控件→选择“单周”选项，然后再单击一次右下角的快捷键，即可关闭此弹出菜单</td><td>
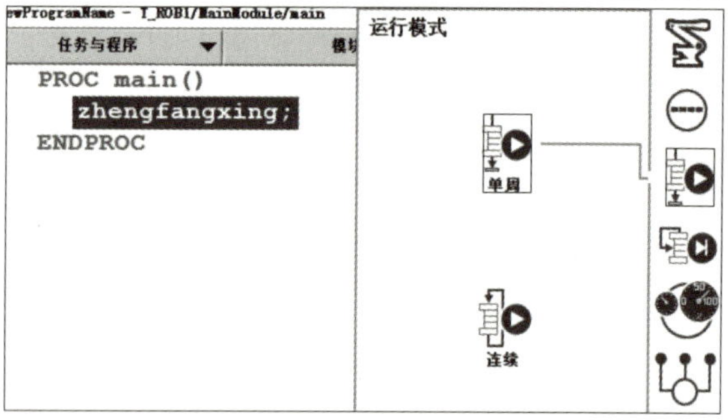

</td></tr>
</table>

续表

步骤	操作说明	图例
7	单击“调试”→“PP 移至 Main”，按下启动按键，即进行程序试运行，观察机器人运动是否满足要求	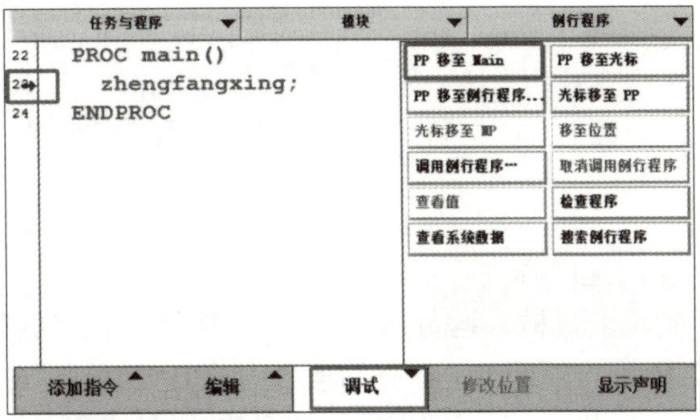
8	首次试运行，建议先将程序运行速度降低，运行没问题后再恢复至 100%速度运行，单击示教器触摸屏右下角的快捷键，在弹出的窗口中单击第五个图标，然后修改运行速度百分比，例如改为“25%”	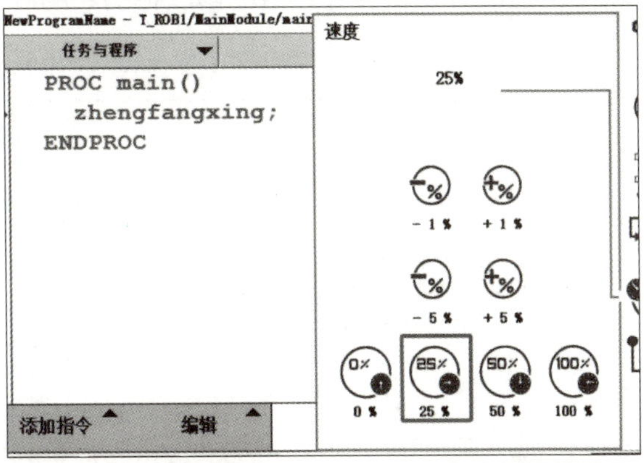
9	首次试运行完成后，程序运行可改成连续运行的模式，单击示教器触摸屏右下角的快捷键，选择第三个控件，选择“连续”选项，然后再单击一次右下角的快捷键，即可关闭此弹出菜单	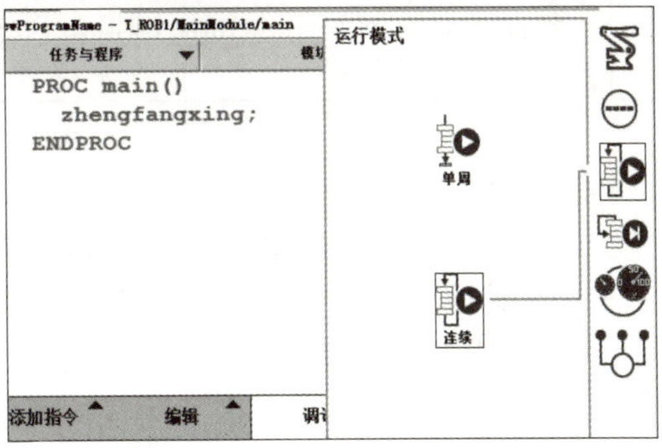

4）自动运行

当工业机器人运行完全满足要求后，可完全自动运行工业机器人，并可将速度百分比修改为“100%”，再次启动查看最终运行效果。

2. 程序优化

打开例行程序“zhengfangxing”（图 3-1-20），以此例行程序为例讲解如何优化程序。

```
PROC zhengfangxing()
  MoveJ Home, v100, fine, Tujiaoqiang;
  MoveJ P1, v100, fine, Tujiaoqiang;
  MoveL P2, v100, fine, Tujiaoqiang;
  MoveL P3, v100, fine, Tujiaoqiang;
  MoveL P4, v100, fine, Tujiaoqiang;
  MoveL P5, v100, fine, Tujiaoqiang;
  MoveL P2, v100, fine, Tujiaoqiang;
  MoveL P1, v100, fine, Tujiaoqiang;
  MoveJ Home, v100, fine, Tujiaoqiang;
ENDPROC
```

图 3-1-20 “zhengfangxing”例行程序

1）速度修改

工业机械人运行速度越快，程序运行轨迹的时间越短，因此将由 Home 点运动到 P_1 点及由 P_1 点返回 Home 点的速度由“v100”改为“v300”，提升运行速度可提升节拍，正方形涂胶轨迹的速度可以根据实际情况修改，见表 3-1-11。

表 3-1-11 速度修改步骤

步骤	操作说明	图例
1	选择相应指令中的“v100”，双击打开，选择“v300”，单击“确定”，由 Home 点至 P_1 点的运动速度即修改完成	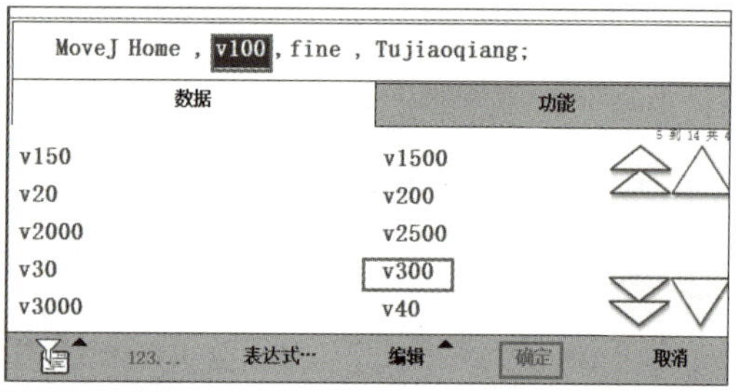
2	采用同样的方法，将 P_1 点返回 Home 点的速度“v100”修改为“v300”	MoveJ Home, v300, fine, Tujiaoqiang; ENDPROC

2）转弯区数据修改

提升节拍的方法除了优化速度外，还包括修改转弯区数据。

zonedata 是运动指令中 Zone 参数对应的数据类型，它的各个元素是相关移动的区域数据，而区域数据则描述了所生成拐角路径的大小。zonedata 用于规定如何结束一个位置，即在向下一个位置运动前，工业机器人轴应如何接近编程的位置。ABB 工业机器人中的位置点可分为停止点和飞越点两种。

停止点是指工业机器人必须在使用下一个指令来继续程序执行前到达指定位置（静止不动），同时可定义除预定义 fine 以外的停止点。可通过使用 stoppointdata 来操作停止标准，该停止标准说明是否认为工业机器人已到达有关点。

飞越点是指从未到达编程位置，而是在到达该位置之前改变运动方向。可针对各位置定义两个不同的区域（范围）：TCP 路径区域、有关工具重新定位和外轴的扩展区。

一旦 TCP 到达区域边缘，随即产生角路径（抛物线）；一旦 TCP 到达扩展区域，随即开始重新定位，如图 3-1-21 所示。重新定位可使 TCP 在停止点编程完毕时位于相同位置。如果区域半径有所增加，则重新定位将更为顺利，且降低速度以实施重新定位的风险会变低。

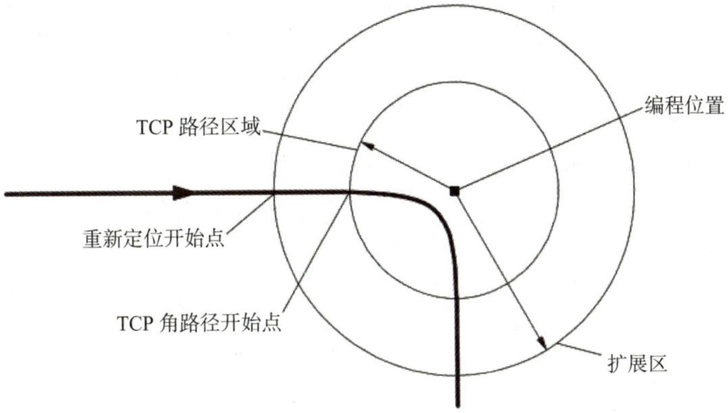

图 3-1-21　zonedata 原理图

比较分析停止点和飞越点的运行情况，使用飞越点运行程序会偏离目标位置，若需要到达精确目标位置，必须使用停止点来避免因位置偏移造成的碰撞。

图 3-1-22（a）所示为三处编程位置，而其中最后一处具有不同的工具方位，图 3-1-22（b）和（c）所示分别为中间位置有、无飞越点的程序执行情况。

在 ABB 工业机器人系统中已经预定义了一部分区域数据，使用时直接选择即可。普通用户建议不要自定义区域数据。fine 是预定义的停止点，其他预定义值见表 3-1-12。

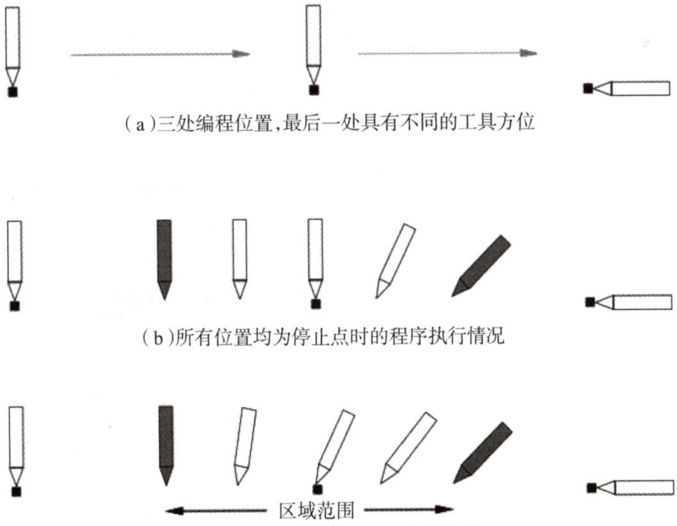

（a）三处编程位置，最后一处具有不同的工具方位

（b）所有位置均为停止点时的程序执行情况

（c）中间位置为飞越点时的程序执行情况

图 3-1-22　轨迹分析图

表 3-1-12　定位类型预定义值

路径区域				区域		
名称	TCP 路径	方向	外轴	方向	线性轴	旋转轴
z0	0.3 mm	0.3 mm	0.3 mm	0.03°	0.3 mm	0.03°
z1	1 mm	1 mm	1 mm	0.1°	1 mm	0.1°
z5	5 mm	8 mm	8 mm	0.8°	8 mm	0.8°
z10	10 mm	15 mm	15 mm	1.5°	15 mm	1.5°
z15	15 mm	23 mm	23 mm	2.3°	23 mm	2.3°
z20	20 mm	30 mm	30 mm	3.0°	30 mm	3.0°
z30	30 mm	45 mm	45 mm	4.5°	45 mm	4.5°
z40	40 mm	60 mm	60 mm	6.0°	60 mm	6.0°
z50	50 mm	75 mm	75 mm	7.5°	75 mm	7.5°
z60	60 mm	90 mm	90 mm	9.0°	90 mm	9.0°
z80	80 mm	120 mm	120 mm	12°	120 mm	12°
z100	100 mm	150 mm	150 mm	15°	150 mm	15°
z150	150 mm	225 mm	225 mm	23°	225 mm	23°
z200	200 mm	300 mm	300 mm	30°	300 mm	30°

根据上述内容分析，在接近点 P_1 的位置处工业机器人不需要在此点停止，将 P_1 点的转弯区数据修改为“z5”，其步骤见表 3-1-13。

表 3-1-13　转弯区数据修改步骤

<table>
<tr><th>步骤</th><th>操作说明</th><th>图例</th></tr>
<tr><td>1</td><td>双击 P_1 点运动指令的“fine”</td><td>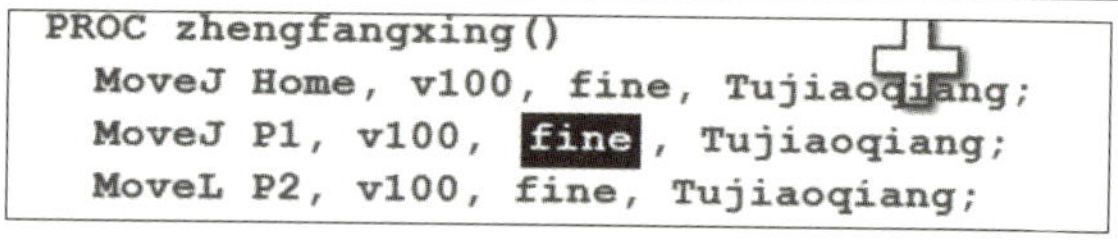
</td></tr>
<tr><td>2</td><td>选择“z5”</td><td>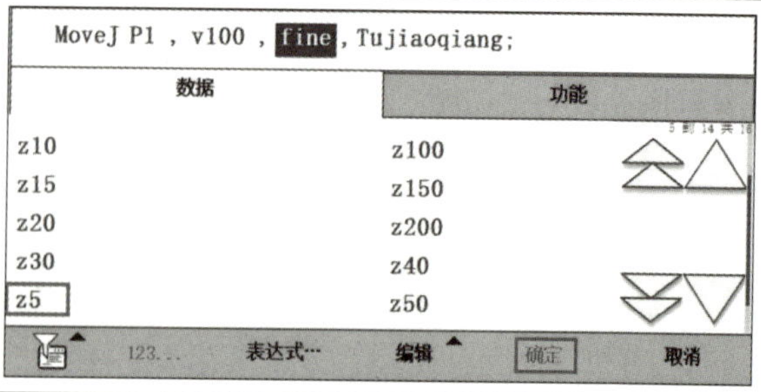
</td></tr>
</table>

续表

步骤	操作说明	图例
3	采用同样的方法修改 P_1 点的转弯区半径	MoveJ Home, v300, fine, Tujiaoqiang; MoveJ P1, v100, z5, Tujiaoqiang; MoveL P2, v100, fine, Tujiaoqiang; MoveL P3, v100, fine, Tujiaoqiang; MoveL P4, v100, fine, Tujiaoqiang; MoveL P2, v100, fine, Tujiaoqiang; MoveL P1, v100, z5, Tujiaoqiang; MoveJ Home, v300, fine, Tujiaoqiang; ENDPROC

头脑风暴：

（1）在程序中，比较使用较多的过渡点和较少的过渡点的区别。

（2）在程序中，比较使用较大的转弯区数据和较小的转弯区数据的区别。

学而有思

“人民工匠”许振超

任务验收考核

姓名			学号		
任务名称	考核要点	考核要求	配分	评分标准	得分
工业机器人平面轨迹移动操作与编程	1. 基础知识（80 分）	（1）完成轨迹规划并规划点位	15	正确轨迹规划给 10 分，正确规划点位给 5 分	
		（2）创建并命名程序	5	正确创建给 3 分，正确命名给 2 分	
		（3）机器人从工作原点开始运行	5	从工作原点开始运行给 5 分	
		（4）正确完成第一个直线轨迹	15	超出 1 次边界扣 5 分	
		（5）正确完成第二个直线轨迹	15	超出 1 次边界扣 5 分	
		（6）正确完成第三个直线轨迹	15	超出 1 次边界扣 5 分	
		（7）涂胶工具垂直平面	5	不垂直平面扣 5 分	
		（8）任务完成，机器人返回工作原点	5	正确返回工作原点给 5 分	

续表

任务名称	考核要点	考核要求	配分	评分标准	得分
工业机器人平面轨迹移动操作与编程	2. 职业素养（20 分）	（1）操作前按照机器人安全操作规程正确着装并佩戴安全帽	4	着装不规范每处扣 1 分	
		（2）操作过程中未发生机器人与其他外围设备碰撞的现象	4	发生碰撞每次扣 2 分	
		（3）操作过程中未发生机器人末端执行器掉落的现象	2	发生掉落每次扣 2 分	
		（4）操作过程中未发生踩踏机器人电缆的现象	2	踩踏机器人电缆每次扣 2 分	
		（5）操作过程中积极参与，互帮互助，团结协作	4	操作过程中发现不参与实训、影响团队合作的现象扣 1 分	
		（6）操作过程中工位整洁有序，操作结束后按照“6S”法则整理工位	4	工位整理不符合“6S”法则每处扣 1 分	
合计			100	总分	

知识拓展

工业机器人涂胶应用

习题与测试

任务 3.1 习题与测试

任务 3.2　工业机器人斜面轨迹编程

任务描述

本任务要求同学们操作工业机器人在斜面上完成箭头图案的模拟涂胶，并完成工业机器人的编程与调试，如图 3-2-1 所示。

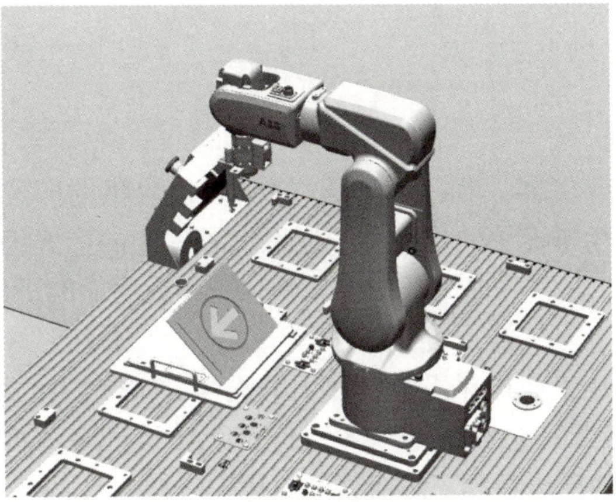

图 3-2-1　涂胶轨迹

在手动操作工业机器人时，使用工具坐标系可以更加方便地调节工业机器人与目标工件的相对位姿。首先标定工具的 TCP，然后在斜面上完成机器人涂胶的编程与调试。

任务要求

（1）完成涂胶枪 TCP 的标定；

（2）创建斜面涂胶轨迹，图形涂胶要精确、完整、清晰、美观，工业机器人姿态要合理；

（3）工业机器人运行轨迹合理，涂胶枪与模型保持垂直的姿态，运行无障碍，且没有不必要的停顿。

任务目标

1. 知识目标

（1）能说出 RAPID 语言和程序结构；

（2）能说出 ProcCall 指令的作用；

（3）能描述 TCP 标定的流程。

2. 能力目标

（1）能够使用 ProcCall 指令调用例行程序；

（2）能够完成 TCP 的标定；

（3）能够完成斜面涂胶轨迹创建。

3. 素养目标

（1）培养学生良好的工业机器人操作习惯；

（2）培养学生良好的编程素养和编程思维。

任务准备

3.2.1 RAPID 语言介绍

1.RAPID 语言

在工业应用中，工业机器人程序一般以结构化、模块化的形式组织编写，可提高程序的易读性与维护的便捷性。通常以子程序的形式编写各个相对独立的流程或功能，以主程序为框架调用其他流程或功能的子程序，从而完成复杂的整体任务。

微课：RAPID 语言介绍

RAPID 语言是 ABB 工业机器人平台使用的语言，具有很强的组合性。RAPID 程序的编写风格类似于 VB 和 C 语言，但与 Python、C# 等面向对象的语言有很大差别，RAPID 语言和高级语言的对比说明如下。

1）数据类型

C 语言有 int、string 等数据类型，RAPID 语言也有类似的数据类型，如 num、dnum、string 等常用的数据类型。RAPID 有常量（CONST）和变量（PERS、VAR），还有全局变量和局部变量，也可预定义变量。

2）数学表达式

RAPID 语言和其他编程语言一样，都有完整的数学表达式，除加、减、乘、除外，还有取余和取整；另有矢量的加减（Pos ± Pos）、矢量的乘法（Pos*Pos 或 Pos*N）和旋转的链接（Orient*Orient）。

3）指令集

RAPID 语言和一般编程语言，尤其是 VB 很相似，都有判断（IF、TEST）、循环（FOR、WHILE）、返回（RETURN）、跳转（GOTO）和停止（STOP）等指令，还有常用的等待函数 WaitTime、WaitUntil（有条件的等待）、WaitDI 和 WaitDO（等待数字信号）等。

4）数学公式

RAPID 语言的数学公式有赋值（=）、绝对值（ABS）、四舍五入（ROUND）、平方（Sqr）和正弦（Sin）、余弦（Cos）等，还有欧拉角、四元素的转换函数（EulerZYX 和 OrientZYX）和姿态矩阵的运算（PoseMult、PosVeet）。

5）程序函数

RAPID 语言和其他编程语言相似，也有函数，并可分为有返回值的函数和没有返回值的函数，返回的数值类型用户可以自定义，但只能返回一种数据类型，数量也只能是一个，也可采用全局变量、字符串或有多个变量的数值类型作为返回值，例如需要返回三个整数数据，则可以返回一个 Pos 类型数据。

6）系统和时间

RAPID 语言有简单的读取系统时间和日期的函数，可用于简单的计时和记录日志时写下日期。

7）文件操作

RAPID 语言有简单的文件操作，包含的指令有创建文件夹（MakeDir）、删除文件夹（RemeDir）、打开和关闭文件夹（OpenDir 和 CloseDir）、复制（Copy Dir）和检索（Search Dir）等。

2.RAPID 数据

RAPID 数据是在 RAPID 语言编程环境下定义的用于存储不同数据类型信息的数据结构类型。RAPID 语言定义了上百种工业机器人可能用到的数据类型，用于存放编程需要的各种类型常量和变量。另外，RAPID 语言允许用户根据这些已定义的数据类型，依照实际需求创建新的数据结构类型。

RAPID 数据按照存储类型可分为变量（VAR）、可变量（PERS）和常量（CONST），变量在定义时可以赋值，也可以不赋值。

1）变量（VAR）

变量型数据在程序执行的过程中和程序停止时，保持当前的值。但如果程序指针被移到主程序后，则数值会丢失。在工业机器人执行的 RAPID 程序中可以对变量存储类型程序数据进行赋值操作。

变量应用举例：

VAR num length: =0;

名称为 length 的数值型数据，赋值为 0；

VAR string name:=“John”;

名称为 name 的字符型数据，赋值为 John；

VAR bool finish:=FALSE;

名称为 finish 的布尔型数据，赋值为 FALSE。

2）可变量（PERS）

可变量最大的特点是无论程序指针如何，都会保持最后被赋的值。

可变量应用举例：

PRES number: =l;

名称为 number 的数值型数据，赋值为 1；

PRES string test: =“hello”;

名称为 test 的字符型数据，赋值为 hello。

在工业机器人执行的 RAPID 程序中，也可以对可变量存储类型数据进行复制操作，在程序执行后，赋值的结果会一直保持，直到对其重新赋值。

3）常量（CONST）

常量的特点是在定义时已赋予了数值，不能在程序中进行修改，除非手动修改。

常量应用举例：

CONST num gravity:=9.81;

名称为 gravity 的数值型数据,赋值为 9.81;

CONST string play: ="helo";

名称为 play 的字符型数据,赋值为 hello。

4)常用 RAPID 数据类型

根据不同的数据用途,可定义不同的数据类型,表 3-2-1 所示为 ABB 工业机器人系统中常用的数据类型。

表 3-2-1　ABB 工业机器人系统中常用的数据类型

序号	数据类型	类型说明	序号	数据类型	类型说明
1	bool	布尔量	11	orient	姿态数据
2	byte	整数数据 0~255	12	pos	位置数据(只有 X、Y、Z)
3	clock	计时数据	13	pose	机器人轴角度数据
4	dionum	数字输入/输出数据	14	robjoint	机器人与外部轴的位置数据
5	extjoint	外部轴位置数据	15	speeddata	机器人与外部轴的速度数据
6	intnum	中断标志符	16	string	字符串
7	jointtarget	关节位置数据	17	tooldata	工具数据
8	loaddata	负荷数据	18	trapdata	中断数据
9	mecunit	机械装置数据	19	wobdata	工件数据
10	num	数值数据	20	zonedata	TCP 转弯半径数据

3. RAPID 程序结构

ABB 工业机器人程序结构有 3 个层级,分别为程序、模块和例行程序。程序是描述整个任务的结构,系统一般只能加载 1 个程序运行(多任务需要系统选项支持)。例行程序则是执行具体任务的程序,它是编程的主要对象,也是指令的载体。模块是例行程序的管理结构,可以将例行程序按照需要进行分类和组织。在创建程序时,系统自动生成三个模块,即 BASE、MainModule 和 user 模块,如图 3-2-2 所示。其中,BASE 和 user 为系统模块,BASE 模块禁止用户操作,在 user 模块中用户可创建例行程序。BASE 和 user 模块为所有程序共用,一般将例行程序存放到程序模块中。除自动生成的 MainModule 模块外,为便于程序管理,用户可根据需要自行创建其他程序模块。

在 MainModule 模块中,系统自动生成 main 例行程序,main 例行程序是程序入口,程序执行时从 main 例行程序首行开始运行。一个程序可以包含多个模块,一个模块可以包含多个例行程序。不同模块间的例行程序根据其定义的范围可互相调用。

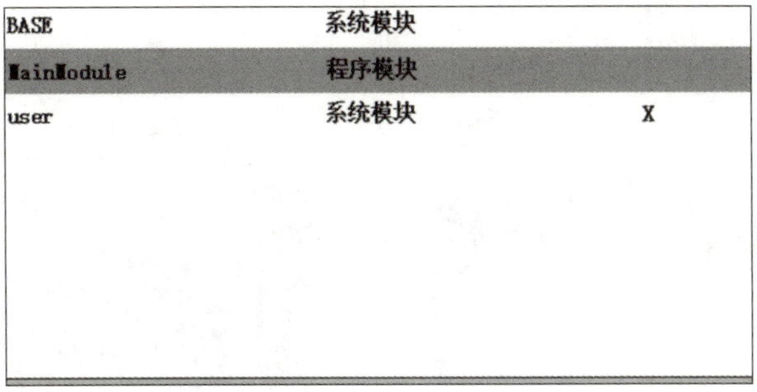

BASE	系统模块	
MainModule	程序模块	
user	系统模块	X

图 3-2-2　系统模块与程序模块

3.2.2　ProcCall 指令

ProcCall 指令用于将程序执行转移至另一个无返回值的程序，当执行完成无返回值程序后，程序将继续执行调用后的指令。通常有可能将一系列参数发送至新的无返回值程序。无返回值程序的参数必须符合以下条件：

（1）必须包括所有的强制参数；

（2）必须以相同的顺序进行放置；

（3）必须采用相同的数据类型；

（4）必须采用有关于访问模式（输入、变量或永久数据对象）的正确类型。

程序可相互调用，并可反过来调用另一个程序；程序也可自我调用，即递归调用。允许的程序等级取决于参数数量，通常允许 10 级以上。

程序实例：

```
MoveJ p10,v1000,z50,tool0;   //工业机器人以关节运动方式到达 p10 位置
Routine1;   // 调用 Routine1 例行程序
Move p20,v1000,z50,tool0;   //工业机器人以关节运动方式到达 p20 位置
```

以上程序实例中，MoveJ p10 程序行执行完成后，调用 Routine1 无返回值程序并执行，待 Routine1 程序执行完成后，继续执行 MoveJ p20 程序行。

ProcCall 指令并不显示在程序行内，只显示被调用的程序名称。

3.2.3　TCP 标定（六点法）

为完成各种作业任务，需要在工业机器人末端安装各种不同的工具，例如搬运板材的机器人会使用吸盘式的夹具作为工具，而用于弧焊的机器人会使用弧焊枪作为工具，如图 3-2-3 所示。

由于工具的形状、大小各不相同，在更换或者调整工具后，工业机器人的实际工作点相对于工业机器人末端的位置会发生变化。这样就会产生一个问题：如何选择一个点来代表整个工具所在的位置？因此，就产生了 TCP。

ABB 工业机器人的默认工具（tool0）的 TCP 位于工业机器人安装法兰的中心，如图

3-2-4 所示。

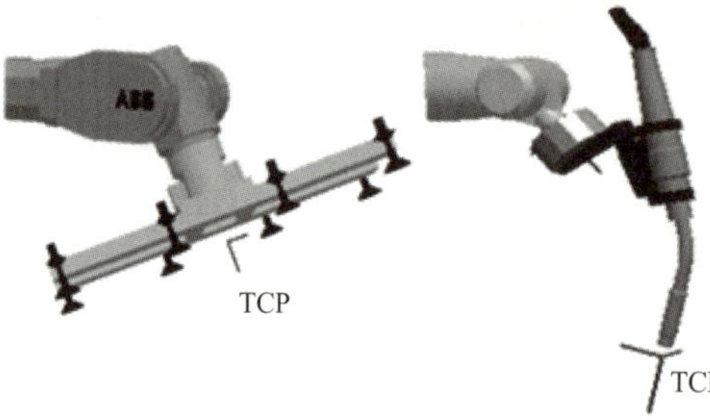

图 3-2-3　TCP

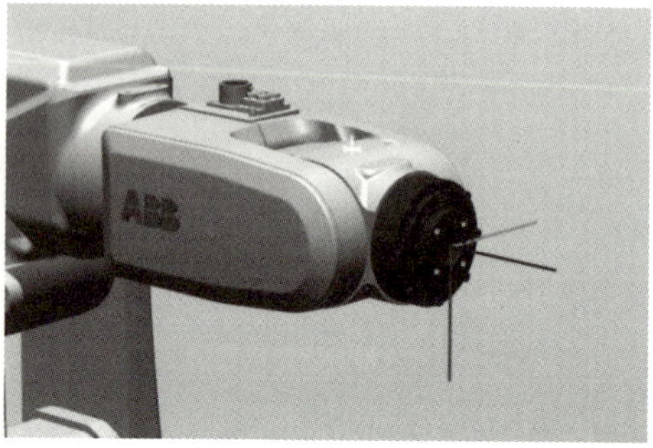

图 3-2-4　原始 TCP

工业机器人在此坐标系内进行编程，当工具更换或调整后，只需重新标定工具坐标系的位置，即可使机器人重新投入使用。

当以手动或者编程的方式使工业机器人接近空间的某一点时，其本质是使 TCP 接近该点。因此，可以说工业机器人的轨迹运动就是 TCP 的运动。

采用六点法标定 TCP 的步骤见表 3-2-2。

表 3-2-2　TCP 标定步骤

步骤	操作说明	图例
1	单击主菜单按钮→选择“手动操纵”	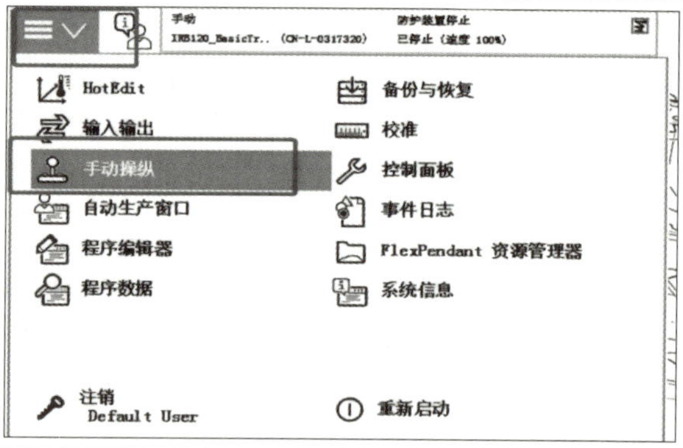
2	选择“工具坐标”	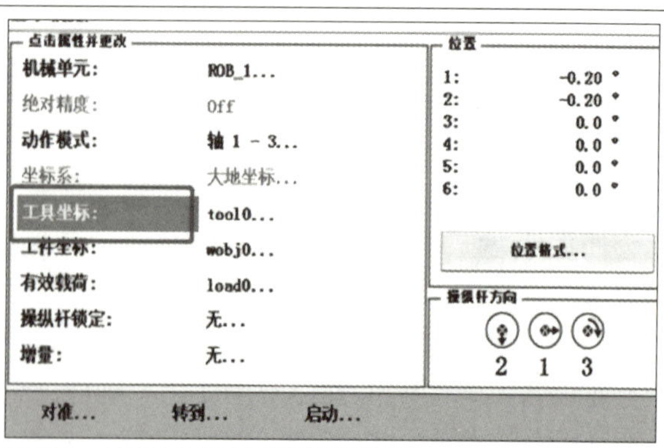

续表

步骤	操作说明	图例
3	单击“新建”	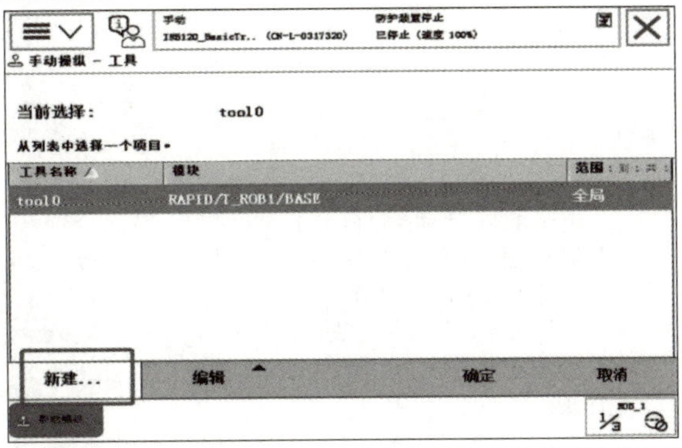
4	设定工具数据属性后，单击“确定”	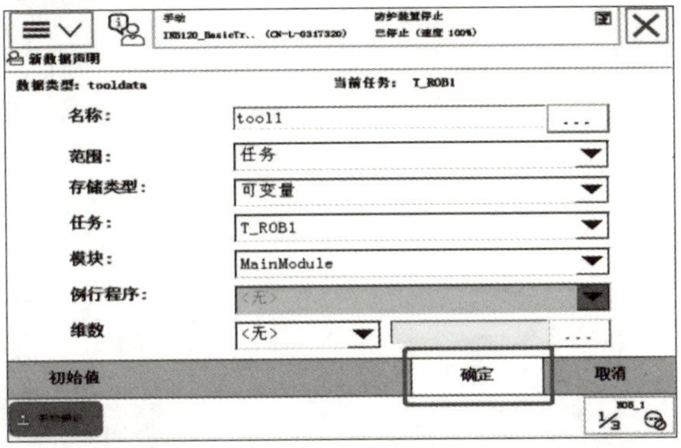
5	选中“tool1”后，单击“编辑”，选择“定义...”	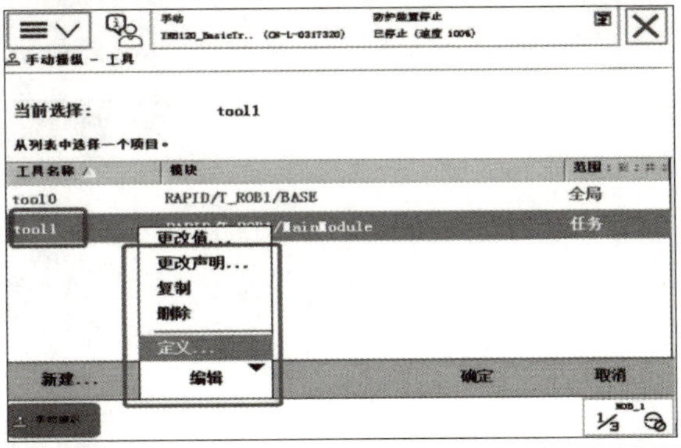
6	选择“TCP 和 Z，X”，使用六点法设定 TCP。 四点法：不改变 Tool 的坐标方向； 五点法：改变 Tool 的 Z 方向； 六点法：改变 Tool 的 Z 和 X 方向	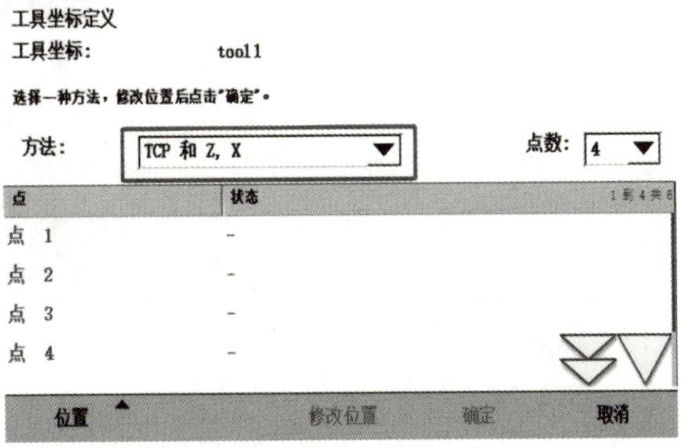

续表

步骤	操作说明	图例
7	选择合适的手动操纵模式，按下示教器使能按键，使用操纵杆使工具参考点靠近固定点，作为第一个点，标定点的四个姿态选取应尽量差异大一些，这样才容易标定出较为准确的TCP	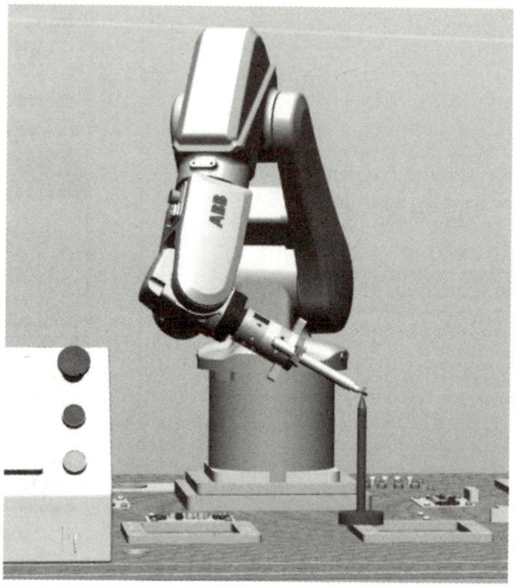
8	选中“点 1”→单击“修改位置”，将点 1 位置记录下来	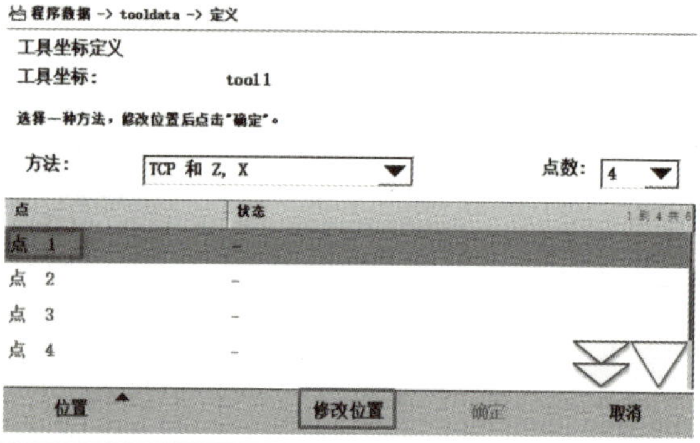
9	工具参考点以此姿态靠近固定点	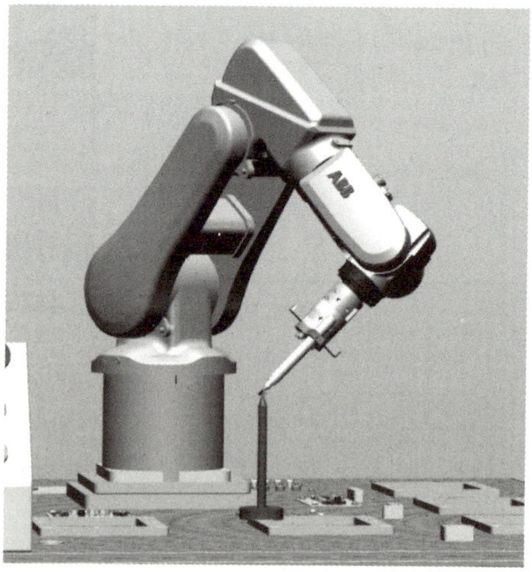

续表

步骤	操作说明	图例
10	选中“点 2”→单击“修改位置”，将点 2 位置记录下来	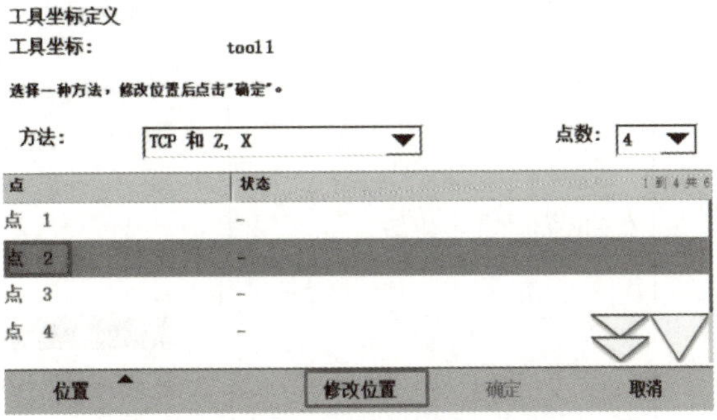
11	工具参考点以此姿态靠近固定点	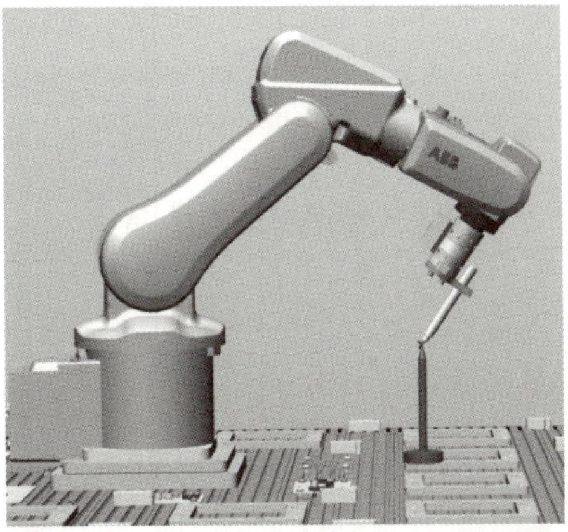
12	选中“点 3”→单击“修改位置”，将点 3 位置记录下来	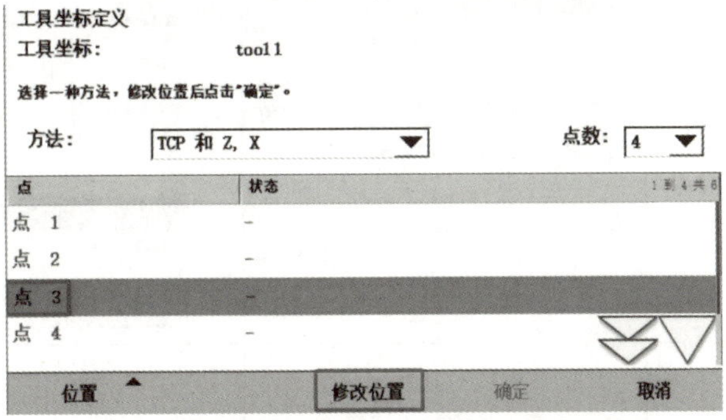
13	在标定过程中，为了便于后续标定工具坐标系方向，一般将点 4 的 TCP 标定点调整至工具末端完全竖直的姿态	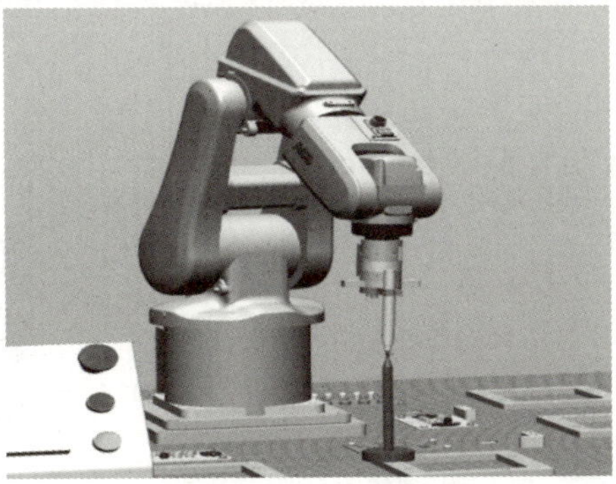

续表

步骤	操作说明	图例
14	选中“点 4”→单击“修改位置”，将点 4 位置记录下来	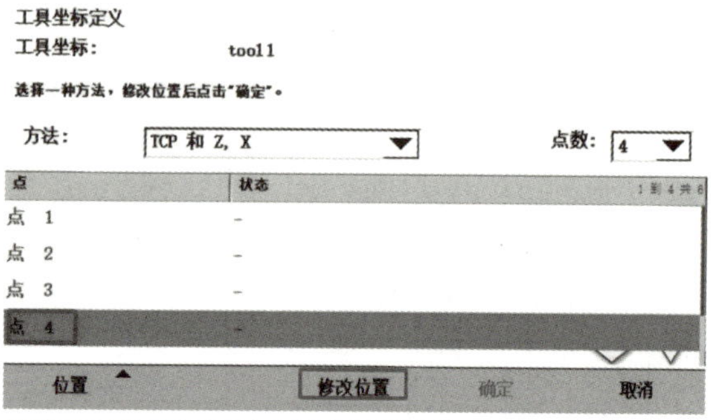
15	工业机器人在 X 轴的正方向移动一小段距离	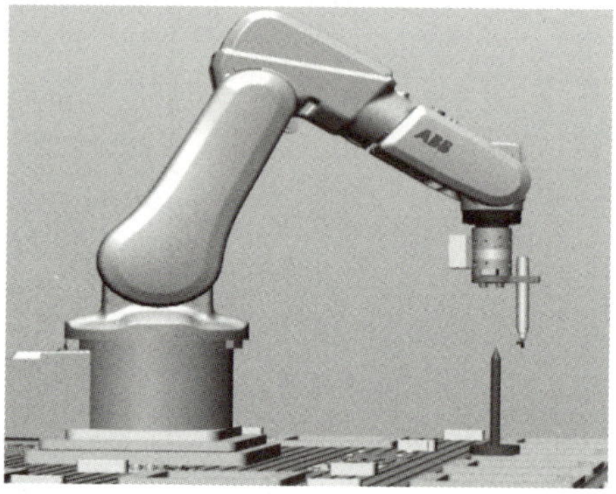
16	选中“延伸器点 X”→单击“修改位置”，将该点位置记录下来	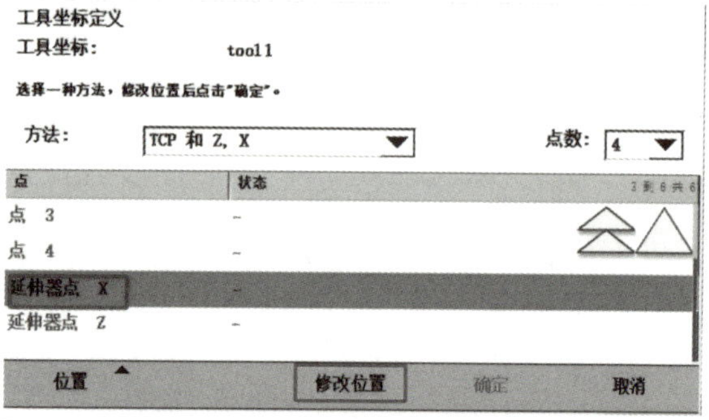
17	工业机器人在 Z 轴的正方向移动一小段距离	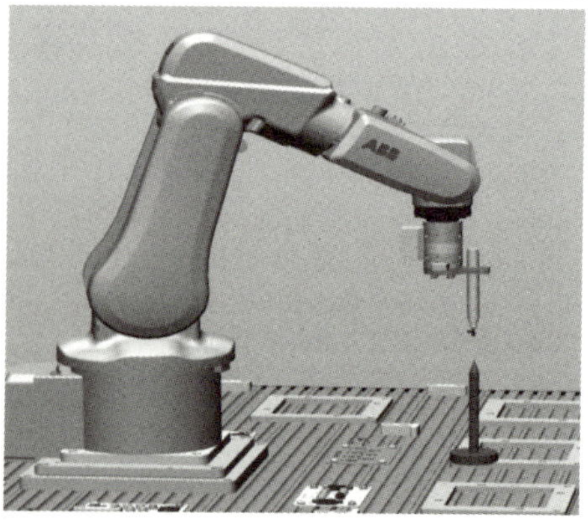

续表

步骤	操作说明	图例
18	选中“延伸器点 Z”→单击“修改位置”，将该点位置记录下来	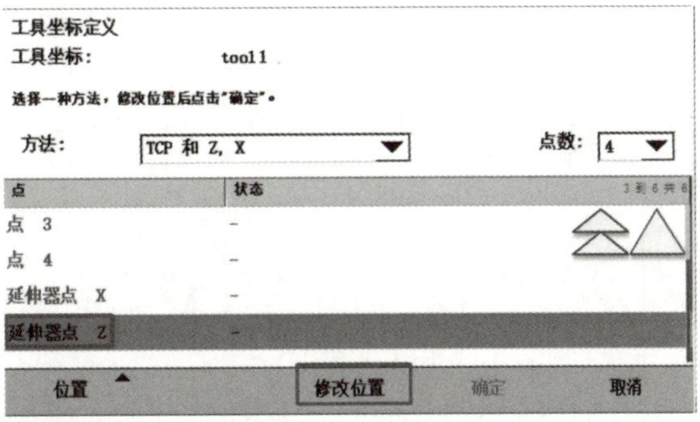
19	单击“确定”，完成设定	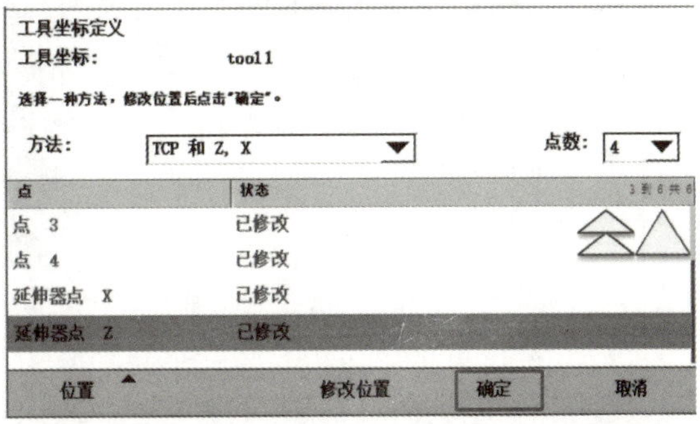
20	选中“tool1”后，单击“编辑”，选择“更改值...”	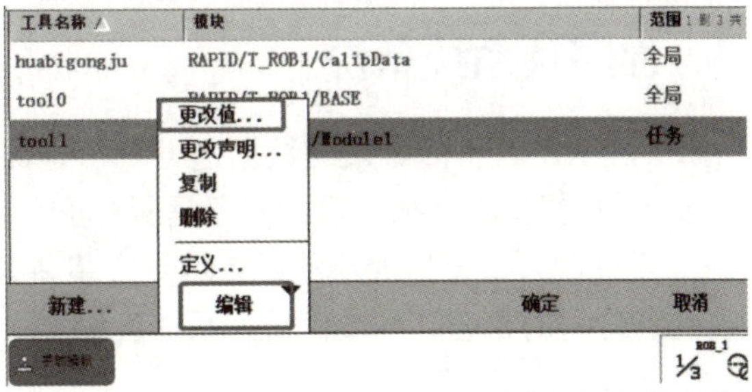
21	单击箭头向下翻页，显示 TCP 定义时生成的数据	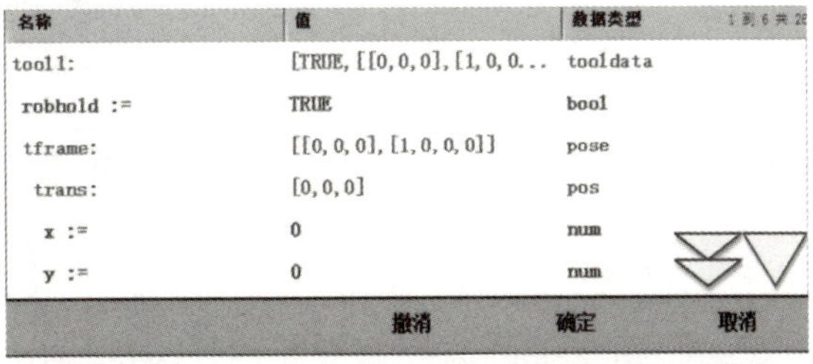
22	在此页面中，根据实际情况设定工具的质量 mass（单位为 kg）和重心位置数据（此重心是基于 tool0 的偏移值，单位为 mm），然后单击“确定”	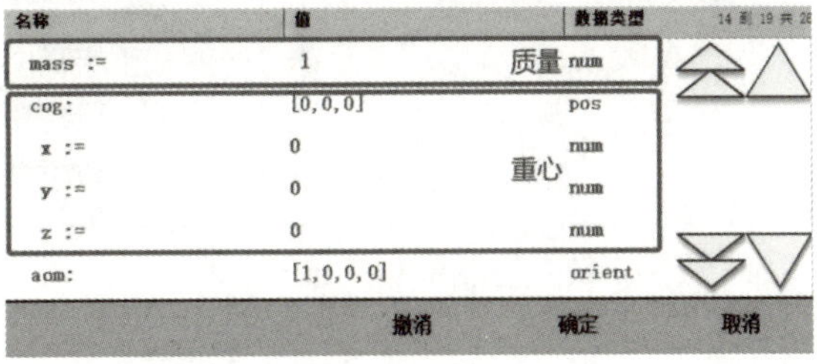

续表

步骤	操作说明	图例
23	质量、重心位置设置完成，工具坐标系标定完成	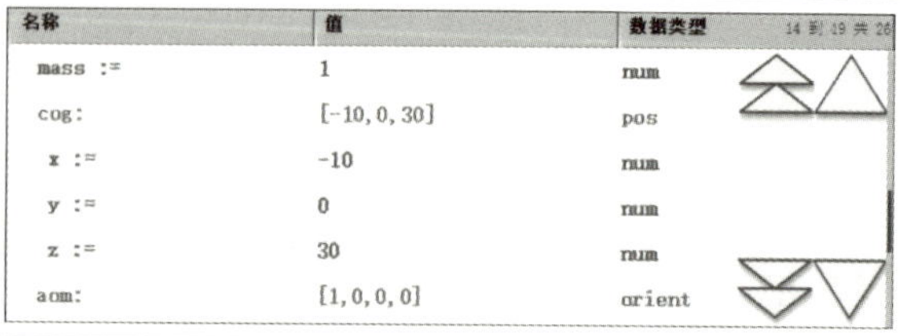
24	在手动操纵界面将动作模式选择为线性，坐标系选择为工具坐标系，工具选择刚标定的 tool1，并移动工业机器人以使机器人工具末端中心点对准标定工具的尖端点，操纵机器人绕 *X*、*Y*、*Z* 轴进行旋转运动，检查工具末端与固定点之间是否存在偏移	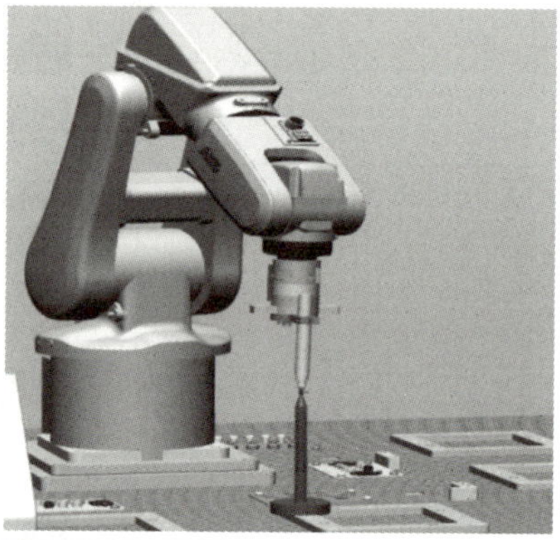

3.2.4　程序及系统备份

定期对 ABB 工业机器人的数据进行备份是保证 ABB 工业机器人正常工作的良好习惯。工业 ABB 机器人数据备份的对象是所有正在系统内存中运行的 RAPID 程序和系统参数。当工业机器人系统出现错乱或者重新安装新系统后，可以通过数据备份快速地把机器人恢复到备份时的状态。工业机器人系统备份步骤见表 3-2-3，系统恢复步骤见表 3-2-4。

表 3-2-3　工业机器人系统备份步骤

步骤	操作说明	图例
1	单击主菜单按钮→选择“备份与恢复”	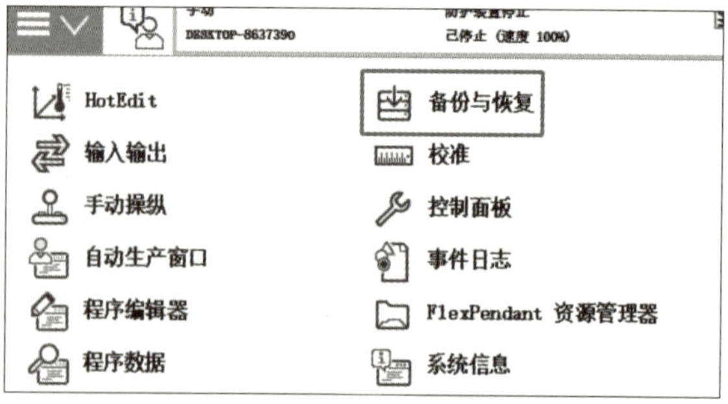

续表

步骤	操作说明	图例
2	单击“备份当前系统...”	
3	单击“ABC...”，设定存放备份数据目录的名称； 单击“...”，选择备份存放的位置（机器人硬盘或USB存储设备）； 单击“备份”，进行备份的操作	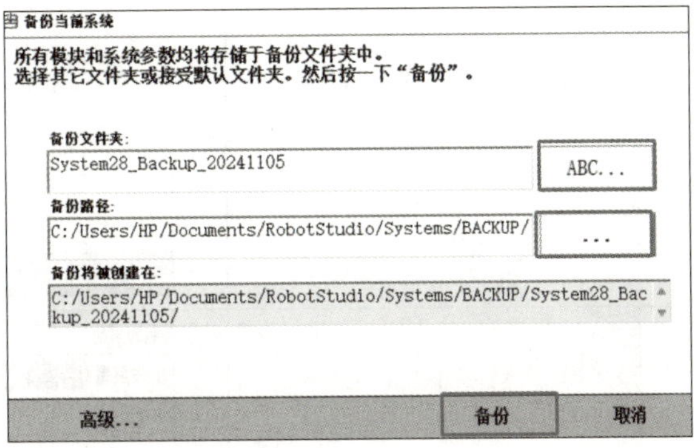
4	等待备份完成	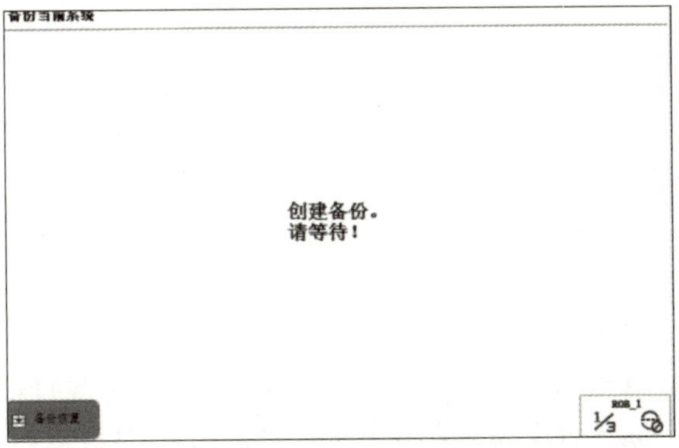

表 3-2-4　工业机器人系统恢复步骤

步骤	操作说明	图例
1	单击“恢复系统...”	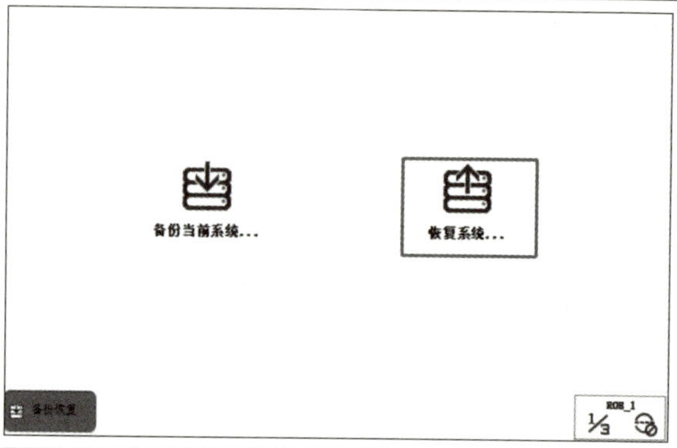
2	单击“...”，选择备份存放的目录； 单击“恢复”	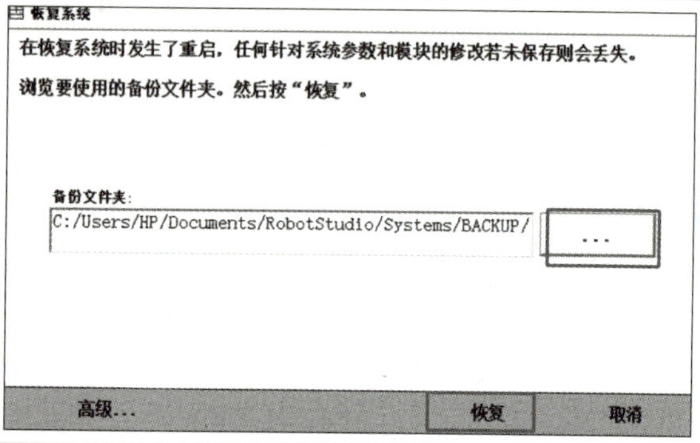
3	单击“是”，等待系统恢复	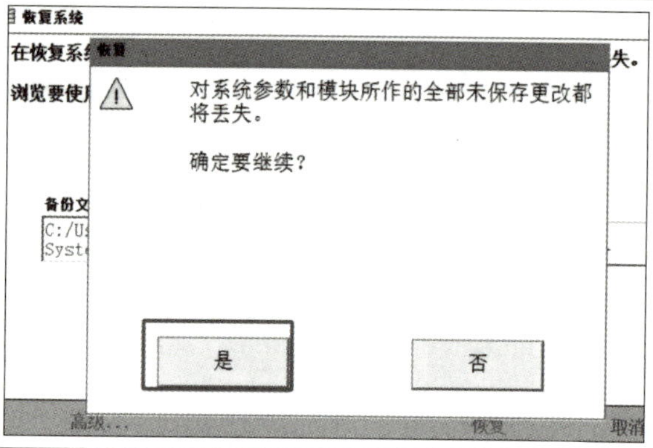

师傅点拨：

在进行工业机器人系统恢复时，需要注意的是，备份数据是具有唯一性的，不能将一台机器人的备份恢复到另一台机器人中，这样做的话，会造成系统故障。

在实际生产编程中，常会将程序和 I/O 的定义做成通用的，以便于批量生产时使用。这时，可以通过分别单独导入程序和 EIO 文件来解决实际的需要。工业机器人系统程序录入步骤见表 3-2-5，数据导入步骤见表 3-2-6。

表 3-2-5　工业机器人系统程序导入步骤

步骤	操作说明	图例
1	选择主菜单中的“程序编辑器”，工业机器人系统以加载模块的方式导入程序	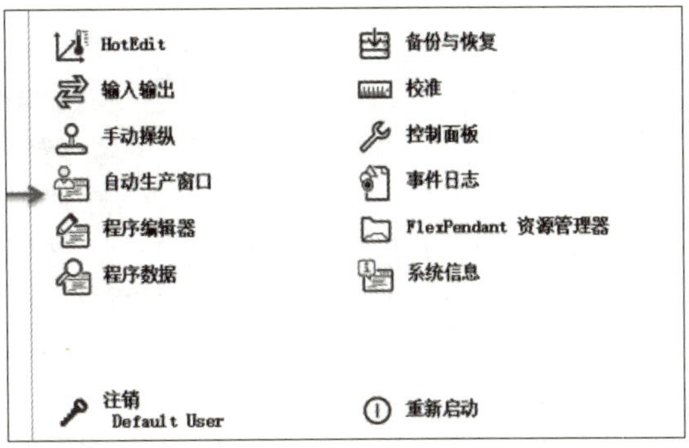
2	选择任一模块，单击左下角的“文件”→选择“加载模块...”	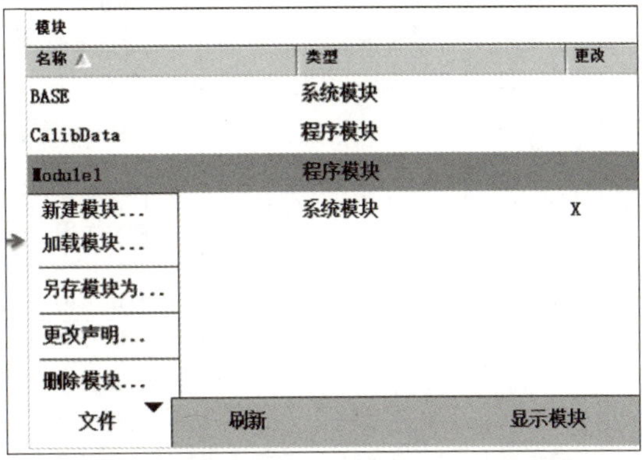
3	在弹出的窗口中单击“是”	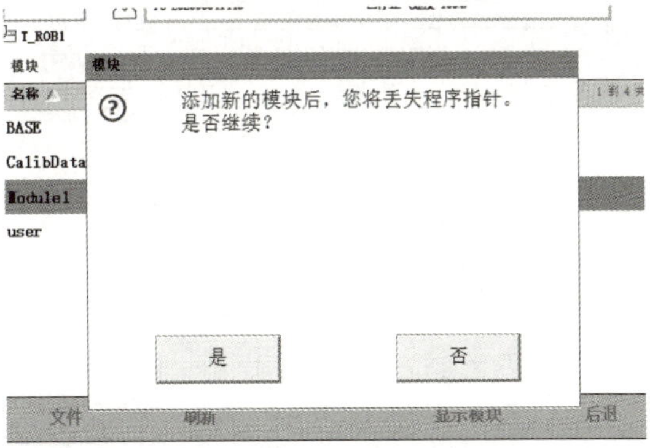
4	通过箭头指向按钮找到程序所在文件位置，导入需要的模块，单击“确定”，提示重启则重启机器人	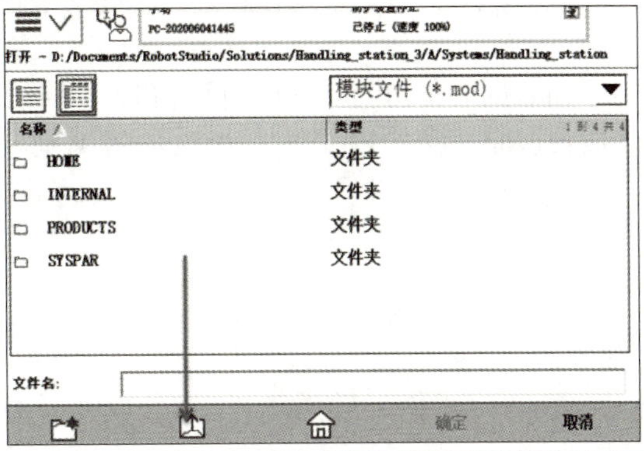

表 3-2-6　工业机器人系统数据导入步骤

步骤	操作说明	图例
1	在“控制面板”下选择“配置系统参数”	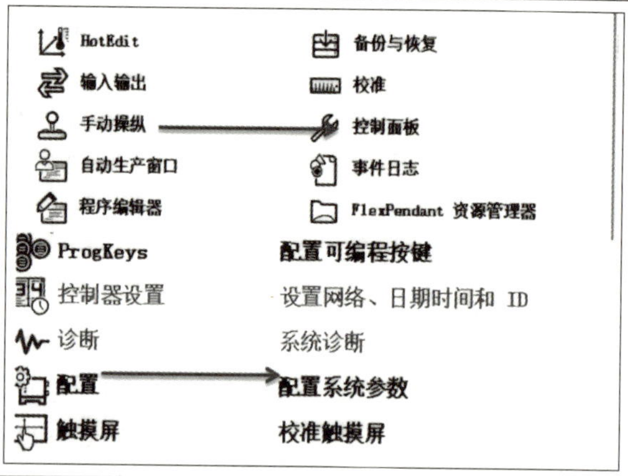
2	单击左下角的“文件”→选择“加载参数”	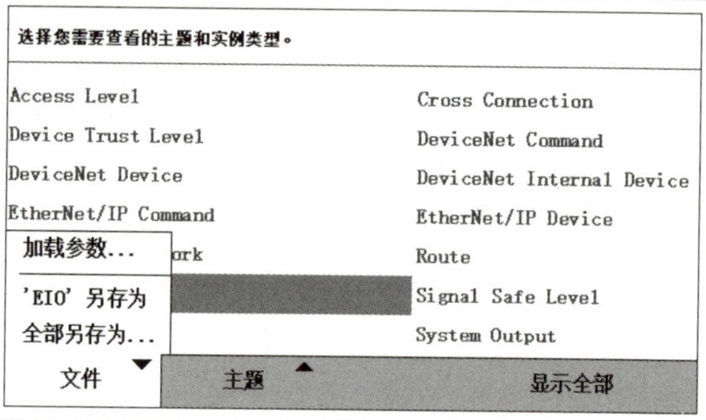
3	通过箭头指向按钮找到数据文件位置，导入需要的参数数据，单击“确定”，提示重启则重启机器人	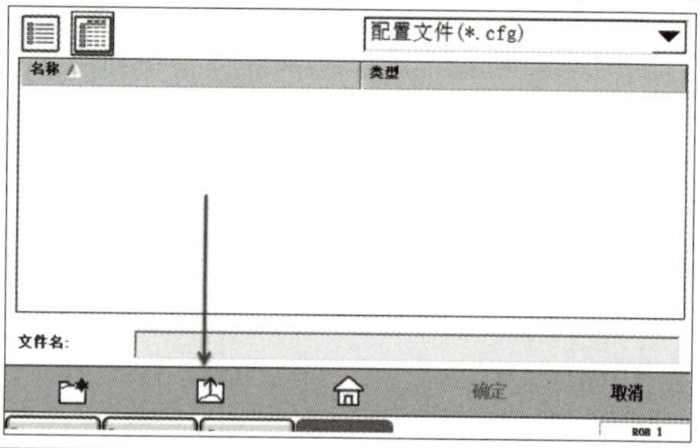

程序和数据的备份与导入的过程相似，不同的地方是备份程序时选择“另存模块为...”，备份参数数据时选择“‘EIO’另存为”，如图 3-2-5 所示。

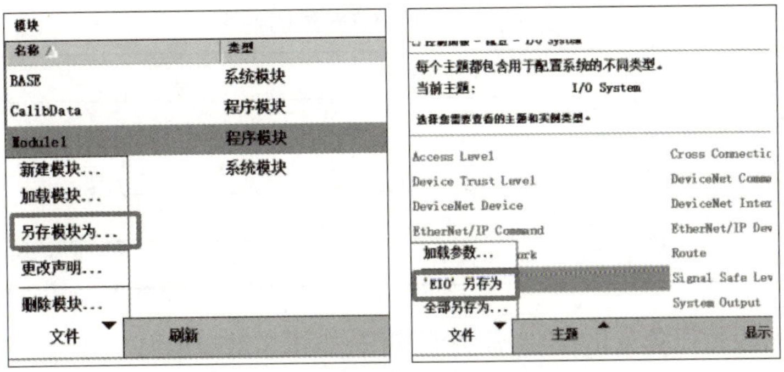

图 3-2-5　程序和数据备份的不同

师傅点拨：

当需要将 U 盘中的数据恢复到机器人控制器或将机器人数据备份到 U 盘中时，需要先将 U 盘正确插入 USB 接口，建议 U 盘容量在 8 GB 以下，容量过大可能出现无法读取的情况。

任务实施

3.2.5　斜面模块图形涂胶编程

完成图 3-2-6 所示斜面模块图形涂胶编程。

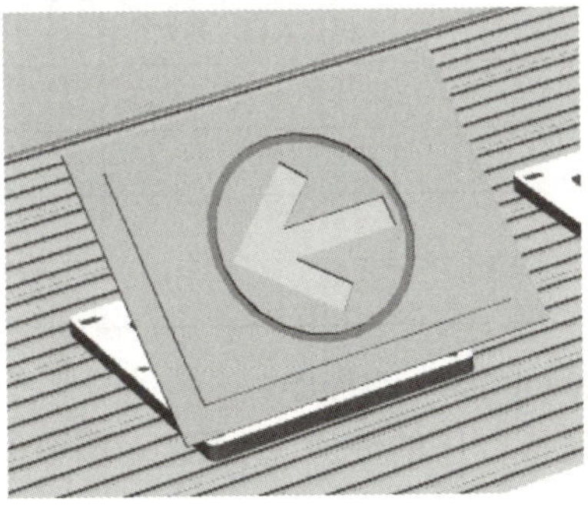

图 3-2-6　斜面模块

1. 实训要求

(1)遵守实训室安全规范，严格按要求进行实训。

(2)注意团队配合，有问题及时求助。

2. 实训步骤

步骤 1：手动将涂胶工具安装到工业机器人第六轴末端，使用六点法创建涂胶工具的工具坐标系，记录工具坐标系的误差值，见表 3-2-7。

表 3-2-7　工具坐标系的误差值

最大误差	
最小误差	
平均误差	
X 轴误差	
Y 轴误差	

步骤 2：斜面涂胶任务分析，绘制任务流程图，如图 3-2-7 所示。

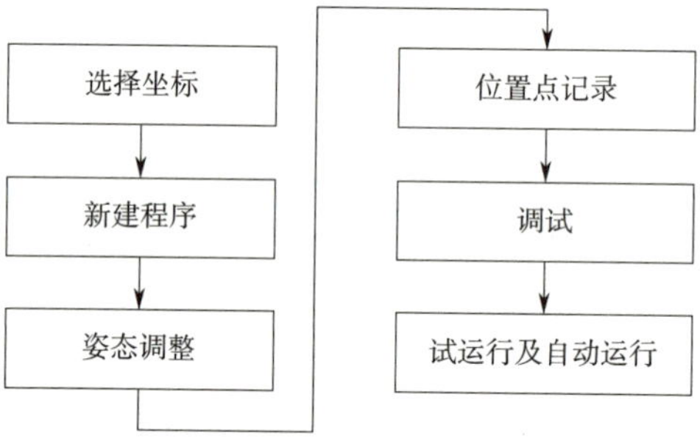

图 3-2-7　斜面涂胶任务流程图

步骤 3：绘制任务示教规划图和示教点一览表。

（1）轨迹规划图。

（2）点位规划表（内容为示例说明），见表 3-2-8。

表 3-2-8　点位规划

序号	点名称	注释	备注
1	Home	机器人码垛初始位置	需示教
2			
3			
4			
5			

步骤 4：新建名称为“xiemiantujiao”的程序。

步骤 5：根据规划的轨迹完成程序的创建，注意运动指令的选择，速度的设置、转弯区半径的设置。

步骤 6：在“main”程序中使用 ProcCall 指令调用“xiemiantujiao”程序。

步骤 7：首先手动单步调试，其次手动连续调试，最后自动运行。

步骤 8：两人配合，拍摄工业机器人自动运行过程的视频。

学而有思

钳工大咖——陈问春

任务验收考核

姓名			学号		
任务名称	考核要点	考核要求	配分	评分标准	得分
工业机器人斜面轨迹编程	1. 基础知识（80 分）	（1）说出 RAPID 语言的介绍、常用数据类型和程序结构	10	要求表达全面准确，每错误或遗漏一处扣 2 分	
		（2）说出 ProcCall 指令的作用和使用方法	5	准确说出作用给 3 分，使用方法给 2 分	
		（3）使用六点法创建工具坐标系	20	每个标定点给 4 分，能设置工具重量给 4 分	
		（4）验证工具坐标系标定是否正确	15	绕 X、Y、Z 轴 3 个方向旋转各给 5 分	
		（5）正确完成斜面涂胶程序编写	30	轨迹正确无碰撞，每处错误扣 5 分	
	2. 职业素养（20 分）	（1）操作前按照机器人安全操作规程正确着装并佩戴安全帽	4	着装不规范每处扣 1 分	
		（2）操作过程中未发生机器人与其他外围设备碰撞的现象	4	发生碰撞每次扣 2 分	
		（3）操作过程中未发生机器人末端执行器掉落的现象	2	发生掉落每次扣 2 分	
		（4）操作过程中未发生踩踏机器人电缆的现象	2	踩踏机器人电缆每次扣 2 分	
		（5）操作过程中积极参与，互帮互助，团结协作	4	操作过程中发现不参与实训、影响团队的合作现象扣 1 分	
		（6）操作过程中工位整洁有序，操作结束后按照“6S”法则整理工位	4	工位整理不符合“6S”法则每处扣 1 分	
合计			100	总分	

知识拓展

工具数据

习题与测试

任务 3.2 习题与测试

项目4

工业机器人绘图工作站编程与调试

证书技能要求

工业机器人系统操作员(四级)		
工作内容	技能要求	对应教学内容
示教编程与调试	能利用关节坐标系、基坐标系、工具坐标系、工件坐标系等运动坐标系操作机器人,记录和更改示教程序点	4.1、4.2、4.3
	能在手动或自动模式下,控制机器人末端执行器对工件进行作业	4.1、4.2、4.3
	能利用示教器编制机器人基本运动轨迹程序	4.1、4.2、4.3
工业机器人系统操作员(三级)		
工作内容	技能要求	对应教学内容
系统操作与设定	能创建工具坐标系、工件坐标系,完成坐标系标定	4.1
示教编程与调试	能根据机器人位置数据、运行状态及运动轨迹调整程序	4.1、4.2、4.3
	能根据机器人工作站或系统的实际作业效果,调整周边配套设备,优化机器人的作业位姿、运动轨迹、工艺参数、运行程序等	4.1、4.2、4.3

项目学习导读

随着科技的进步和社会的发展,工业机器人产业发展迅速,其产业规模在全球范围内保持稳步增长。对于系统集成技术的发展,我国坚持从长远、整体的角度出发,不断调整技术结构，跟踪新技术的发展，努力突破关键技术，提高自主创新能力和核心竞争力，助力制造强国战略的实施。本项目主要应用绘图笔工具在斜面上绘制多个相同的图形，通过工件坐标系的标定、坐标系变换以及偏移条件指令的应用，实现工业机器人高效、便捷地绘制相同的图形轨迹。

项目描述

某装配研发企业为增强产品丰富性与宣传效果，研发出一套 ABB 工业机器人绘图工作站，该工作站图形绘制功能丰富，充分展现了工业机器人的灵活性和工件坐标系使用的便捷性。本项目使用金属笔工具标定绘图模块斜面工件坐标系，掌握三点法、六点法标定工件坐标系，掌握工件坐标系变换方法，掌握工件坐标系变换和偏移条件指令的应用，在绘图模块斜面上绘制相同的图形轨迹。

项目学习导图

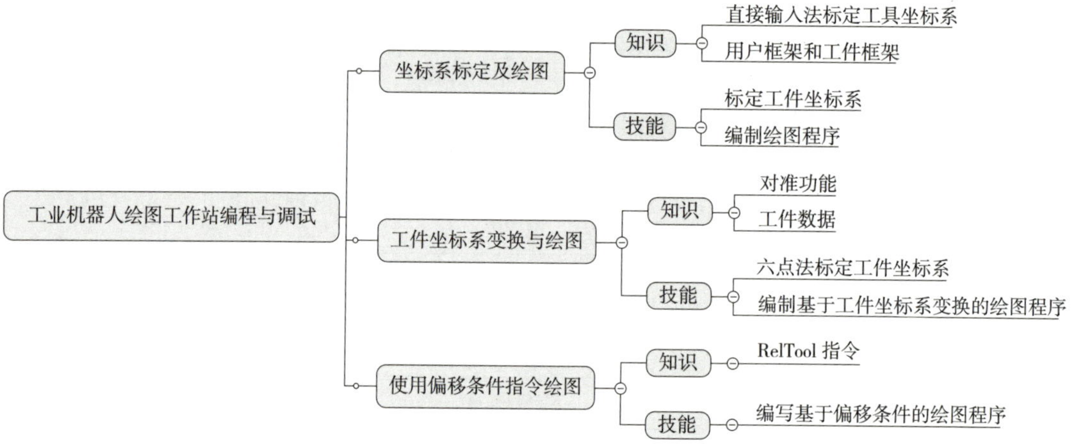

任务 4.1　坐标系标定及绘图

任务描述

本任务使用金属笔工具作为辅助标定工具，采用直接输入法标定工具坐标系，并用三点法标定工件坐标系，然后分别在平面及斜面位置进行绘图编程，体会工件坐标系的便捷性。

任务要求

（1）完成工件坐标系标定，且能验证工件坐标系标定是否正确。
（2）平面及斜面绘图正确，机器人运行流畅无碰撞。

任务目标

1. 知识目标

（1）能描述直接输入法标定工具坐标系的方法；
（2）能描述三点法标定工件坐标系的方法；
（3）能总结工业机器人绘图程序的结构。

2. 能力目标

（1）能够标定金属笔和绘图笔工具数据；
（2）能够使用金属笔工具标定绘图平面的工件坐标系；
（3）能够根据工作任务要求编写绘图程序。

3. 素养目标

（1）培养学生勤于思考、终身学习的学习观念；
（2）培养学生团结协作、互帮互助的团队精神。

任务准备

4.1.1　直接输入法标定工具坐标系

工具数据（tooldata）用于描述安装在工业机器人第六轴上的工具的TCP、重量、重心等参数。这些参数主要分为工具坐标系（tframe）和工具负载（tload）两类。

微课：工具坐标系标定方法

新建的工具坐标系 tool1 数据是相对于默认工具坐标系 tool0 的位置偏移（tfrans）和方向改变（rot）。在测算并得到工具坐标系数据前提下，通过新建工具坐标系变量后直接在如图 4-1-1 所示界面中输入工具坐标系数据。工具坐标系（tframe）数据是 TCP 相对于 tool0 的坐标值和工具坐标系相对于 tool0 的方向，工具负载（tload）数据包括工具的质量（mass）、工具的重心相对于 tool0 的坐标值（cog）、工具主惯性轴的方向、围绕惯性轴的惯性矩。

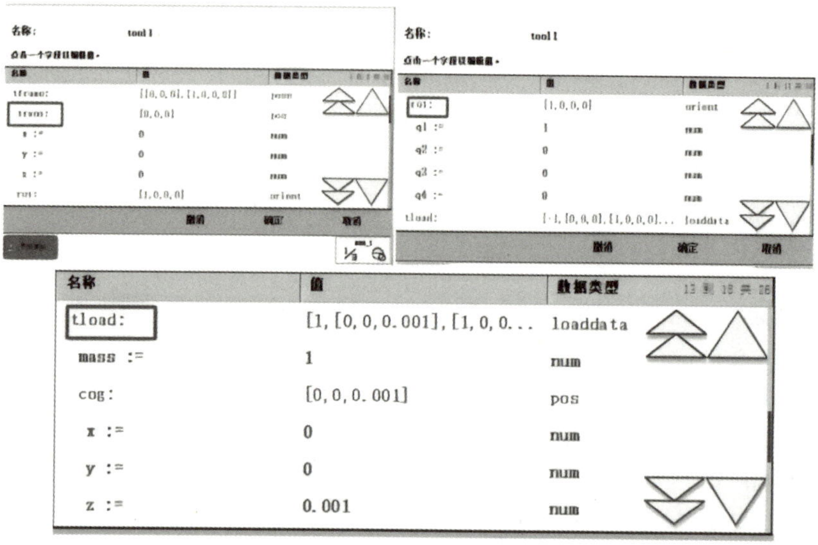

图 4-1-1 工具坐标系数据

本任务使用金属笔工具进行绘图操作，金属笔工具坐标系标定步骤见表 4-1-1。

表 4-1-1 金属笔工具坐标系标定步骤

步骤	操作说明	图例
1	新建绘图笔工具坐标系（huitubitool）和金属笔工具坐标系（jinshubitool），选中“jinshubitool”，单击“编辑”，在弹出的菜单中选择“更改值”	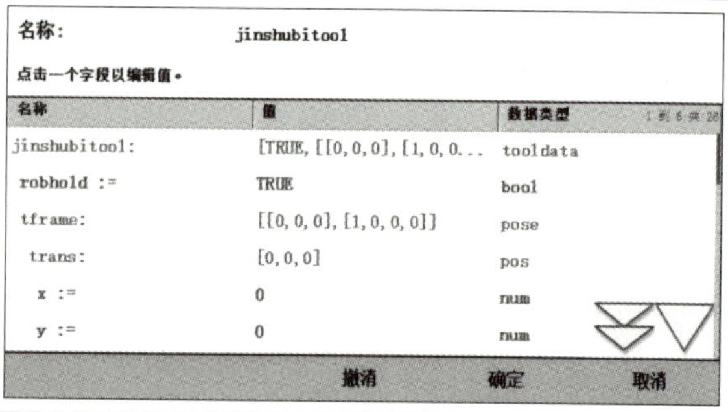
2	将“z”的值更改为“170”	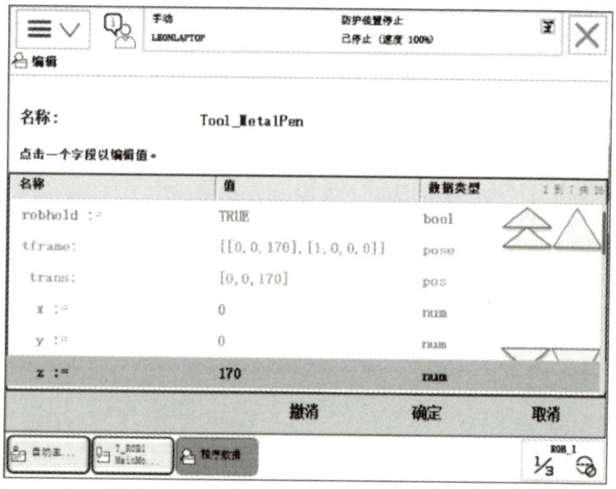

续表

步骤	操作说明	图例
3	将“mass”的值更改为“1”，完成后单击“确定”。	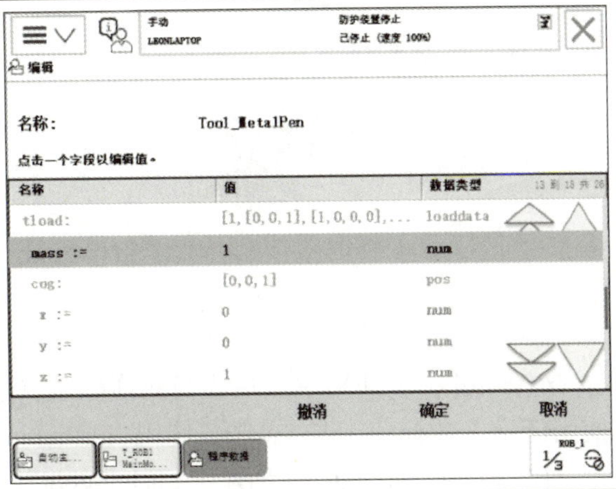
4	在手动操纵界面加载金属笔工具“jinshubitool”	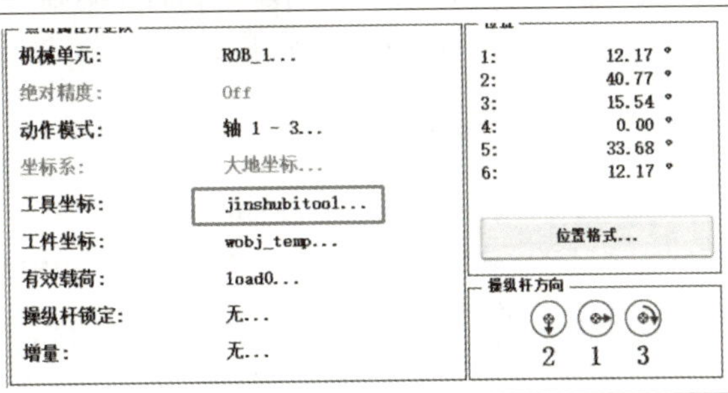

绘图笔工具的末端中心点在 X 轴方向偏移 35 mm，长度为 205 mm，按照上述方法将“huitubitool”数据中的“x”更改为“-35”，“z”更改为“205”，“mass”更改为“1”，至此绘图笔工具坐标新建完成。

4.1.2　工件坐标系标定（三点法）

工业机器人可以拥有若干个工件坐标系，或者表示不同工件，或者表示不同工件在不同位置的若干副本。工业机器人在进行编程时，就是在工件坐标系中创建目标和路径。利用工件坐标系编程，当发现工件整体偏移以后，只需重新标定工件坐标系即可完成轨迹调整。工件坐标系有两个框架：用户框架（与大地坐标系或基坐标系相关）和工件框架（与用户框架相关）。

1. 用户框架

在工作台的平面上定义三个点，就可以建立一个用户框架。如图 4-1-2 所示，X_1、X_2 点确定工件坐标系 X 轴正方向；Y_1 点确定工件坐标系 Y 轴正方向。用户框架相当于为工件所在的工作台定义一个坐标系。

2. 工件框架

定义好用户框架后，以同样的方法定义工件框架。工件框架是定义在工件上的坐标系，如图 4-1-3 所示。

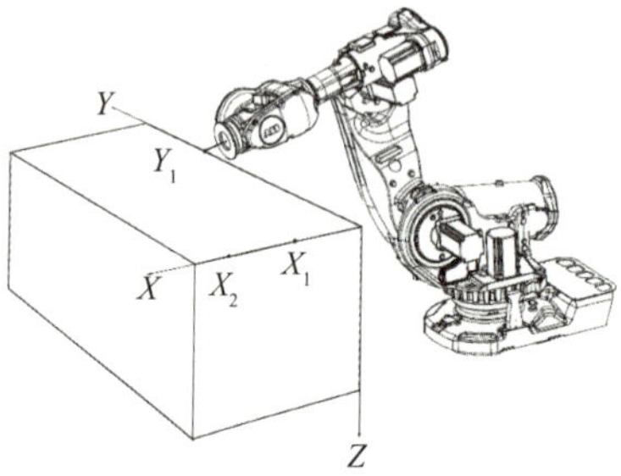

图 4-1-2　用户框架

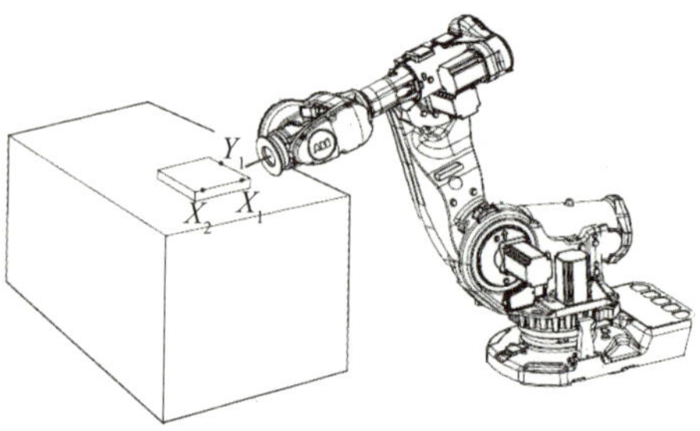

图 4-1-3　工件框架

工件坐标系的标定使用三点法。为保证标定点位置的准确性，需使用已定义的标定工具，本任务使用“jinshubitool”工具坐标标定工件坐标系。如图 4-1-4 所示，“jinshubitool” 为当前使用的已定义标定工具，“wobj_huitu”为需要标定的工件坐标系。

微课：工件坐标系标定方法

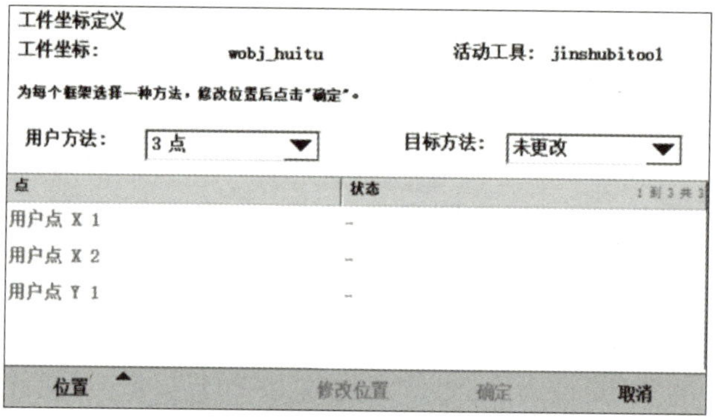

图 4-1-4　三点法标定工件坐标系

使用“jinshubitool”工具，选择三点法标定工业机器人绘图所用的工件坐标系的步骤见表 4-1-2。

表 4-1-2　三点法标定工件坐标系步骤

步骤	操作说明	图例
1	单击主菜单按钮→选择“手动操纵”	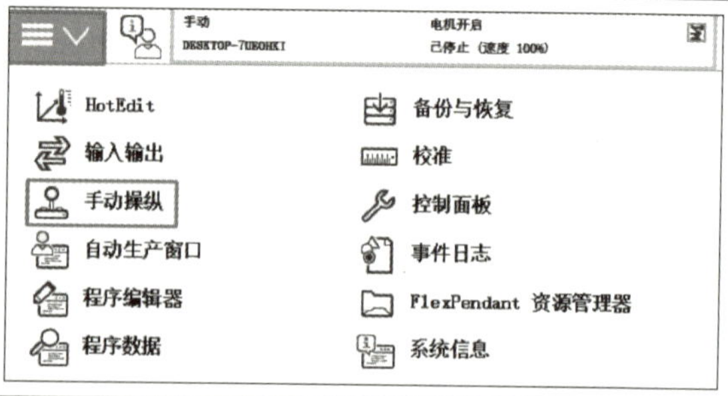

续表

步骤	操作说明	图例
2	选择“工件坐标”	
3	单击“新建”	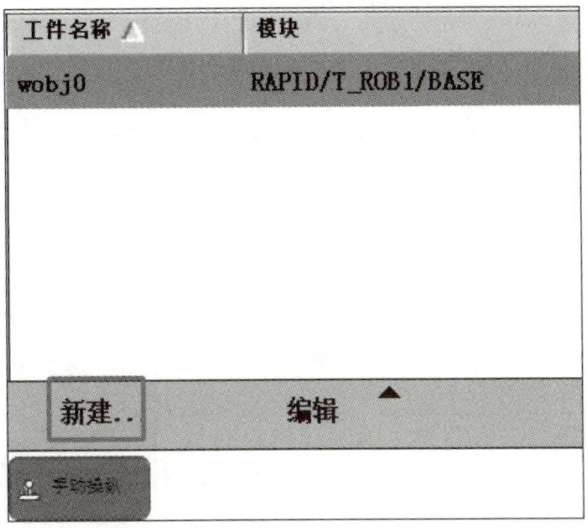
4	修改工件名称为“wobj_huitu”	
5	选择“wobj_huitu”→单击“编辑”→选择“定义...”	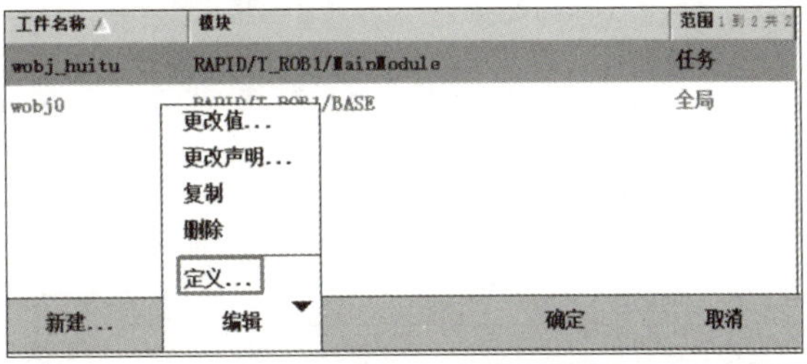
6	单击“用户方法”下拉按钮→选择“3 点”	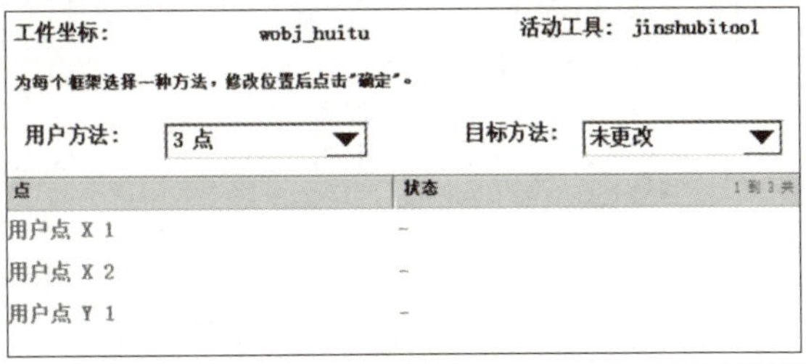
7	将工业机器人金属笔工具移动至绘图模块上坐标系原点 O 位置，选中“用户点 X1”，单击“修改位置”	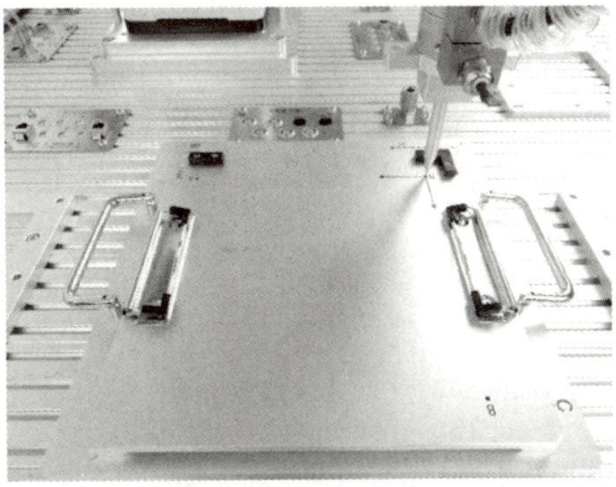

续表

步骤	操作说明	图例
8	将工业机器人金属笔工具移动至绘图模块上坐标系 X 轴方向 A 点位置，选中“用户点 X2”，单击“修改位置”	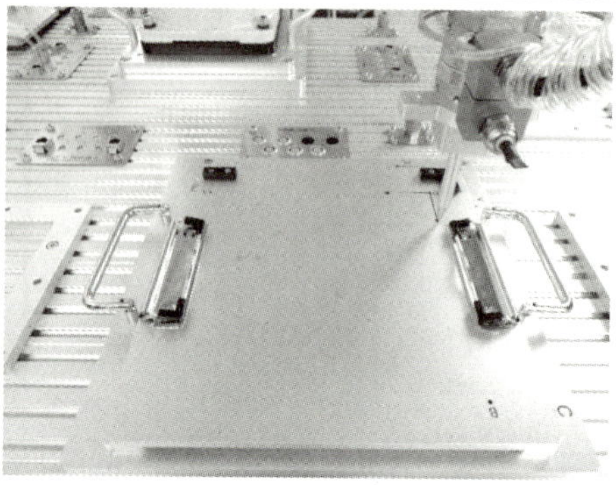
9	将工业机器人金属笔工具移动至绘图模块上坐标系 Y 轴任意点位置，选中“用户点 Y1”，单击“修改位置”	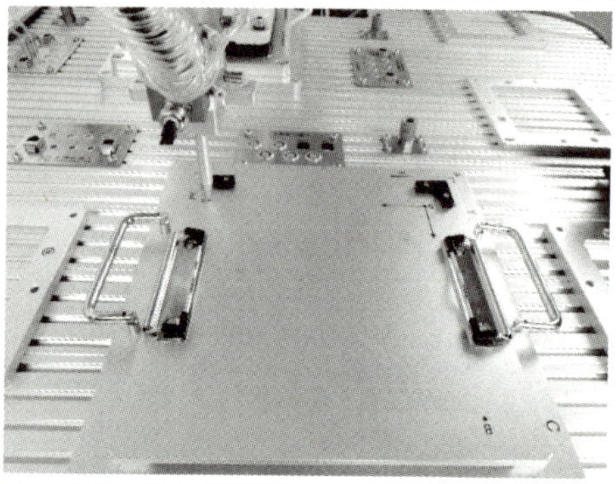
10	“动作模式”选定为“线性”，“坐标系”选定为“工件坐标”，“工件坐标”选定为“wobj_huitu”，使用线性动作模式，体验新建立的工件坐标	动作模式：　线性... 坐标系：　工件坐标 ... 工具坐标：　jinshubitool... 工件坐标：　wobj_huitu... 有效载荷：　load0... 操纵杆锁定：　无... 增量：　小...

创新思维训练：

将模块调整至倾斜状态，建立工件坐标系，使用该斜面工件坐标系进行斜面轨迹描绘，体会相比于任务 3.2 使用默认工件坐标系编程，是否在编程效率上有大的提升。

任务实施

4.1.3 编制绘图程序

创建绘图程序，调用工件坐标系“wobj_huitu”编辑工业机器人程序，在水平绘图模块平面上绘制矩形，然后将绘图模块倾斜一定角度，重新标定工件坐标系“wobj_huitu”，在新的工件坐标系下再次运行绘图程序，检查工业机器人是否能绘制相同的图形。具体绘图流程见表 4-1-3。

表 4-1-3　绘图流程

步骤	操作说明	图例
1	在手动操纵界面将“工具坐标”修改为“huitubitool”，“工件坐标”修改为“wobj_huitu”	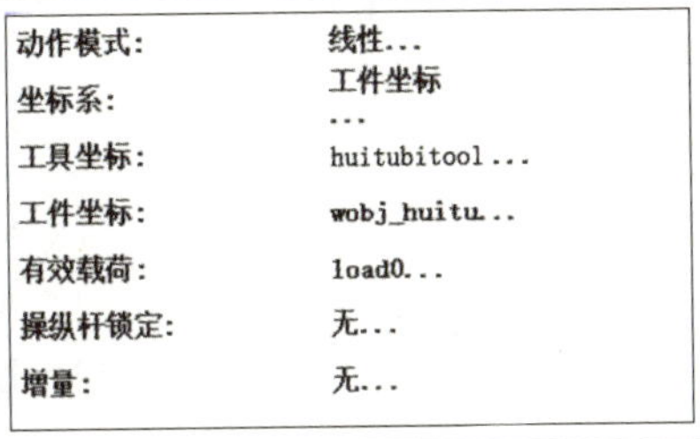
2	新建并打开例行程序，编写绘制矩形的程序	PROC juxing() MoveJ Phome,v200,fine,tool0\WObj:=wobj0; MoveJ Phome10, v200, fine, Tujiaoqiang\WObj:=wobj_huitu; MoveL P1, v200, fine, Tujiaoqiang\WObj:=wobj_huitu; MoveL P2, v200, fine, Tujiaoqiang\WObj:=wobj_huitu; MoveL P3, v200, fine, Tujiaoqiang\WObj:=wobj_huitu; MoveL P4, v200, fine, Tujiaoqiang\WObj:=wobj_huitu; MoveL P1, v200, fine, Tujiaoqiang\WObj:=wobj_huitu; MoveL Phome10, v200, fine, Tujiaoqiang\WObj:=wobj_huitu; MoveJ Phome,v200,fine,tool0\WObj:=wobj0; ENDPROC
3	运行程序	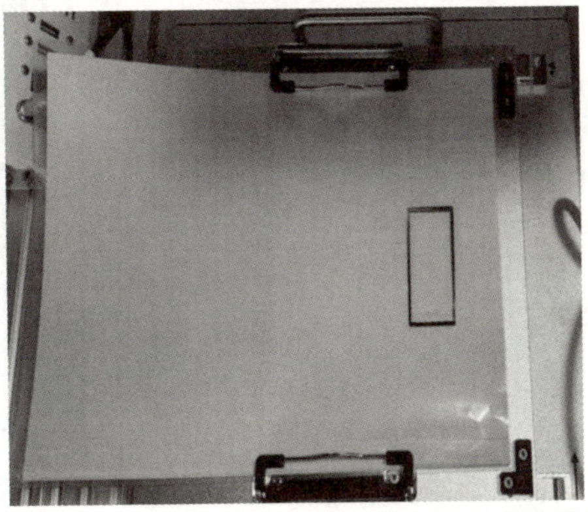
4	调整绘图模块角度，形成斜面状态	

续表

步骤	操作说明	图例
5	使用三点法重新标定工件坐标系“wobj_huitu”，第一个示教点为工件坐标系原点	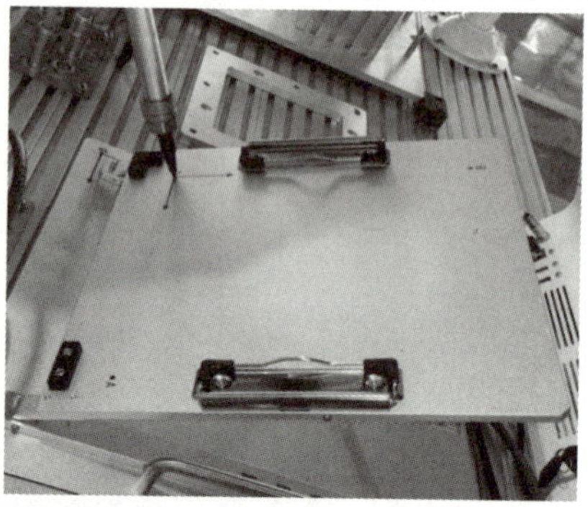
6	第二个示教点为 X 轴方向上的点	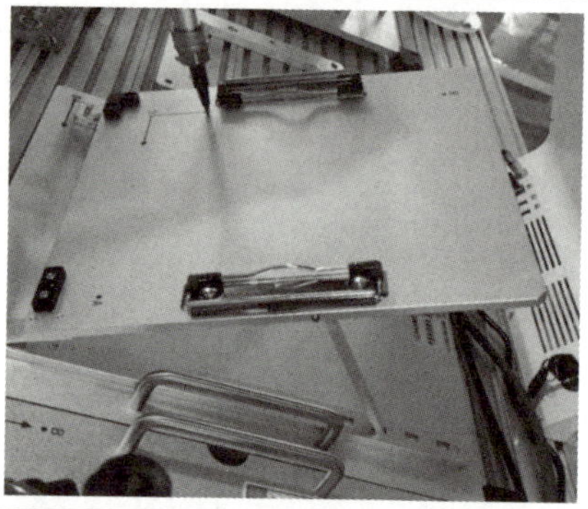
7	第三个示教点为 Y 轴方向上的点	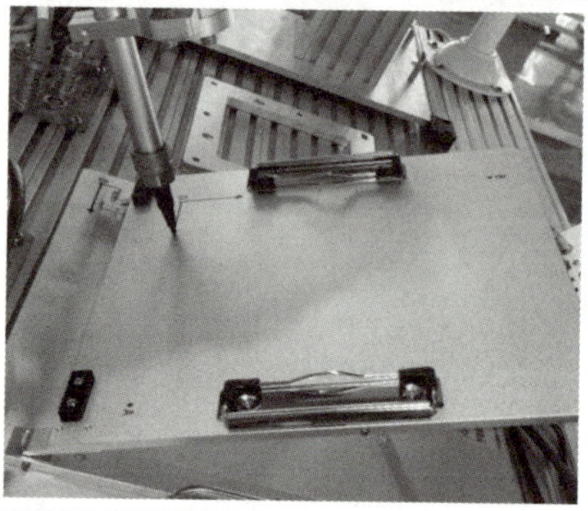
8	再次运行程序，查看运行结果	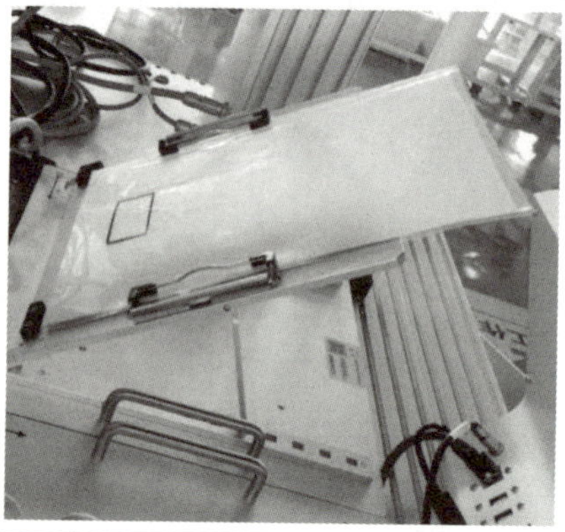

师傅点拨：

为保证标定的工件坐标系正确可用，在示教标定点时，点位务必要准确，操作细致认真。

学而有思

人形机器人

任务验收考核

姓名			学号		
任务名称	考核要点	考核要求	配分	评分标准	得分
坐标系标定及绘图	1. 基础知识（80 分）	（1）完成直接输入法标定工具坐标系	15	完成直接输入法金属笔与绘图笔工具坐标系标定，每错误一处扣 3 分	
		（2）完成工件坐标系标定	15	新建及重命名给 3 分，每个标定点给 3 分，验证给 3 分	
		（3）完成平面绘图程序编写	30	新建程序给 5 分，每个程序关键点给 4 分，程序运行流畅给 5 分	
		（4）完成斜面工件坐标系标定并运行程序	20	每个标定点给 5 分，程序运行流畅给 5 分	
	2. 职业素养（20 分）	（1）操作前按照机器人安全操作规程正确着装并佩戴安全帽	4	着装不规范每处扣 1 分	
		（2）操作过程中未发生机器人与其他外围设备碰撞的现象	4	发生碰撞每次扣 2 分	
		（3）操作过程中未发生机器人末端执行器掉落的现象	2	发生掉落每次扣 2 分	
		（4）操作过程中未发生踩踏机器人电缆的现象	2	踩踏机器人电缆每次扣 2 分	
		（5）操作过程中积极参与，互帮互助，团结协作	4	操作过程中发现不参与实训、影响团队合作的现象扣 1 分	
		（6）操作过程中工位整洁有序，操作结束后按照“6S”法则整理工位	4	工位整理不符合“6S”法则每处扣 1 分	
合计			100	总分	

知识拓展

工件坐标系在实际生产中的应用

习题与测试

任务 4.1 习题与测试

任务 4.2　工件坐标系变换与绘图

任务描述

ABB 工业机器人系统支持自定义工作空间，机器人在自定义空间中仍可实现线性及重定位动作。在实际应用场景中，这一特性可用于解决工作区域与机器人大地坐标系（基坐标系）处于非正交状态时操作不便的问题；也可以通过重新定义工作空间的方式，将自定义空间内的动作移动至其他位置，从而实现程序的复用。本任务首先标定工件坐标系绘制矩形，然后将工件坐标系沿 *X* 轴和 *Y* 轴进行平移变化，在新的坐标系下运行绘制矩形的程序，矩形将会随工件坐标系的变换发生位移。

任务要求

（1）正确使用六点法完成工件坐标系标定；

（2）工件坐标系变换指令选择正确，参数设置正确；

（3）工业机器人运行效果正确流畅，轨迹合理。

任务目标

1. 知识目标

(1)能说出对准功能的使用方法；

(2)能描述六点法标定工件坐标系的方法；

(3)能描述工件坐标系变换的设置方法。

2. 能力目标

(1)能够使用对准功能；

(2)能够使用六点法完成工件坐标系的标定；

(3)能够利用工件坐标系变换实现预期编程效果。

3. 素养目标

(1)培养学生脚踏实地、求真务实、团结协作、终身学习的职业素养；

(2)培养学生执着专注、科学严谨、精益求精、勇于创新的工匠精神。

任务准备

4.2.1　对准功能

ABB 工业机器人系统对准功能的作用是将已定义的工具对准已定义的坐标系。若目标坐标系为工件坐标系，则应设定需对准的工件坐标系。

在手动操纵界面单击“对准...”可进入对准界面，如图 4-2-1 所示。

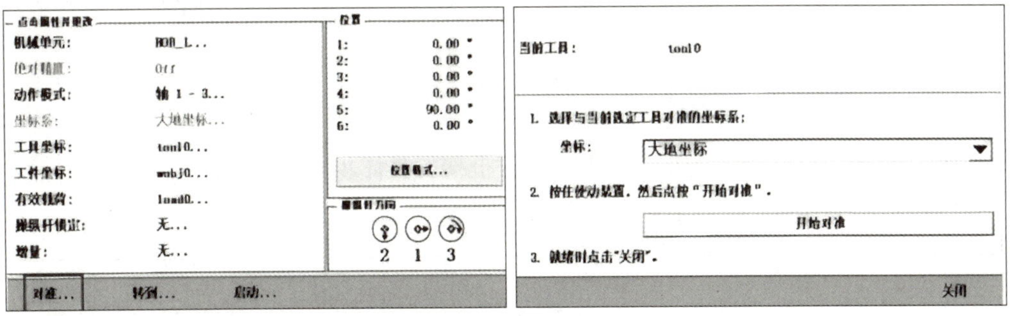

图 4-2-1　对准功能

单击“坐标”下拉按钮，可选择要对准的坐标系类型。其中，坐标系类型有大地坐标系、基坐标系和工件坐标系三种，且大地坐标系与基坐标系通常是重合的，对准效果一致。如果选择工件坐标系，则对准手动操纵界面下设定的工件坐标系，选择完成后，按住工业机器人示教器使能按键，再点按“开始对准”按钮，直到当前工具坐标系 Z 轴垂直于目标坐标系的 XY 平面。

在工业机器人运动过程中如果松开“开始对准”按钮，则工业机器人停止运行。如果工业机器人因运动学奇异点等问题无法到达目标姿态也会停止运行，同时报警。

4.2.2　工件数据

工件数据(wobjdata)是描述用户框架、工件框架在各自参考坐标系中位置与姿态的数据，工件坐标系的标定也是定义工件数据的过程。

微课：工件数据介绍

wobjdata 包含多个参数(组)，其数据结构如下。

1. robhold

robot hold，数据类型为 bool。其规定实际程序任务中的工业机器人是否正夹持着工件："TRUE"表示工业机器人夹持着工件，即使用一个固定工具；"FALSE"表示工业机器人未夹持着工件。

2. ufprog

user frame programmed，数据类型为 bool。其规定是否使用固定的用户坐标系："TRUE"表示使用固定的用户坐标系；"FALSE"表示使用可移动的用户坐标系，使用可协调外轴，同时以半协调或同步协调模式用于 MultiMove 系统。

3. ufmec

user frame mechanical unit，数据类型为 string。其用于协调工业机器人移动的机械单元，仅在可移动的用户坐标系中进行规定(ufprog 为 FALSE)。

4. uframe

user frame，数据类型为 pose。其表示用户坐标系，即当前工作面或固定装置的位置。坐标系原点的位置表示为一个三元数(x、y 和 z)，单位为 mm。坐标系的旋转表示为一个四元数(q_1、q_2、q_3 和 q_4)。

5. oframe

object frame，数据类型为 pose。其表示目标坐标系，即当前工件的位置。坐标系原点的位置表示为一个三元数(x、y 和 z)，单位为 mm。坐标系的旋转表示为一个四元数(q_1、q_2、q_3 和 q_4)。

4.2.3　工件坐标系标定(六点法)

六点法标定工件坐标系的用户框架和工件框架的具体步骤见表 4-2-1。

表 4-2-1　六点法标定工件坐标系步骤

步骤	操作说明	图例
1	创建工件数据"wobj_huitu2"和"wobj_temp"；选择"wobj_huitu2"，单击"编辑"，将"用户方法"和"目标方法"都设为"3 点"，工具选择"jinshubitool"	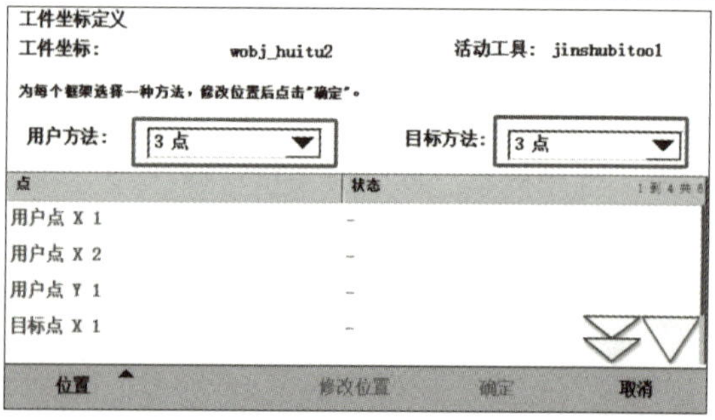

续表

步骤	操作说明	图例
2	手动操纵工业机器人至 X_1 点，选择“用户点 X1”，单击“修改位置”	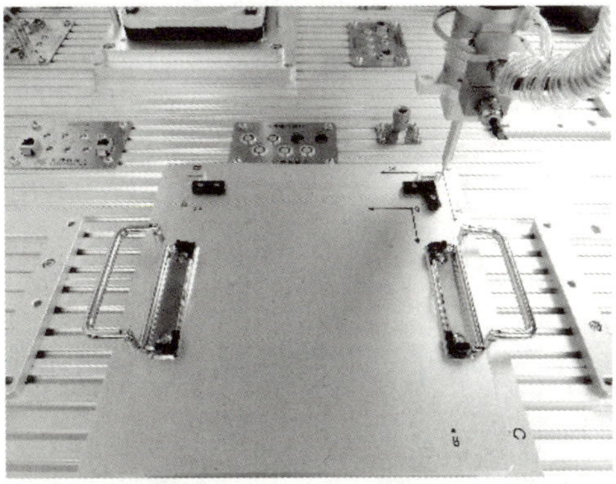
3	手动操纵工业机器人至 X_2 点，选择“用户点 X2”，单击“修改位置”	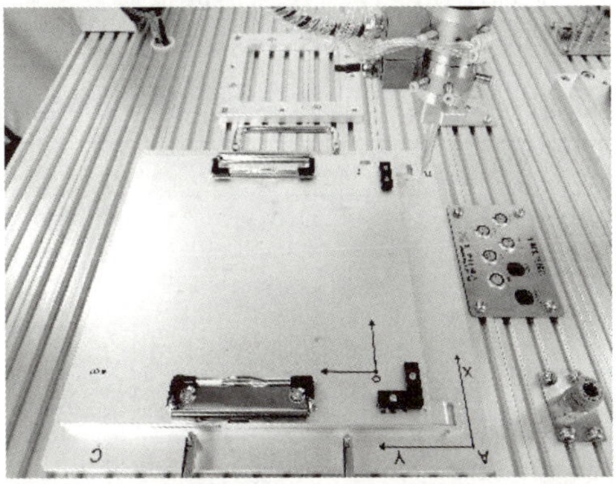
4	手动操纵工业机器人至 Y_1 点，选择“用户点 Y1”，单击“修改位置”	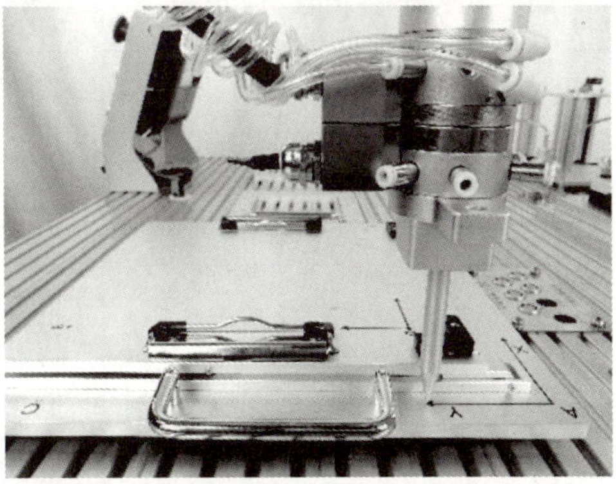
5	采用相同的方法，依次修改目标点 X_1、X_2、Y_1 的位置	

师傅点拨：

单独使用“目标三点法”和单独使用“用户三点法”对工件坐标系进行标定都是可以的，但用六点法标定必须先使用“用户三点法”标定，再使用“目标三点法”标定，否则所标定的工件坐标系就是错误的。

任务实施

4.2.4 编写基于工件坐标系变换的绘图程序

通过工件坐标系 X、Y 轴的平移变换，定义新的工件坐标系，在新的工件坐标系下运行绘图程序，实现图形位移。基于工件坐标系变换的绘图程序见表 4-2-2。

表 4-2-2 基于工件坐标系变换的绘图程序

步骤	操作说明	图例
1	新建并打开绘图程序“huitu”，添加赋值指令，单击“更改数据类型”	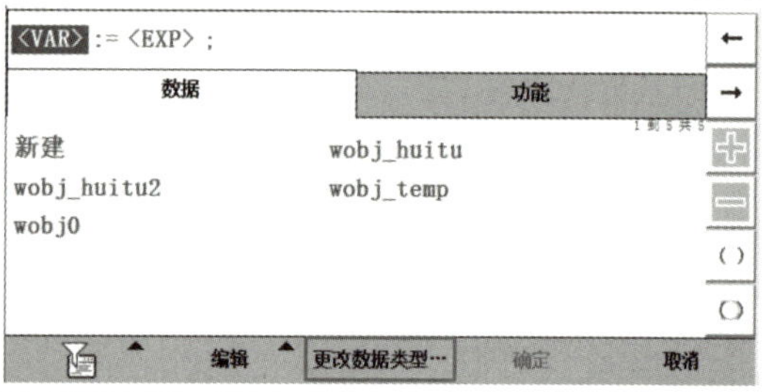
2	找到并选中“wobjdata”，单击“确定”	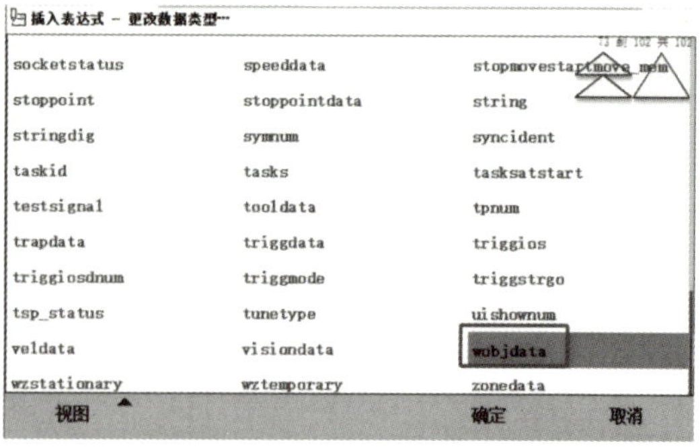
3	等号右侧占位符选择“wobj_huitu2”，即将工件坐标系数据“wobj_huitu2”赋值给“wobj_temp”	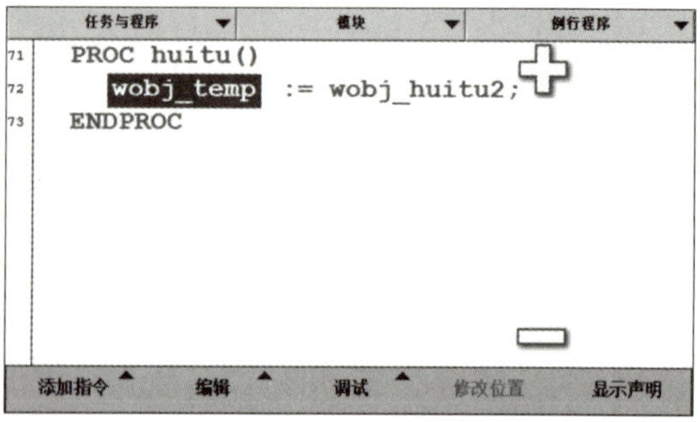

续表

步骤	操作说明	图例
4	编写并调试矩形绘图程序	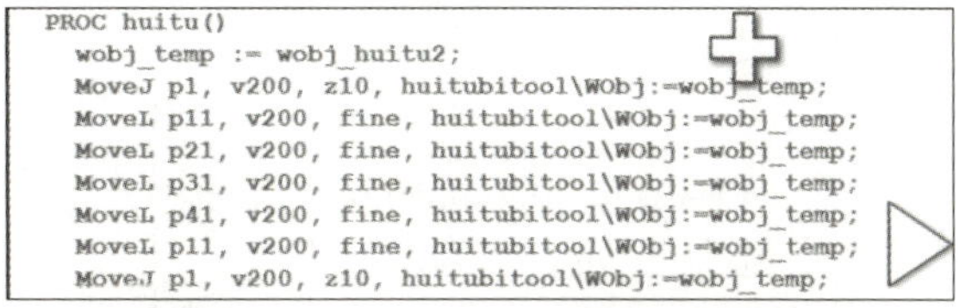 PROC huitu() wobj_temp := wobj_huitu2; MoveJ p1, v200, z10, huitubitool\WObj:=wobj_temp; MoveL p11, v200, fine, huitubitool\WObj:=wobj_temp; MoveL p21, v200, fine, huitubitool\WObj:=wobj_temp; MoveL p31, v200, fine, huitubitool\WObj:=wobj_temp; MoveL p41, v200, fine, huitubitool\WObj:=wobj_temp; MoveL p11, v200, fine, huitubitool\WObj:=wobj_temp; MoveJ p1, v200, z10, huitubitool\WObj:=wobj_temp;
5	运行程序绘制矩形	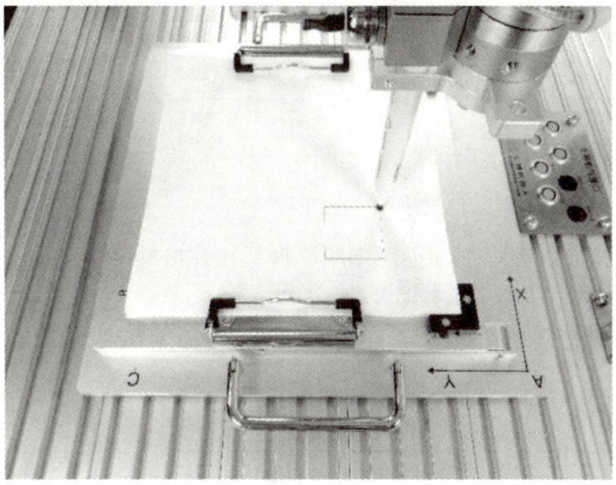
6	添加赋值指令，选中“wobj_temp”，单击“编辑”，在弹出的菜单中选择“添加记录组件”	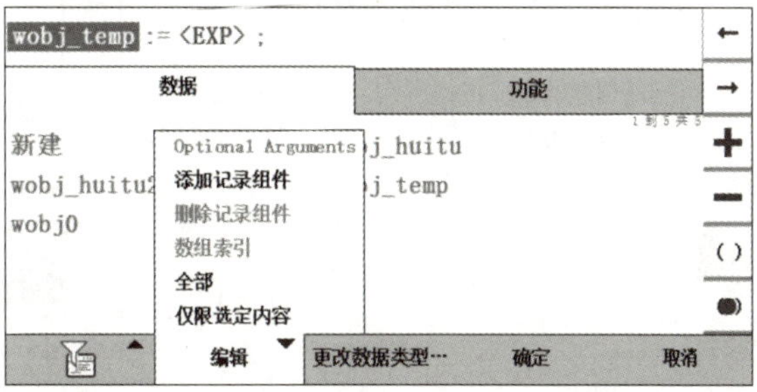
7	选中“robhold”，更改为“oframe”	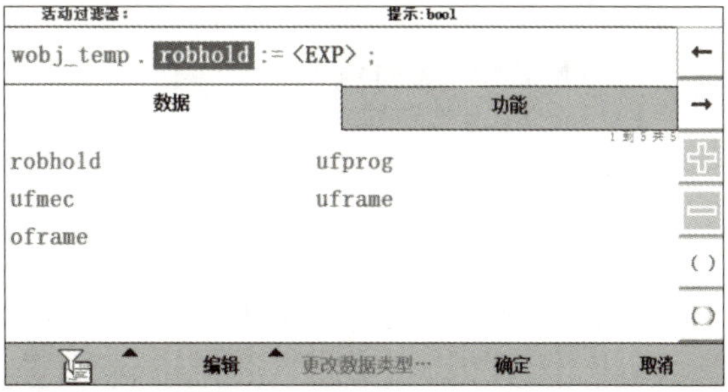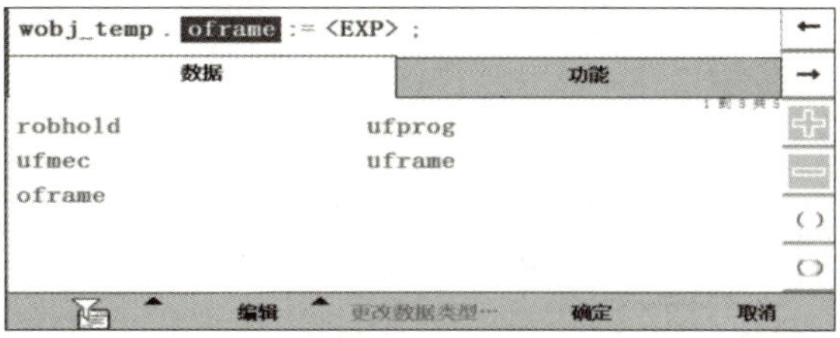

续表

步骤	操作说明	图例
8	单击“编辑”，在弹出的菜单中选择“添加记录组件”	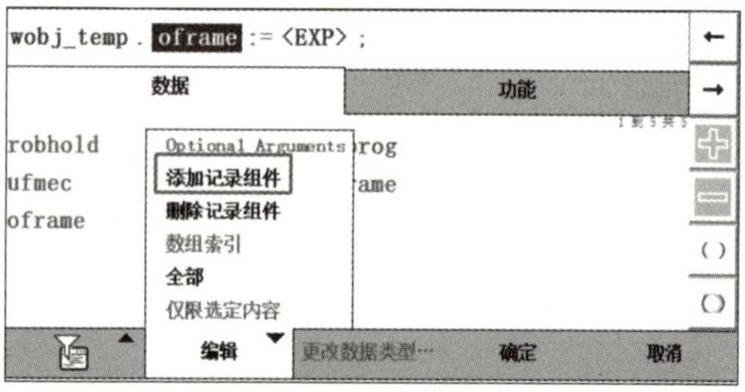
9	选中“trans”，单击“编辑”，在弹出的菜单中选择“添加记录组件”	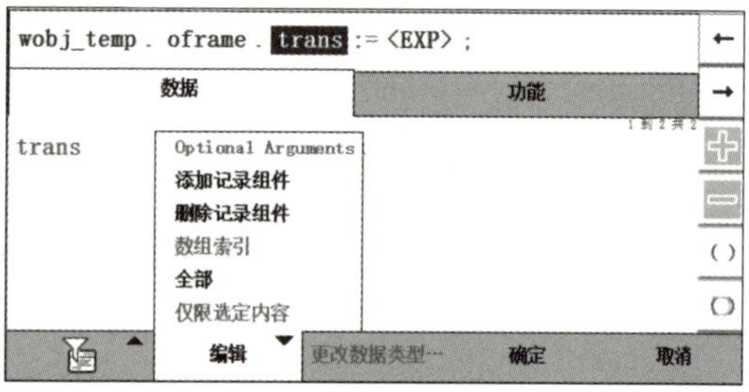
10	选择 trans 的“x”属性，选中右侧的占位符，单击“编辑”，在弹出的菜单中选择“仅限选定内容”	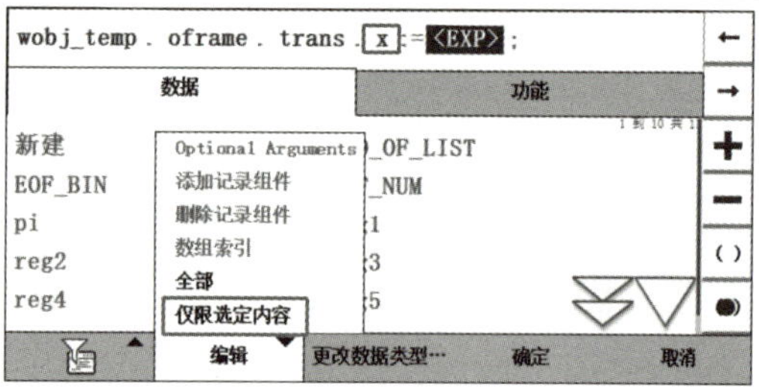
11	按照相同的格式直接输入，使工件坐标系中工件框架“x”的值增加“60”	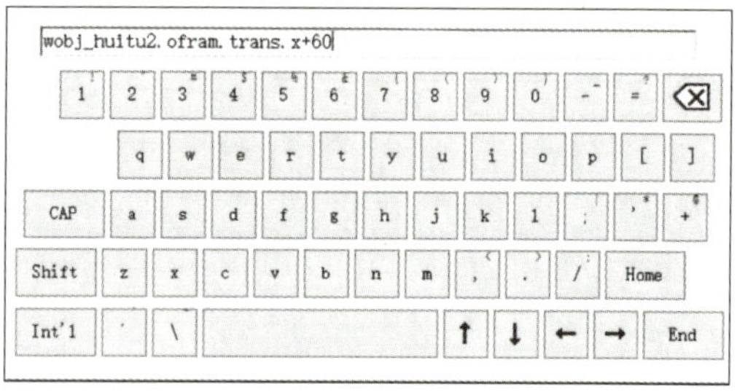
12	按照同样的方式，将“y”的值也增加“60”，将绘图程序复制到坐标系运算指令之后	wobj_temp.oframe.trans.x := wobj_huitu2.oframe.trans.x+60; wobj_temp.oframe.trans.y := wobj_huitu2.oframe.trans.y+60;
13	程序编写完成后，再次运行程序，观察两个图形的形状与位置	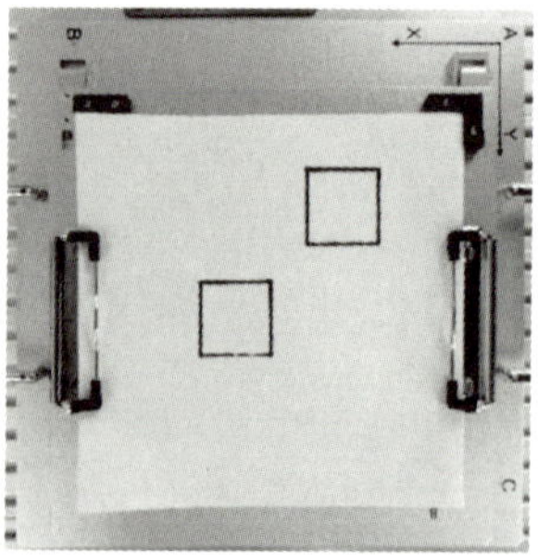

学而有思

无人机创新应用

任务验收考核

姓名			学号		
任务名称	考核要点	考核要求	配分	评分标准	得分
工件坐标系变换与绘图	1. 基础知识（80 分）	(1)理解对准功能并能正确操作	10	正确理解给 5 分，正确操作给 5 分，每错误一处扣 2 分	
		(2)理解并掌握工件数据	10	理解并说出工件数据各参数的作用，每错一项扣 2 分	
		(3)使用六点法完成工件坐标系标定	30	标定正确，每个标定点给 4 分，能正确验证工件坐标系，每错一项扣 3 分	
		(4)完成基于工件坐标系变换的绘图程序编写	30	①不能正确运行绘图程序或走出轨迹，每处扣 10 分； ②不会使用变量 wobj，扣 10 分	
	2. 职业素养（20 分）	(1)操作前按照机器人安全操作规程正确着装并佩戴安全帽	4	着装不规范每处扣 1 分	
		(2)操作过程中未发生机器人与其他外围设备碰撞的现象	4	发生碰撞每次扣 2 分	
		(3)操作过程中未发生机器人末端执行器掉落的现象	2	发生掉落每次扣 2 分	
		(4)操作过程中未发生踩踏机器人电缆的现象	2	踩踏机器人电缆每次扣 2 分	
		(5)操作过程中积极参与，互帮互助，团结协作	4	操作过程中发现不参与实训、影响团队合作的现象扣 1 分	
		(6)操作过程中工位整洁有序，操作结束后按照“6S”法则整理工位	4	工位整理不符合“6S”法则每处扣 1 分	
合计			100	总分	

知识拓展

坐标转换指令 PDispOn

习题与测试

任务 4.2 习题与测试

任务 4.3　使用偏移条件指令绘图

任务描述

前面的任务通过工件坐标系的变换实现了相同图形在不同位置的绘制，即图形程序的示教点随着工件坐标系的变换而改变。本任务通过使用偏移条件 RelTool 指令编程，实现相同图形在不同位置的绘制。

本任务学习 RelTool 指令的使用，并用该指令完成图形偏移编程。

任务要求

(1)创建绘图程序，完成图形偏移绘制任务；

(2)程序运行效果正确，工业机器人姿态要合理，程序流畅无碰撞。

任务目标

1. 知识目标

(1)能总结 RelTool 指令的使用情景；

（2）能描述 RelTool 指令的使用方法。

2. 能力目标

（1）能够正确设置 RelTool 指令参数；

（2）能够使用 RelTool 指令完成绘图程序编写。

3. 素养目标

（1）培养学生勤于思考、勇于探究的创新精神；

（2）培养学生精益求精、一丝不苟的工匠精神。

任务准备

4.3.1　RelTool 功能介绍

ABB 工业机器人的 RelTool 是一种用于在工具坐标系中对机器人位置和姿态进行相对偏移和旋转操作的指令。以下是关于它的详细介绍。

微课：RelTool 功能介绍

1. RelTool 功能结构

RelTool(目标点，X，Y，Z)

2. 含义

以选定目标点为基准，沿着选定工具坐标系的 *X*、*Y*、*Z* 轴方向偏移一定的距离。示教基准点时，一般将工具 *Z* 轴方向设置为当前加工面的法线方向，则当前 工具坐标系的 *XY* 面与当前加工面平行，即可以直接参考工具坐标系的 *X*、*Y* 轴方向进行偏移。

3. 示例

例如，已知目标点 P_1，移动 P_1 点至 tool0 坐标 *Z* 轴负方向 100 mm，程序编写如下：

```
MoveL RelTool(P1,0,0,-100),v1000,z50,tool0
```

又如，若以 p_1 点为基准点绕工具坐标系 *Z* 轴方向旋转 90°，程序编写如下：

```
MoveJ RelTool(p1,0,0,0\Rz:=90),v1000,z50,tool0
```

在实际的工业生产中，使用 RelTool 指令可以方便地根据实际需求对机器人的位置和姿态进行微调，而无须重新定义大量的目标点。例如，当机器人需要在一个工件表面上进行一系列操作，且这些操作的位置相对固定，但由于工件的安装误差或其他因素，需要对机器人的位置进行微小调整时，RelTool 指令就非常有用。

通过指定旋转角度偏移量，可以使机器人的工具以特定的姿态到达目标位置，这对于一些需要精确控制姿态的任务，如焊接、切割、装配等非常重要。

任务实施

慕课：基于偏移条件的绘图程序编写

4.3.2 编写基于偏移条件的绘图程序

基于偏移条件的绘图程序见表 4-3-1。

表 4-3-1　基于偏移条件的绘图程序

步骤	操作说明	图例
1	在手动操纵界面将“工件坐标”修改为“wobj_huitu2”	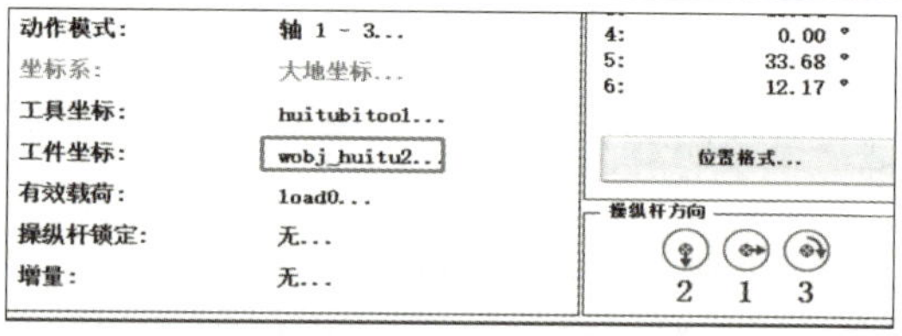
2	新建名为“huitu2”的例行程序并打开，将任务 4.2 中的“juxing”绘图程序复制到“huitu2”程序	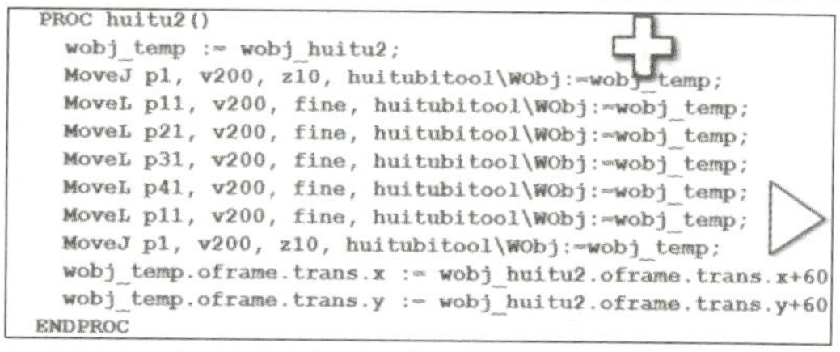
3	删除工件坐标系变换相关的语句，并将运动指令的工件坐标系修改为“wobj_huitu2”，运行程序，观察运行效果	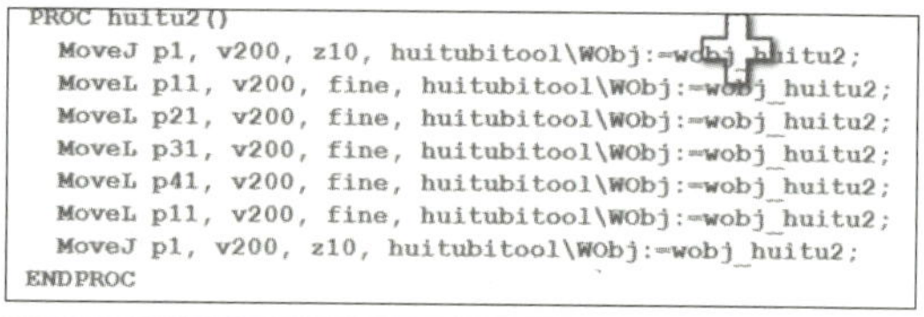
4	以 P_1 点为例讲解 RelTool 指令的使用	
5	双击“p1”，单击“功能”，再选择“RelTool”	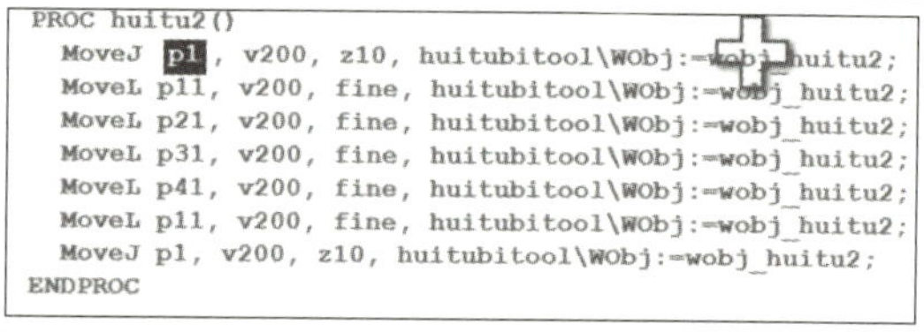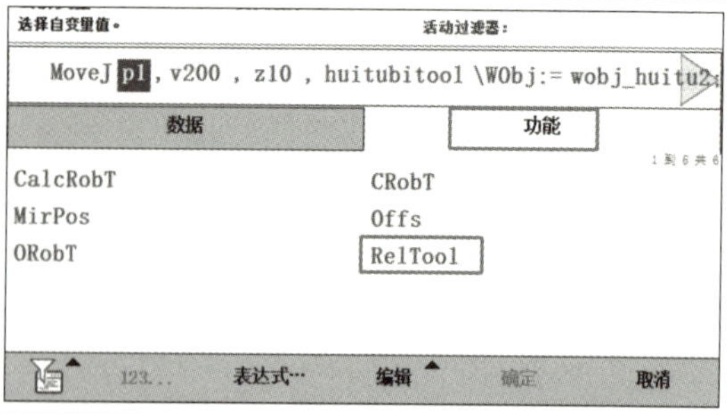

续表

步骤	操作说明	图例
6	单击“编辑”,选择“全部”	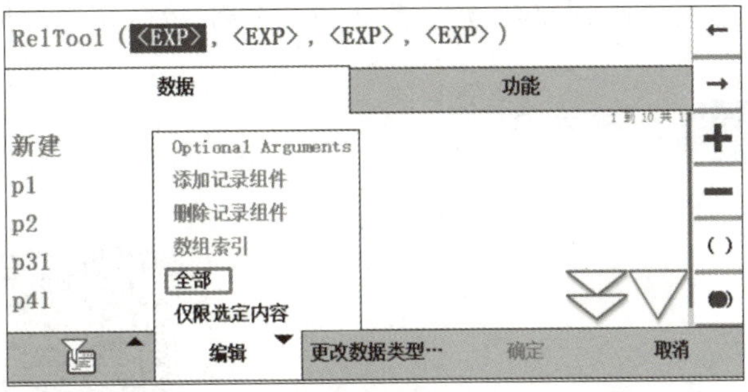
7	偏移基准点为 P_1,X 轴方向偏移 60 mm,Y 轴方向偏移 60 mm,Z 轴方向不偏移	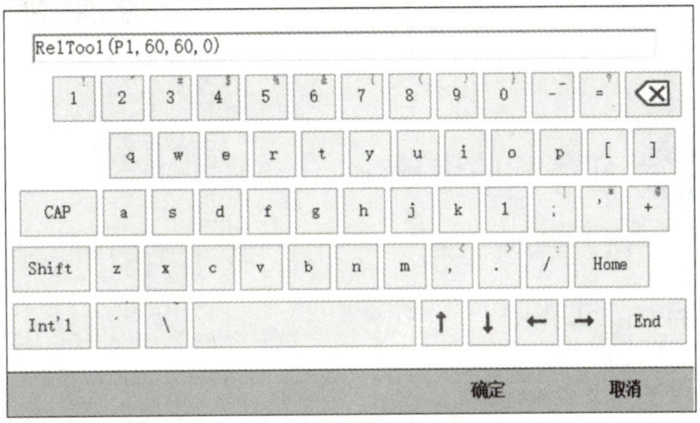
8	按照上述方法对程序中的各点都进行设置	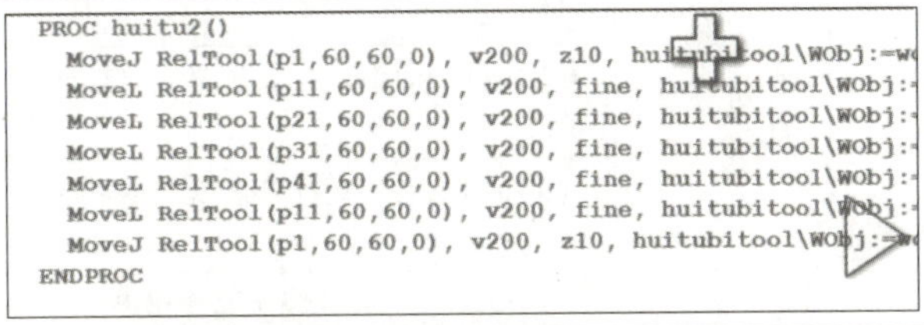PROC huitu2() MoveJ RelTool(p1,60,60,0), v200, z10, hui…tool\WObj:=w MoveL RelTool(p11,60,60,0), v200, fine, hu…tubitool\WObj: MoveL RelTool(p21,60,60,0), v200, fine, huitubitool\WObj: MoveL RelTool(p31,60,60,0), v200, fine, huitubitool\WObj: MoveL RelTool(p41,60,60,0), v200, fine, huitubitool\WObj: MoveL RelTool(p11,60,60,0), v200, fine, huitubitool\WObj: MoveJ RelTool(p1,60,60,0), v200, z10, huitubitool\WObj:=w ENDPROC
9	运行程序,观察运行效果	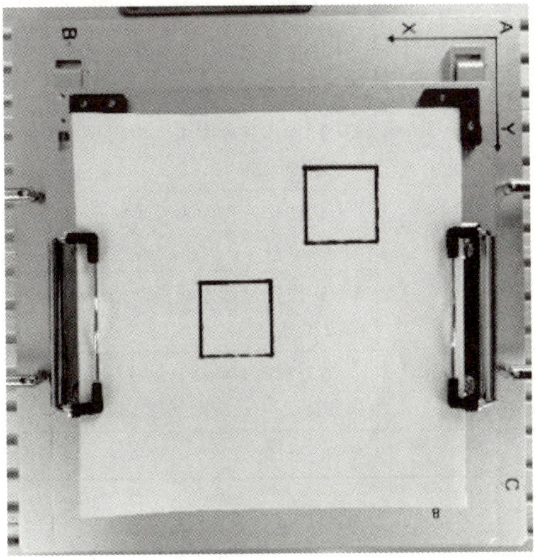

师傅点拨：

RelTool 指令是在工具坐标系下的偏移指令，在使用该指令前一定要先明确使用工具坐标系的正方向，尤其是 Z 轴正方向，以防发生碰撞。

学而有思

蒋刚：十年专注 成就“机器人大工匠”

任务验收考核

姓名			学号		
任务名称	考核要点	考核要求	配分	评分标准	得分
使用偏移条件指令绘图	1. 基础知识（80 分）	（1）正确设置 RelTool 指令参数	5	不会或不能正确使用 RelTool 指令，每处错误扣 2 分	
		（2）使用 RelTool 指令完成绘图程序编写	60	不能正确运行绘图程序或走出轨迹，每处扣 10 分	
		（3）机器人程序运行流畅，无不必要的停顿	15	机器人程序出现不必要的停顿或碰撞，每处碰撞扣 10 分，每处停顿扣 5 分	
	2. 职业素养（20 分）	（1）操作前按照机器人安全操作规程正确着装并佩戴安全帽	4	着装不规范每处扣 1 分	
		（2）操作过程中未发生机器人与其他外围设备碰撞的现象	4	发生碰撞每次扣 2 分	
		（3）操作过程中未发生机器人末端执行器掉落的现象	2	发生掉落每次扣 2 分	
		（4）操作过程中未发生踩踏机器人电缆的现象	2	踩踏机器人电缆每次扣 2 分	
		（5）操作过程中积极参与，互帮互助，团结协作	4	操作过程中发现不参与实训、影响团队合作的现象扣 1 分	
		（6）操作过程中工位整洁有序，操作结束后按照“6S”法则整理工位	4	工位整理不符合“6S”法则每处扣 1 分	
合计			100	总分	

知识拓展

指定数值的坐标转换 PDispSet

习题与测试

任务 4.3 习题与测试

项目 5

工业机器人搬运工作站操作与编程

证书技能要求

工业机器人系统操作员（四级）		
工作内容	技能要求	对应教学内容
系统操作与设定	能配置机器人输入/输出信号	5.1
示教编程与调试	能在手动或自动模式下，控制机器人末端执行器对工件进行作业	5.1、5.2
工业机器人系统操作员（三级）		
工作内容	技能要求	对应教学内容
示教编程与调试	能根据机器人输入/输出信号通断，调整机器人运行状态	5.2
	能创建搬运、码垛、焊接、喷涂、装配、打磨等机器人工作站或系统的运行程序，添加作业指令，进行系统工艺程序编制与调试	5.1、5.2

项目学习导读

随着工业机器人工作站自动化程度越来越高，以及人力资源成本高等因素的影响，各行各业自动化升级改造和“机器人换人计划”得到广泛推广和应用。随着科技的发展，在搬运机器人上安装不同的末端执行器，可以完成各种不同形状和不同状态工件的搬运作业。2012 年以后，全球搬运机器人发展迅速并持续增长。可以看出，科学技术的突飞猛进，给人类经济社会的发展带来了极大的推动。

项目描述

某电气装备生产厂为提高生产线搬运效率，对零部件流水线进行改造升级，使用工业机器人搬运替代常规的人工搬运，将原来负责搬运的人员安排到新的工作岗位。本项目通过工业机器人十六宫格物料搬运以及搬运电机部件的程序编写，掌握工业机器人搬运应用的特点以及搬运程序的编写，并进一步通过对工业机器人搬运应用程序结构以及搬运流程的分析，掌握工业机器人搬运应用的程序优化。

项目学习导图

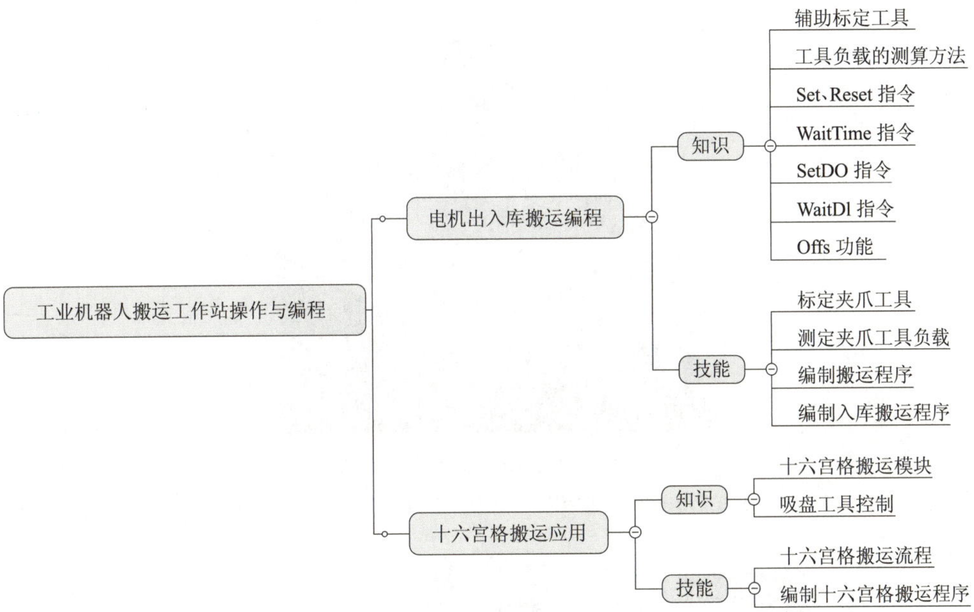

任务 5.1　电机出入库搬运编程

任务描述

本任务要完成两个子任务操作。

（1）在子任务 1 中，工业机器人要完成从初始位置出发，自动拿取夹爪工具，并将 B 处的电机转子搬运到 A 处电机外壳的编程操作。

（2）工业机器人搬运操作大多数时候需要与外部信号进行逻辑配合，在子任务 2 中要完成工业机器人传感器反馈以判断外围设备状态，进而完成搬运入库作业。

任务要求

（1）电机转子抓取位置要精确，工业机器人姿态要合理，搬运时间不超过 20 s；

（2）完善轨迹，避免在工业机器人运行时出现中间过渡点的停顿；

（3）检测平台检测，将装配好的电机搬运到 D 处的检测平台，气缸夹紧后进行检测；

（4）电机入库，当智能仓储 E 处的传感器检测到没有料块时，工业机器人将 D 处的电机搬运到 E 处的料仓，最后工业机器人返回初始位置；

（5）料块抓取位置要精确，工业机器人姿态要合理，搬运时间少于 40 s，同时避免在工业机器人运行时出现中间过渡点的停顿。

智能制造装备实训工作台如图 5-1-1 所示，工业机器人搬运工作站如图 5-1-2 所示。

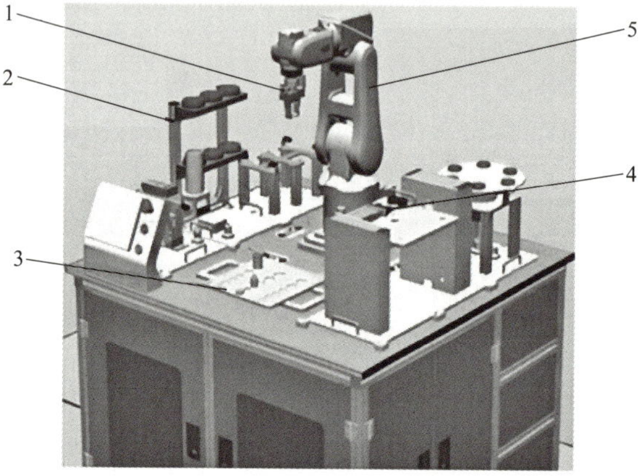

图 5-1-1　智能制造装备实训工作台

1— 夹爪工具；2—智能仓储模块；3—检测平台；4—装配模块；5—工业机器人

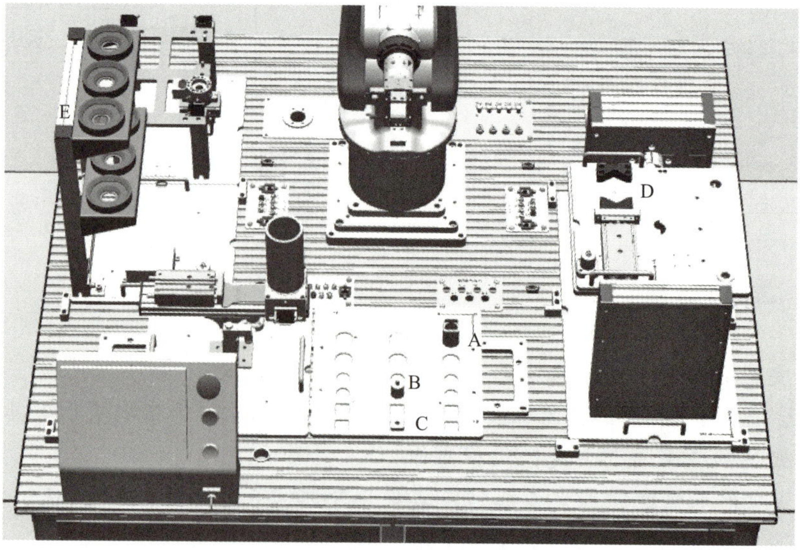

图 5-1-2　工业机器人搬运工作站

任务目标

1. 知识目标

(1)能说出夹爪控制的控制器件及控制原理;

(2)能说出搬运编程示教的流程及方法;

(3)能描述 I/O 控制指令 Set、Reset,时间等待指令 WaitTime,等待指令 WaitDI 的用法;

(4)能描述程序编辑的方法;

(5)能总结轨迹规划及程序调试优化的方法。

2. 能力目标

(1)能够对搬运工作站进行轨迹规划;

(2)能够完成搬运程序的编写;

(3)能够手动检查、自动运行工业机器人程序;

(4)能够规划入库轨迹;

(5)能够完成电机入库程序的调试,实现其功能。

3. 素养目标

(1)培养学生的实际动手能力;

(2)培养学生分析问题、解决问题的能力。

任务准备

5.1.1　搬运工作站认识

工业机器人搬运工作站是一种高度自动化的生产设施,主要用于实现物料的搬运和转移操作。工业机器人搬运工作站是工业领域的高效能手。在这个充满科技感的空间里,工业机器人如同一位精确而不知疲倦的“大力士”,它以先进的传感器系统敏锐地感知物料的位置、形状和重量,通过强大的控制系统精准规划行动路径。无论是小巧玲珑的零件,还是沉重庞大的物件,工业机器人都能凭借其灵活的多关节手臂和专业的末端执行器,如夹爪、吸盘等,稳稳地抓取并迅速搬运至指定地点,它可以连续工作,不受时间限制,极大地提高生产效率。同时,安全防护装置为整个搬运过程保驾护航,确保人与设备的安全。工业机器人搬运工作站以其高效、精准、安全的特性,成为现代工业生产中不可或缺的重要组成部分。

工业机器人是搬运工作站的核心设备,对于典型的搬运工作站,只有最基本的工业机器人系统是远远不够的。搬运工作站不仅要求工业机器人能够满足工艺设计要求,同时还要满足安全、快速以及易于操作和便于生产等要求。典型的搬运工作站包括外围控制单元、输送系统、传感系统、气动系统和安全系统等。工业机器人搬运工作站系统构成如图 5-1-3 所示。

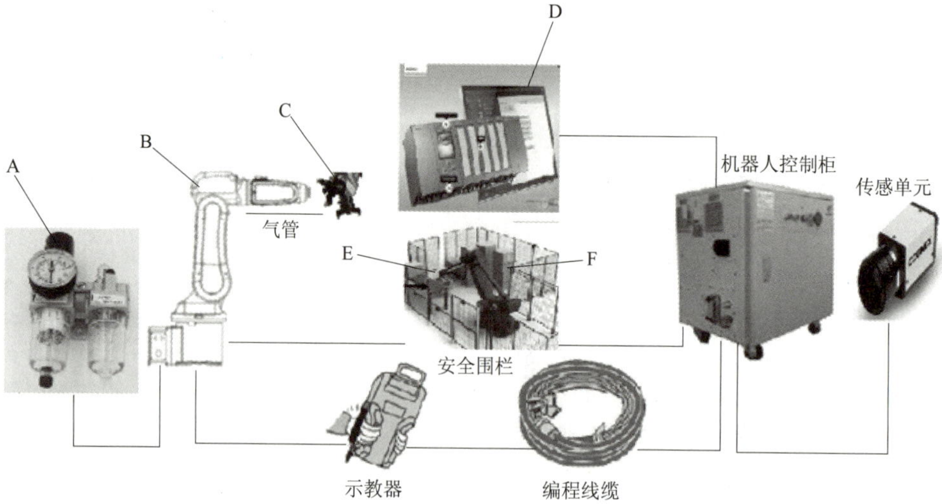

图 5-1-3　工业机器人搬运工作站系统构成

A—气源;B—工业机器人;C—夹爪工具;D—PLC 控制系统;E—输送系统;F—料库

5.1.2　I/O 配置

1. I/O 硬件介绍

I/O 是 Input/Output 的缩写,即输入/输出端口,工业机器人可通过 I/O 与外部设备进行交互。数字量信号可分为数字量输入信号和数字量输出信号,本任务中夹爪的动作需要通过改变相应数字量输出信号的值来实现。

数字量输入:各种开关信号反馈,如按钮开关、接近开关等;传感器信号反馈,如光电传感器;触摸屏里的开关信号反馈。

数字量输出:控制各种继电器线圈,如接触器、继电器、电磁阀等;控制各种指示类信号,如指示灯、蜂鸣器等。

ABB 常用的 I/O 板见表 5-1-1。

表 5-1-1　ABB 常用的 I/O 板

型号	说明
DSQC651	8 个数字量输入,8 个数字量输出,2 个模拟量输出
DSQC652	16 个数字量输入,16 个数字量输出
DSQC653	8 个数字量输入,8 个数字量输出,带继电器

本搬运工作站中所采用的 I/O 板的型号为 DSQC652(图 5-1-4),主要用于 16 个数字量输入信号和 16 个数字量输出信号的处理,其接口说明如下。

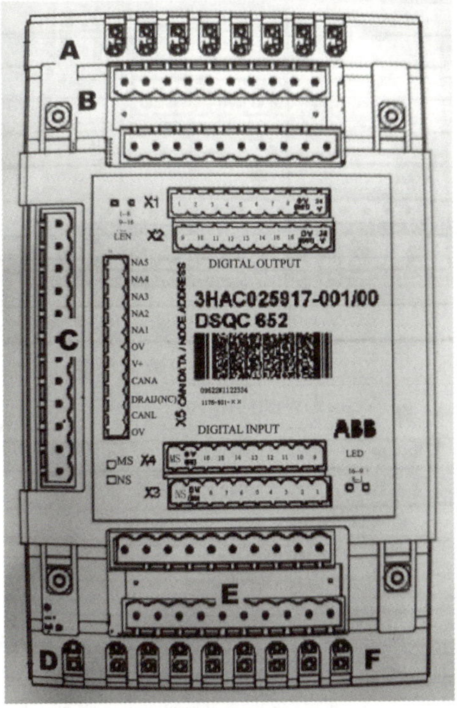

图 5-1-4　DSQC652 型 I/O 板

A—数字量输出信号指示灯；B—X1、X2 数字量输出接口；C—X5 DeviceNet 接口；D—模块状态指示灯；
E—X3、X4 数字量输入接口；F—数字量输入信号指示灯

2）X1、X2 模块接口

X1、X2 模块共有两排数字量输出接口，每排数字量输出接口有 10 个端子。其中，从左向右看，前 8 个端子为数字量输出信号，第 9 个端子接 0 V，第 10 个端子接 24 V 直流电源。

在信号地址分配方面，X1 地址从 0 开始，X1 中 8 个输出信号地址分别为 0，1，2，…，7，X2 中 8 个输出信号地址分别为 8，9，10，…，15。X1、X2 模块接口的具体使用及地址分配见表 5-1-2 和表 5-1-3。

表 5-1-2　X1 模块接口的具体使用及地址分配

端子标号	使用定义	地址分配
1	OUTPUTCH1	0
2	OUTPUTCH2	1
3	OUTPUTCH3	2
4	OUTPUTCH4	3
5	OUTPUTCH5	4
6	OUTPUTCH6	5
7	OUTPUTCH7	6
8	OUTPUTCH8	7

续表

端子标号	使用定义	地址分配
9	0 V	
10	24 V	

表 5-1-3　X2 模块接口的具体使用及地址分配

端子标号	使用定义	地址分配
1	OUTPUTCH9	8
2	OUTPUTCH10	9
3	OUTPUTCH11	10
4	OUTPUTCH12	11
5	OUTPUTCH13	12
6	OUTPUTCH14	13
7	OUTPUTCH15	14
8	OUTPUTCH16	15
9	0 V	
10	24 V	

3)X3、X4 模块接口

X3、X4 模块共有两排数字量输入接口,每排数字量输入接口有 10 个端子。其中,从左向右看,前 8 个端子为数字量输入信号,第 9 个端子接 0 V,第 10 个端子不使用。

在信号地址分配方面,X3 地址从 0 开始,X3 中 8 个输入信号地址分别为 0,1,2,…,7,X4 中 8 个输入信号地址分别为 8, 9, 10,…, 15。X3、X4 模块接口的具体使用及地址分配见表 5-1-4 和表 5-1-5。

表 5-1-4　X3 模块接口的具体使用及地址分配

端子标号	使用定义	地址分配
1	INPUTCH1	0
2	INPUTCH2	1
3	INPUTCH3	2
4	INPUTCH4	3
5	INPUTCH5	4
6	INPUTCH6	5
7	INPUTCH7	6
8	INPUTCH8	7
9	0 V	
10	不使用	

表 5-1-5　X4 模块接口的具体使用及地址分配

端子标号	使用定义	地址分配
1	INPUTCH9	8
2	INPUTCH10	9
3	INPUTCH11	10
4	INPUTCH12	11
5	INPUTCH13	12
6	INPUTCH14	13
7	INPUTCH15	14
8	INPUTCH16	15
9	0 V	
10	不使用	

4)X5 模块接口

X5 模块接口是 DeviceNet 总线接口，从下向上看，每个端子的使用定义见表 5-1-6，端子 1~5 用于总线通信，端子 6 为 GND 地址选择公共端，端子 7~12 用于定板卡的地址，可用范围为 10~63。

表 5-1-6　X5 模块接口

端子标号	使用定义
1	0 V(BLACK)
2	CAN 信号线(low)(BLUE)
3	屏蔽线
4	CAN 信号线(high)(WHITE)
5	24 V(RED)
6	GND 地址选择公共端
7	模块 ID bit0
8	模块 ID bit1
9	模块 ID bit2
10	模块 ID bit3
11	模块 ID bit4
12	模块 ID bit5

ABB 的标准 I/O 板是挂在 DeviceNet 网络上的，所以要设定板卡在网络中的地址。X5 模块接口中的端子 7~12 的跳线可以用于决定板卡的地址。如果想要获得 10 的地址，可将第 8 脚和第 10 脚上的跳线剪去，2+8=10 就可以获得 10 的地址。

2. I/O 信号配置

1）标准 I/O 板配置方法

ABB 常用的标准 I/O 板配置方法基本是一致的。下面以 DSQC652 型 I/O 板为例，介绍标准 I/O 板配置方法。

ABB 的标准 I/O 板配置时的主要参数见表 5-1-7，包括 Name、Type of Unit、DeviceNetAddress 等三个。需要注意的是，这里配置的地址必须与硬件设置的地址，也就是 X5 模块接口设置的地址完全一致，否则不能正常通信。如果 X5 模块接口设置的地址为 10，那么这里设置的地址也必须为 10。

表 5-1-7　DSQC652 型 I/O 板配置相关参数

参数名称	设定值	说明
Name	board10	设定 I/O 板在系统中的名字，可以用“board+地址”进行命名
Type of Unit	DSQC652	设定 I/O 板的类型
DeviceNet Address	10	设定 I/O 板在工业网络中的地址，注意必须与 X5 模块接口设置的地址一致

DSQC652 型 I/O 板配置具体操作步骤见表 5-1-8。

表 5-1-8　DSQC652 型 I/O 板配置步骤

步骤	操作说明	图例
1	在手动模式下，进入 ABB 主菜单，选择“控制面板”，单击“配置系统参数”，选择“Panel-Language”页面	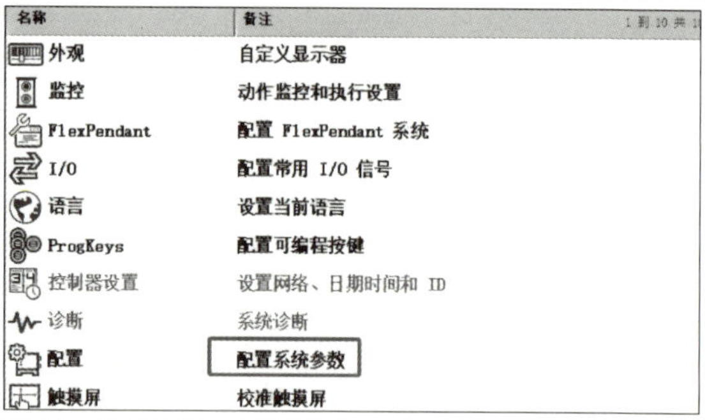
2	双击“DeviceNet Device”，进入添加 I/O 板的界面，单击界面下方“添加”	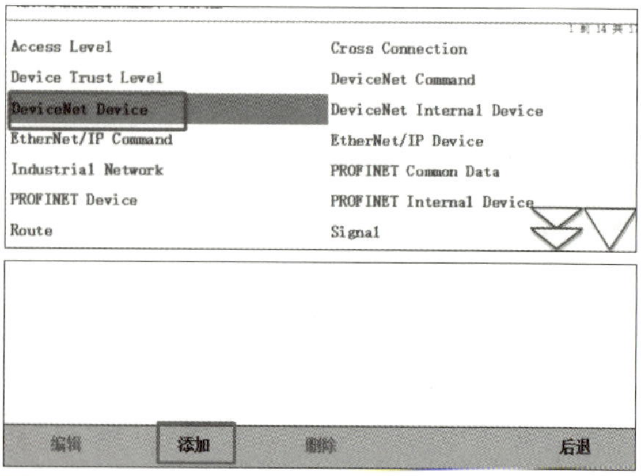

续表

步骤	操作说明	图例
3	在“使用来自模板的值”的下拉列表中，选择所配置板卡的类型，本实例选择“DSQC652 24 VDC I/O Device”	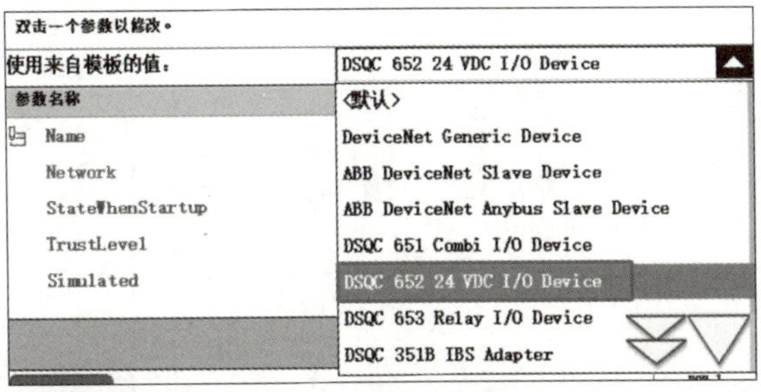
4	单击“Name”参数，进入 I/O 板命名界面	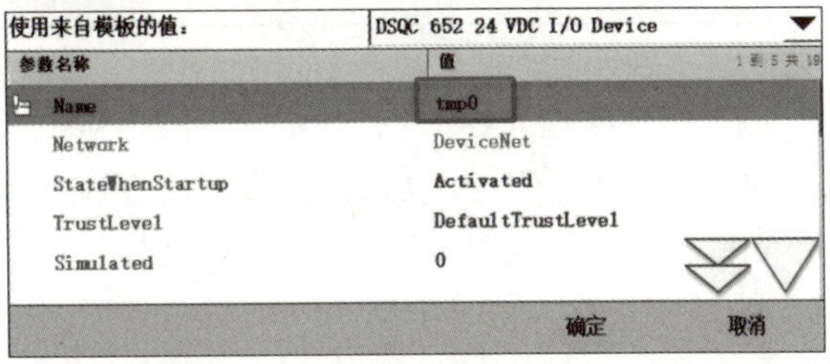
5	输入本实例所设定的 I/O 板名称“board10”，单击“确定”	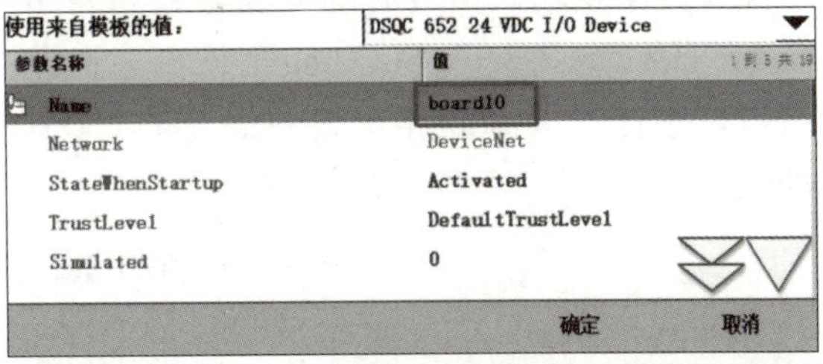
6	单击“下翻页”或“下翻行”图标，找到并单击“Address”参数，并设置为“10”	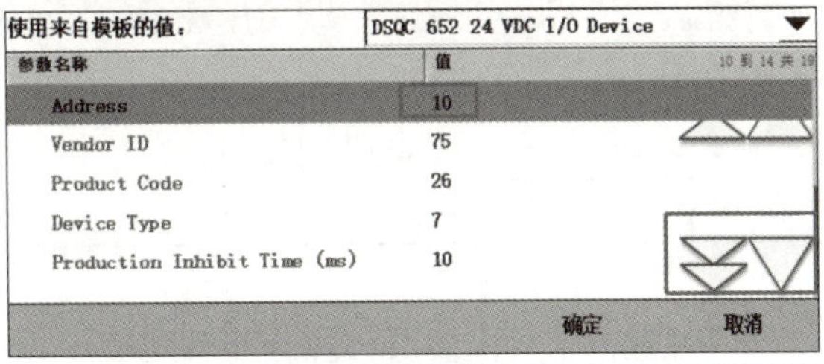
7	参数设定完毕，单击“确定”，确认 I/O 板配置，在弹出的界面单击“否”，先不重启	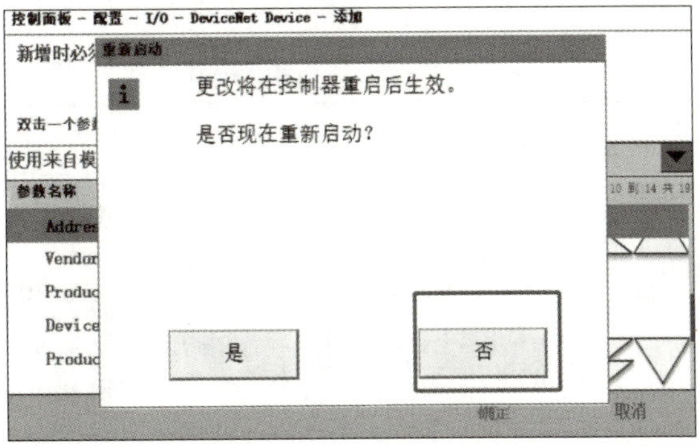

续表

步骤	操作说明	图例
8	I/O 板配置完成后，可在界面中看到所配置的 I/O 板	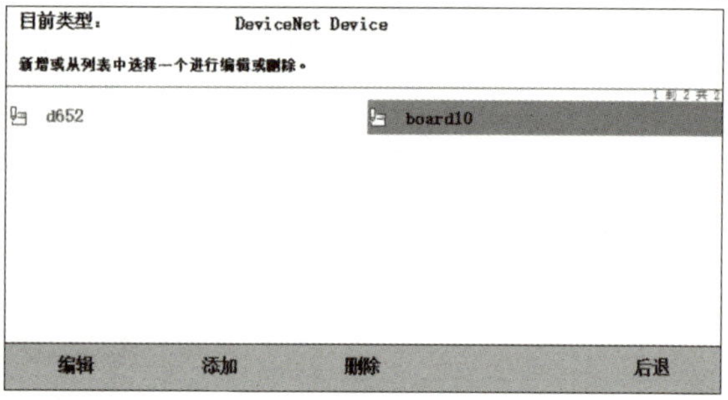

2）创建数字信号

在标准 I/O 板配置成功后，还需要配置程序所需要的信号。下面分别介绍数字量输入信号和输出信号的配置方法。

Ⅰ. 数字量输入信号配置

配置数字量输入信号时的主要参数见表 5-1-9 所示，包括 Name、Type of Signal、Assigned to Device、Device Mapping 等四个。需要注意的是，这里所配置的地址与板卡类型和信号口位置有关，本实例中配置的信号属于 DSQC652 型 I/O 板，其第一个数字量输入信号地址应为 0。

表 5-1-9　数字量输入信号相关参数

参数名称	设定值	说明
Name	di1	设定数字量输入信号在系统中的名称，可以用“di+序号或信号功能”进行命名
Type of Signal	Digital Input	设定信号类型为数字量输入信号
Assigned to Device	board10	设定信号所存在的 I/O 板名称
Device Mapping	0	设定信号所占用的地址

数字量输入信号配置具体操作步骤见表 5-1-10。

表 5-1-10　数字量输入信号配置步骤

步骤	操作说明	图例
1	在手动模式下，进入 ABB 主菜单，选择“控制面板”单击“配置系统参数”	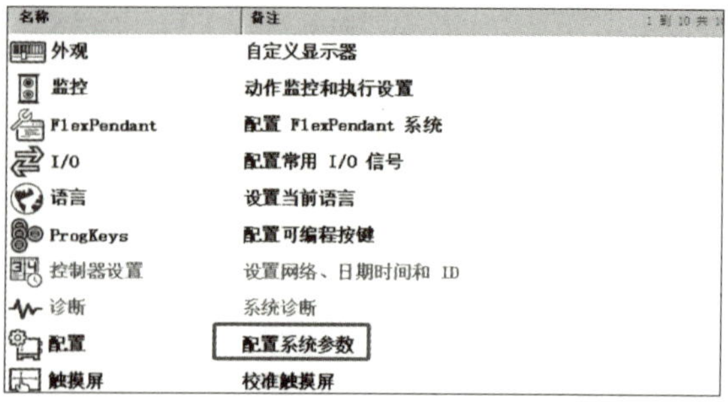

续表

步骤	操作说明	图例
2	双击“Signal”，进入添加信号的界面，单击界面下方“添加”	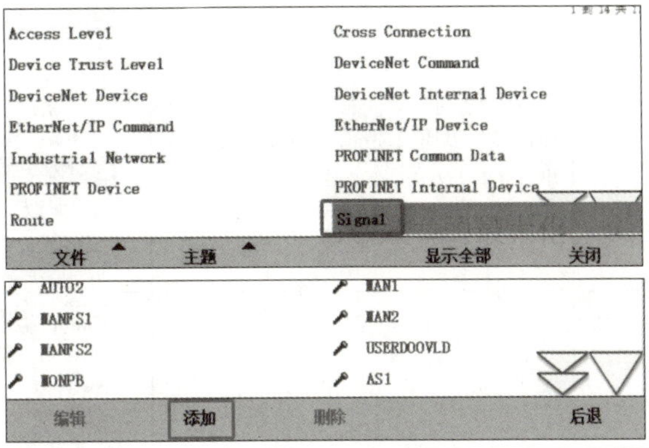
3	进入信号配置界面后，单击“Name”参数，进入信号名称设置界面，修改信号名称为“di1”，并单击界面下方的“确定”	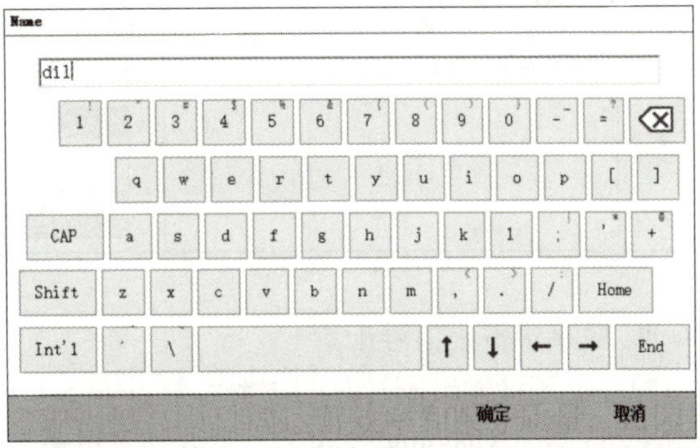
4	单击“Type of Signal”参数，设定信号类型，在下拉菜单中选择数字量输入信号“Digital Input”作为信号的类型	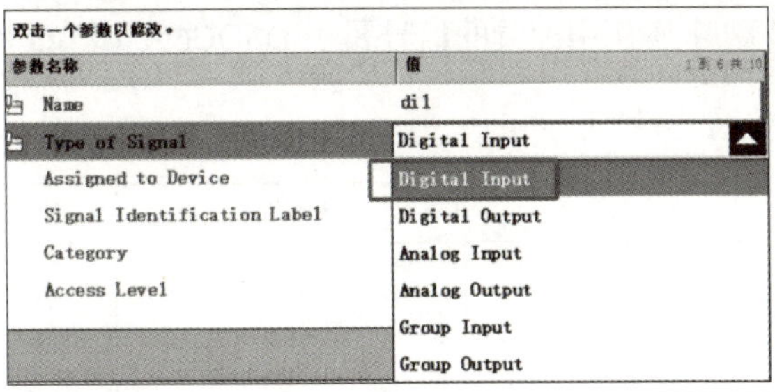
5	单击“Assigned to Device”参数，设定信号所在的 I/O 板的名称，在下拉菜单中选择“board10”	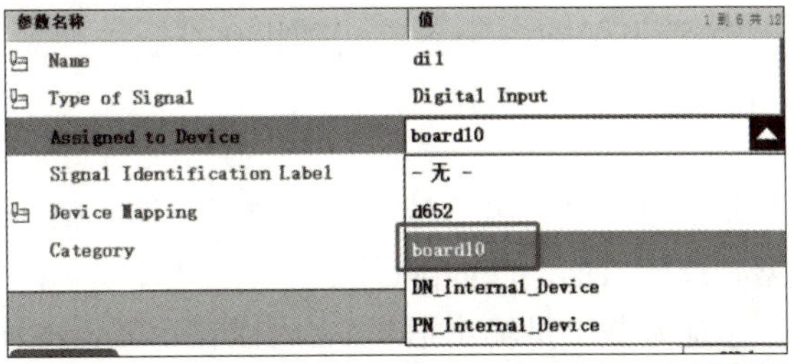

续表

步骤	操作说明	图例
6	单击“Device Mapping”参数，进入信号地址设置界面，修改信号地址为“0”，并单击界面下方的“确定”	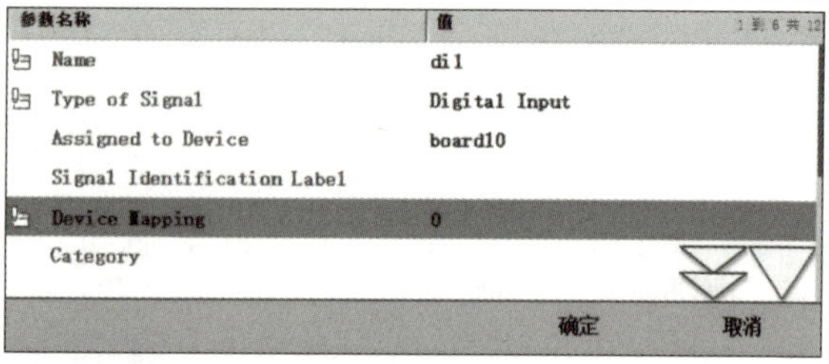
7	参数设定完毕，单击“确定”以确认所配置的信号参数，在弹出的界面单击“否”，待所有信号添加完成后再重启	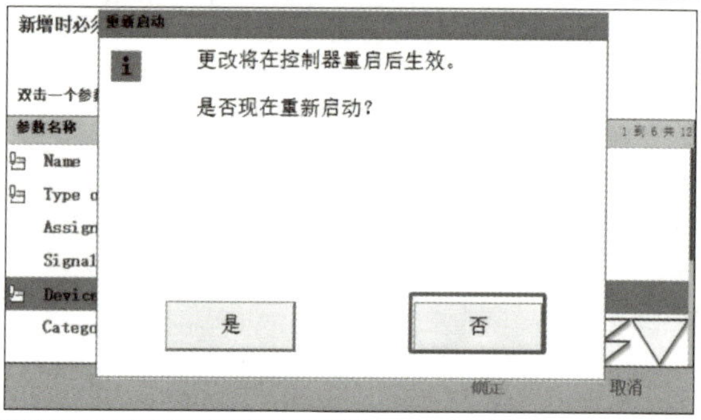

Ⅱ. 数字量输出信号配置

配置数字量输出信号时的主要参数见表 5-1-11，包括 Name、Type of Signal、Assigned to Device、Device Mapping 等四个。需要注意的是，这里配置的地址与板卡类型和信号口位置有关，本实例中配置的信号属于 DSQC652 型 I/O 板，其第一个数字量输出信号地址应为 0。

表 5-1-11　数字量输出信号相关参数

参数名称	设定值	说明
Name	do1	设定数字量输出信号在系统中的名称，可以用“do+序号或信号功能”进行命名
Type of Signal	Digital Output	设定信号类型为数字量输出信号
Assigned to Device	board10	设定信号所存在的 I/O 板名称
Device Mapping	0	设定信号所占用的地址

配置数字量输出信号与配置数字量输入信号的过程基本相同，不同点在于在选择信号类型时选择“Digital Output”。

添加好数字量输出信号后，可以在示教器的输入输出界面手动强制数字量输出信号的值，如图 5-1-5 和图 5-1-6 所示。

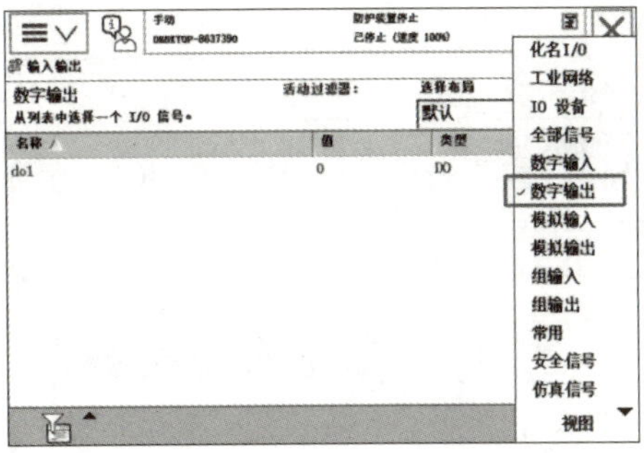

图 5-1-5　选择数字输出

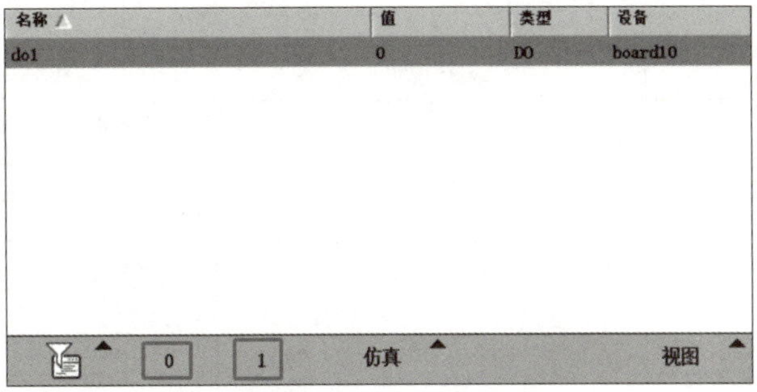

图 5-1-6　强制信号

3. 可编程按键

示教器可编程按键为如图 5-1-7 所示的方框内的四个按键，它们分别为按键 1、2、3、4。在操作时，可以为可编程按键分配想快捷控制的 I/O 信号，以便于对 I/O 信号进行强制和仿真操作。

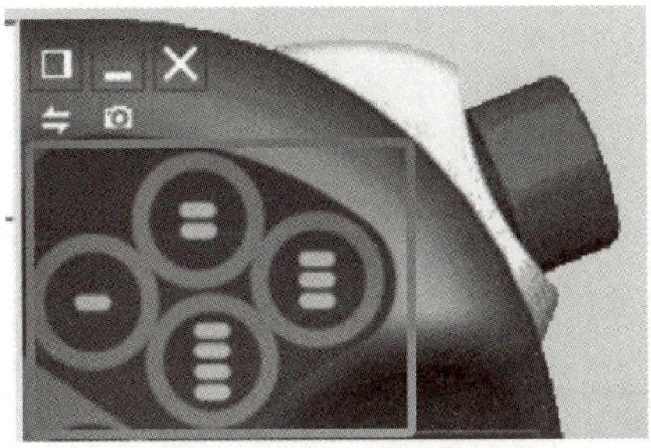

图 5-1-7　可编程按键

可编程按键配置具体操作步骤见表 5-1-12。

表 5-1-12　可编程按键配置步骤

步骤	操作说明	图例
1	进入 ABB 主菜单，选择“控制面板”，单击“配置可编程按键”	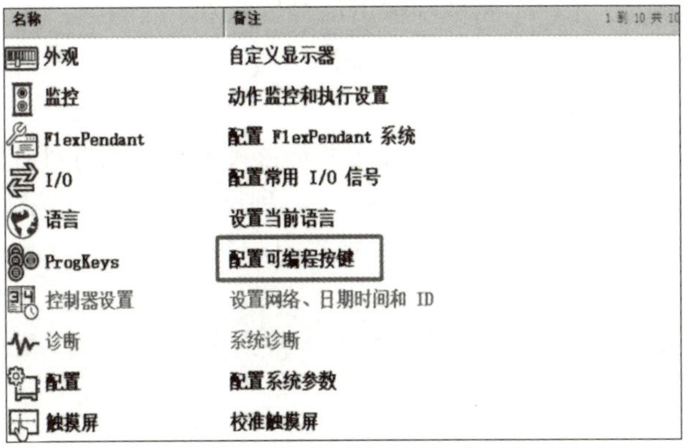

续表

步骤	操作说明	图例
2	进入配置可编程按键界面后，可以对按键 1~4 分别进行配置，配置类型包括“无”“输出”“输入”和“系统”。以“do1”输出信号为例，选中“按键 1”，在“类型”中选择“输出”；在“按下按键”中选择“按下/松开”，也可以根据实际需要选择按键的动作特性；在“数字输出”中选中“do1”	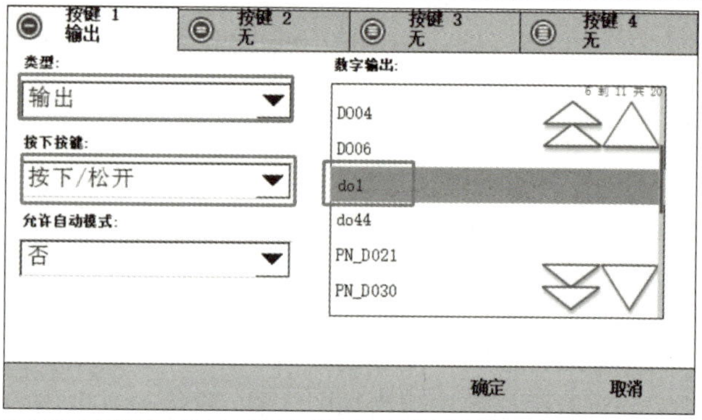
3	单击“确定”，完成设置，即可以通过可编程按键 1 在手动状态下对 do1 数字量输出信号进行强制操作，对按键 2~4 可重复以上步骤进行配置	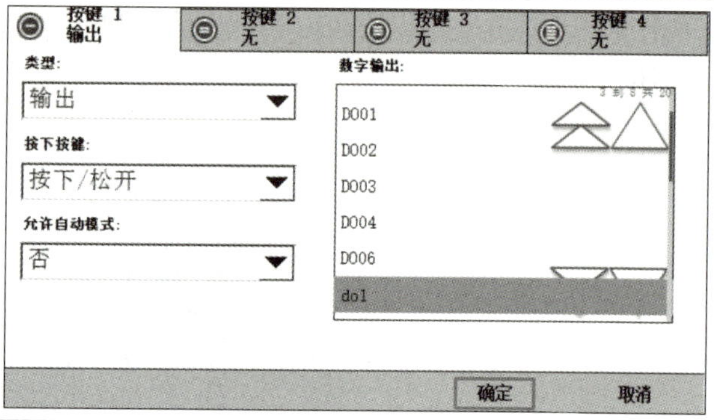

5.1.3 搬运常用指令

1. 常用 I/O 控制指令

（1）Set：将数字输出信号置为 1。举例：

Set Do1；即将数字输出信号 Do1 置为 1。

（2）Reset：将数字输出信号置为 0。举例：

Reset Do1；即将数字输出信号 Do1 置为 0。

微课：set 和 reset 指令介绍

2.WaitTime 指令

在工业实际应用中，夹爪是否夹紧到位或者打开到位由检测传感器进行检测，然后将反馈信号传送给工业机器人，在收到反馈信号后才执行后面的动作。在本工作站的夹爪工具中没有设置夹爪夹紧到位或者打开到位信号，为了使夹爪充分地夹紧或打开，需要设置一定的等待时间。

ABB 工业机器人常用的等待指令见表 5-1-13 所示。

表 5-1-13　ABB 工业机器人常用的等待指令

指令	说明
WaitTime	等待一个指定的时间后，程序再往下执行
WaitUntil	等待一个条件满足后，程序继续往下执行
WaitDI	等待一个输入信号状态为设定值
WaitDO	等待一个输出信号状态为设定值

在本任务中所用的等待指令为时间等待指令“WaitTime”，用于程序在等待一个指定时间后，再继续往下执行。程序执行等待的最短时间（以秒计）为 0 s，最长时间不受限制，分辨率为 0.001 s。

举例：WaitTime 0.5；即程序执行等待 0.5 s。

5.1.4　推料气缸控制

工业机器人搬运工作站检测平台的推料气缸起到夹紧物块且便于检测的作用。推料气缸的控制与夹爪的开合一样，可以通过工业机器人的数字输出信号控制，除 Set、Reset 指令外，还可以通过 SetDO 指令设定数字信号输出的值。SetDO 指令主要用于控制数字量输出信号的值（0 或 1）。其中，前一个占位符为信号选择，可在列表中选择已定义的数字输出信号；后一个占位符为目标状态，一般选择 0 或 1。

指令格式：SetDO Signal Value；

SetDO 指令解析见表 5-1-14。

表 5-1-14　SetDO 指令参数

参数	含义
Signal	signaldo 型数据，信号名称
Value	signaldo 型数据，信号值

气缸控制信号表见表 5-1-15。

表 5-1-15　气缸控制信号表

序号	信号	信号说明	
1	EXDO7	气缸控制	EXDO8 为 1，EXDO7 为 0 时，气缸夹紧
2	EXDO8	气缸控制	EXDO7 为 1，EXDO8 为 0 时，气缸缩回

5.1.5 等待指令

对于装配模块上的检测气缸，在初始位时，工业机器人将装配好的电机搬运到装配模块上，并控制气缸夹紧且固定电机，以便于电机检测。

气缸初始位的检测可以用 WaitDI 指令。WaitDI(WaitDigitalInput)指令用于数字输入信号状态的判断和等待，直至信号状态满足指令设置的条件。

微课：等待指令介绍

指令格式：WaitDI SignalValue；

说明：Signal 数据类型为 signaldi。

例如“WaitDI di1.1；”，即等待信号 di1 的值为 1，如果为 1，则程序继续往下执行，否则等待直至超出最大设定时间。

气缸检测信号表见表 5-1-16。

表 5-1-16　气缸检测信号表

序号	信号	信号说明	
1	EXDI7	气缸夹紧位	当信号 EXDI7 为 1 时，气缸处于夹紧位
2	EXDI8	气缸初始位	当信号 EXDI8 为 1 时，气缸处于初始位

任务实施

5.1.6 工具负载的测算方法

负载是指工业机器人在工作时能够承受的最大载重，包括机器人本体负载和工具负载。工具负载是指装在机器人法兰上的工具的负载，它是装在机器人上并随机器人一起移动的重量。工业机器人搬运工件时，需要将工件的重量和末端工具的重量都计算在负载内。要确定工具负载，需要确定工具的质量、重心(质量受重力作用的点)、转动惯量。工具的负载数据会影响许多控制过程，包括控制算法、速度和加速度监控、力矩监控、碰撞监控和能量监控等。如果工业机器人以正确的负载数据执行运动，可以从它的高精度中受益，可以使运动过程具有最佳的节拍时间，可以使机器人达到较长的使用寿命。负载数据必须输入工业机器人控制系统，并分配给正确的工具。

LoadIdentify 是 ABB 工业机器人系统的服务例行程序，用于自动识别安装于机器人上的负载数据，通过在 ABB 菜单的程序编辑器界面调用服务例行程序，使用 LoadIdentify 例行程序，可自动测算工具负载。

1. 标定夹爪工具

工业机器人安装工具后，需要对工具进行标定。工具标定的方法一般是在工具上找到一个合适的尖点作为标定针，在工件台上放置一个已知尺寸的标定针，工业机器人以不同的姿态使标定针的尖点与工作台上的标定针对齐，每对准一次就修改一个位置，直到按照标定方法将所有点位置修改完毕。但是，在实际应用中，有些工具没有明显尖点，如本任务中使用的平口夹爪工具，在对平口夹爪工具进行标定时，可以利用辅助标定工具。本任务中使用的辅助标定工具如图 5-1-8 所示，将辅助标定工具安装在平口夹爪上，利用辅助标定工具来完成工具的标定。

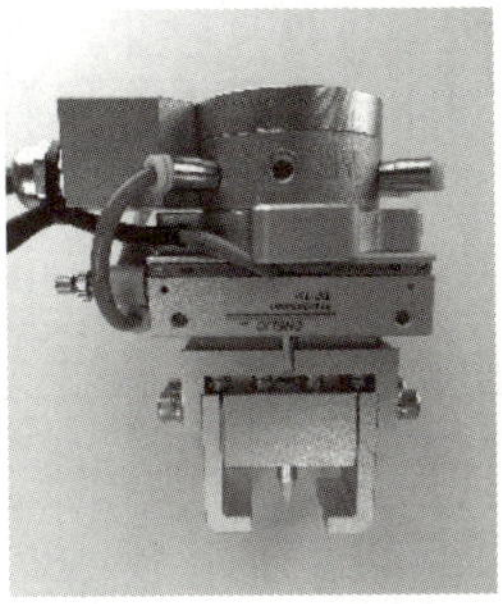

图 5-1-8　夹爪工具

标定夹爪工具的步骤见表 5-1-17。

表 5-1-17　标定夹爪工具步骤

步骤	操作说明	图例
1	手动安装平口夹爪和对应的辅助标定工具	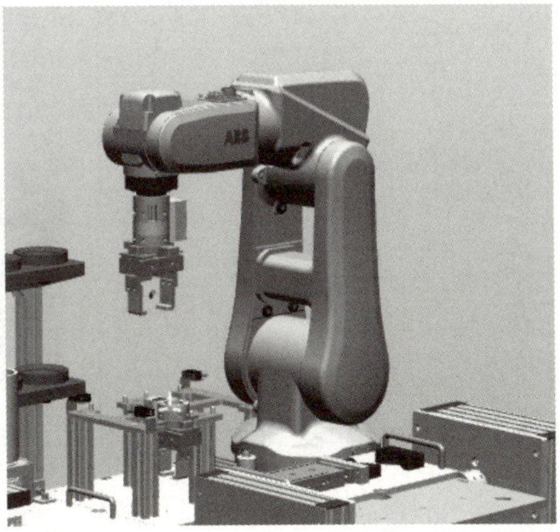
2	打开数字输出监控界面，手动操作输出 YV1 和 YV2 信号控制快换锁紧工具，手动操作输出 YV3 和 YV4 信号控制夹爪夹紧辅助标定工具	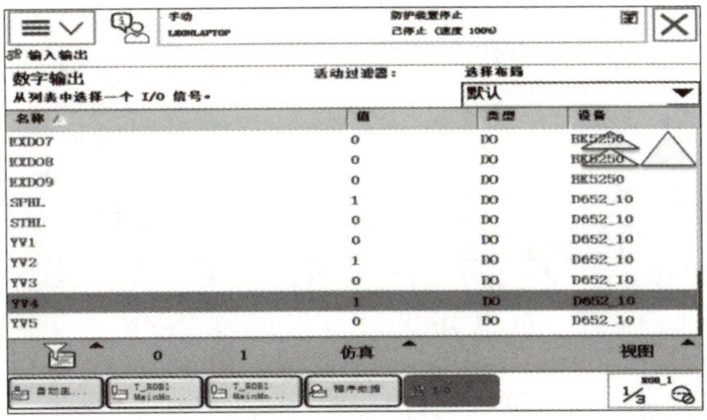

续表

步骤	操作说明	图例
3	创建新工具数据，命名为“jiazhuatool”，采用“TCP(默认方向)”四点法标定“jiazhuatool”工具数据	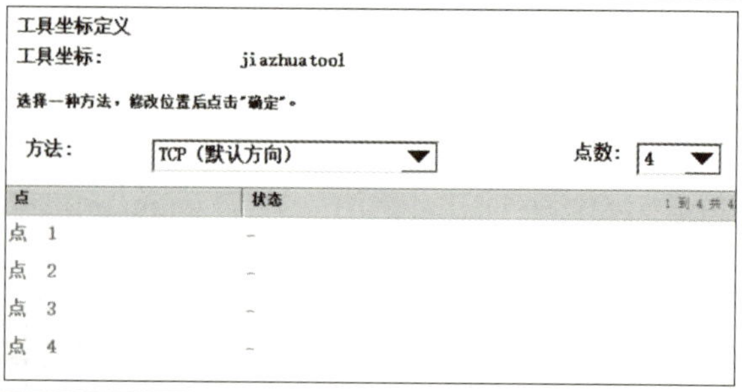

2. 夹爪工具负载测算

夹爪工具负载测算的步骤见表 5-1-18。

表 5-1-18　夹爪工具负载测算步骤

步骤	操作说明	图例
1	手动操纵机器人运动到各轴零点位置	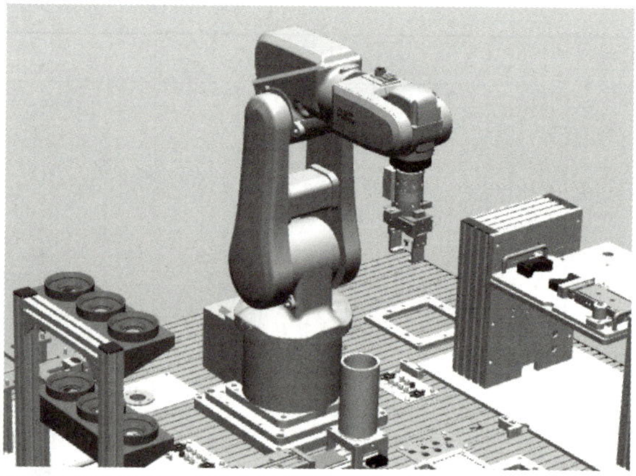
2	在手动操纵界面加载需要测算的工具“jiazhuatool”	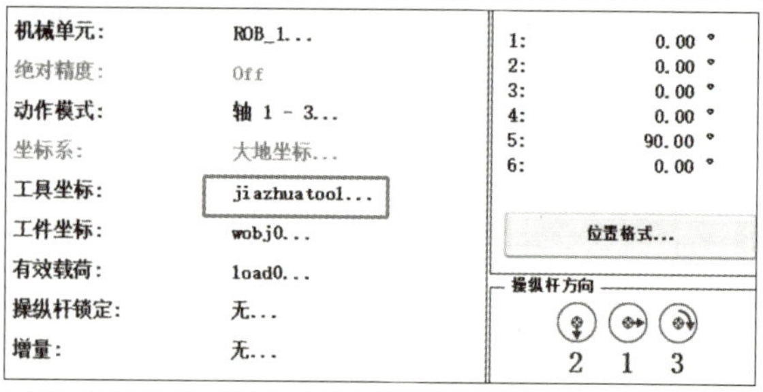

续表

步骤	操作说明	图例
3	进入程序编辑器界面，单击“调试”，在菜单中单击“PP 移至 Main”，单击“调用例行程序”，在调用例行程序界面单击“LoadIdentify”例行程序	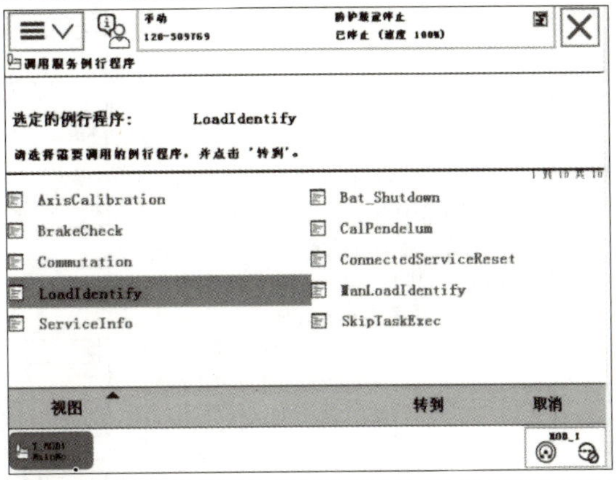
4	长按使能按键，按下启动按键运行程序，在程序手动运行过程中使能按键一直保持按下，直到提示转入自动运行过程。程序运行前，在系统提示界面单击“OK”，进入下一步	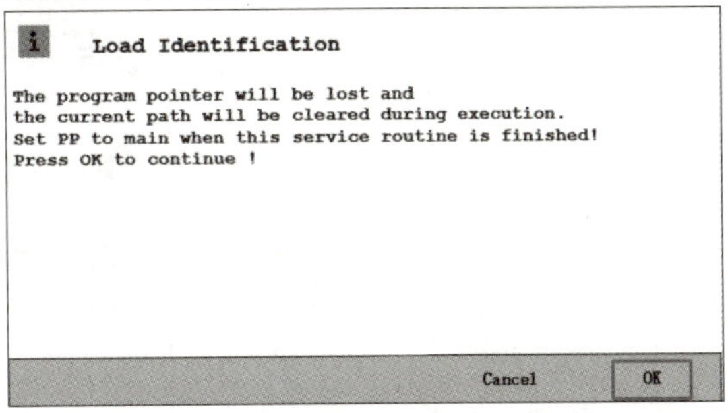
5	进入测算类型选择界面，“PayLoad”用于测算机器人本体的负载数据，“Tool”用于测算工具的负载数据，单击“Tool”	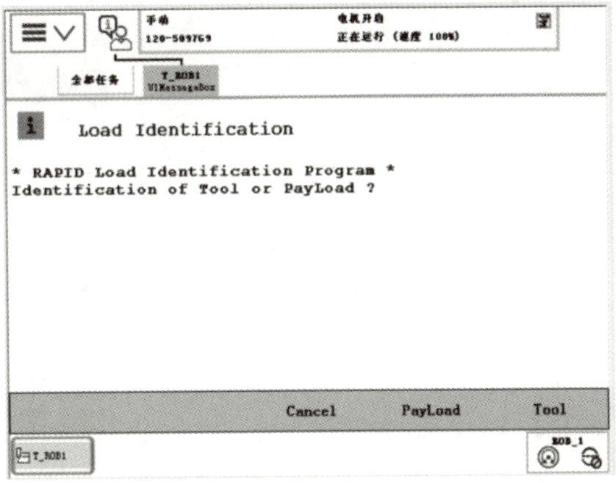
6	根据系统提示信息确认各事项，确认无误后单击“OK”。需确认以下事项： ①测算负载数据的工具必须已安装，工具数据已定义，且已在手动操纵中加载； ②机器人本体负载必须已定义； ③机器人 1~6 轴零点正确标定	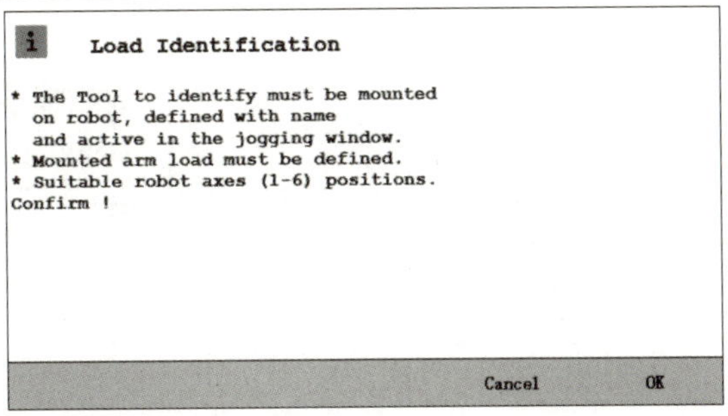

续表

步骤	操作说明	图例
7	根据系统提示信息确认加载的工具是不是需要测算的工具，并选择对工具的测算方法，在左下方输入栏输入“2”后，单击“确定”。其中，1 表示已知工具质量；2 表示未知工具质量；0 表示取消	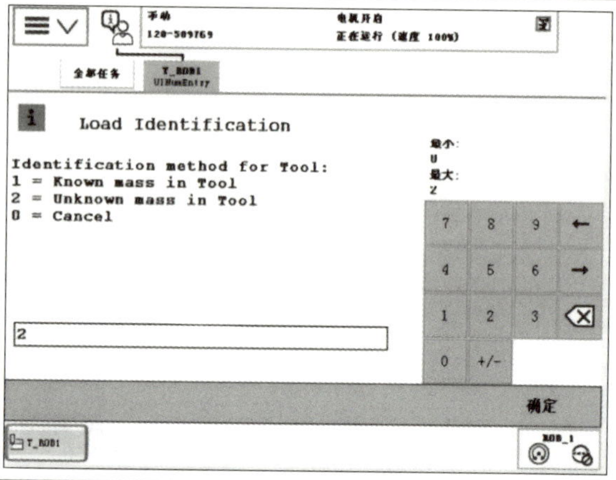
8	根据系统提示信息确认机器人选择测算过程中需要机器人 6 轴运动的角度，单击右下方“+90° ”	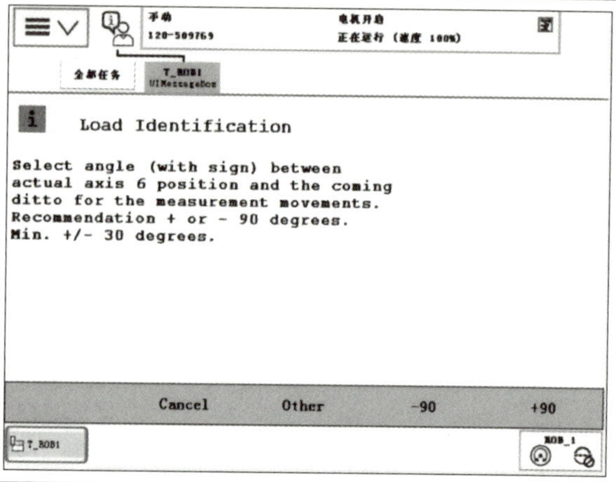
9	根据系统提示信息确认机器人 5 轴在 0° 位置，确认无误后单击“Yes”	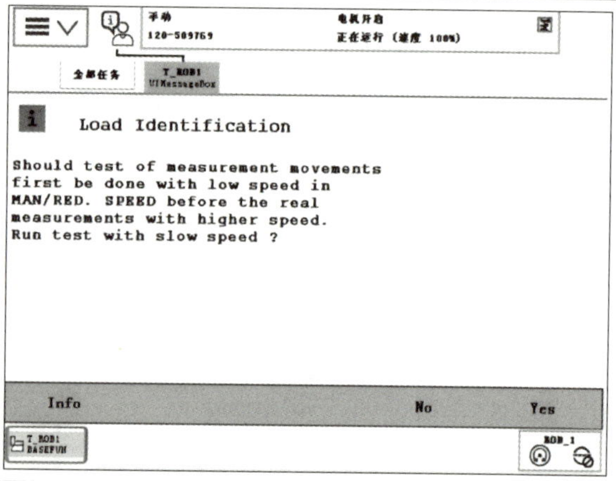

续表

步骤	操作说明	图例
10	根据系统提示信息确认开始测算，机器人腕部将慢速运动，单击“MOVE”开始执行	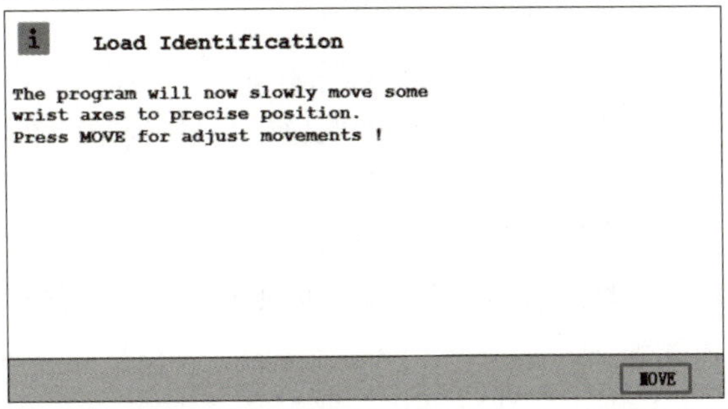
11	在测算过程中，系统显示程序当前运行状态，每一步测算运行完成后会自动跳转到下一步，测算过程中保持使能按键不松开	
12	根据系统提示信息切换到自动模式，并再次启动程序运行，等待自动运行程序完成后，根据系统提示信息切换到手动模式，单击“OK”开始计算	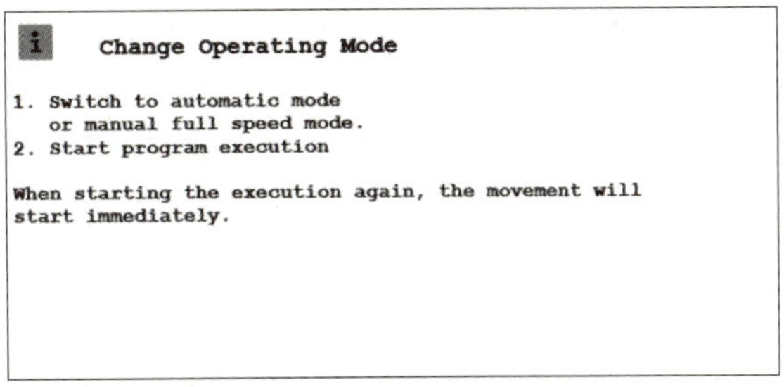
13	计算完成后，单击“Yes”确认	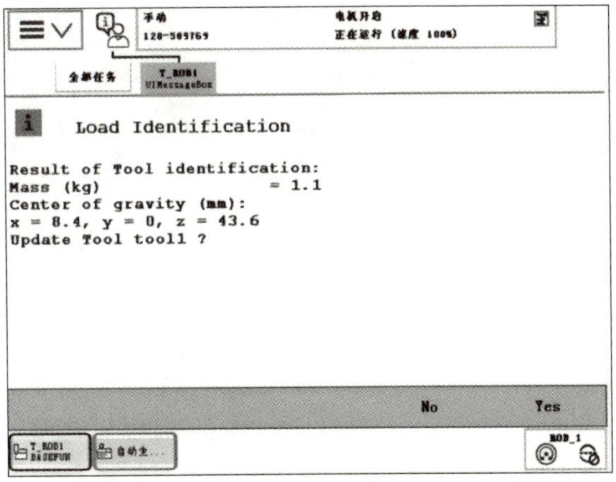

5.1.7　搬运轨迹规划

在基本的搬运工作中，需要确定一些点位，如抓取料块的位置、放置料块的位置等。由于现场的生产情况不会毫无障碍，在编程时要设置一些点位以规避障碍。这些点位在编程前需要预先规划好，即为轨迹规划。

工业机器人编程是使用关键点把目标轨迹描述出来的过程，其核心是关键点的规划和选择。例如，编制一个程序，使工业机器人在空间中按照一条直线轨迹运动。在编程时，需要规划由初始位置开始运行再回到初始位置的轨迹，用点和路径完整地描述出来。

搬运轨迹规划步骤如下。

（1）确定起始位置。程序起始位置也称为作业原点，该位置可以是工业机器人工作空间中的任意一点，一般会选取比较特殊的位置，如机器人零点等，目的是让工业机器人停止姿态尽量美观。

（2）确定过渡位置。从作业原点到作业位置可能会经过障碍物，或者工具必须沿特定路径到达作业位置，这时就需要规划避障或工具行进路线。过渡位置可能是很多个点，以实际情况规划。

（3）确定作业位置。作业位置之前的路径一般不需要限定轨迹，作业轨迹则通常是限定轨迹（直线或圆弧）。对于复杂的作业轨迹，可以通过直线和圆弧的组合把轨迹拟合出来。

（4）返回起始位置。作业完成后，同样需要规划过渡位置以返回作业原点。如果需要运动到下一作业位置，重复前面步骤（2）和（3）即可。当所有工作完成后，返回作业原点。编程过程中如果需要添加其他指令，只要按照顺序执行的过程编写即可。

程序的轨迹规划不仅能加深对任务的认识，也能缩短程序的编制时间，提高工作效率。

在电机部件搬运任务中，工业机器人需要依次将电机转子搬运并装配在电机外壳中，再将端盖搬运并装配在电机外壳上。电机转子搬运轨迹规划如图 5-1-9 所示。

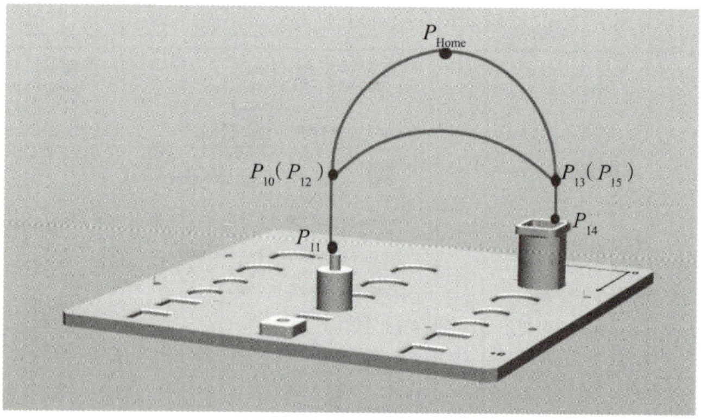

图 5-1-9　电机转子搬运轨迹规划

P_{Home}—工作原点；P_{10}—接近取料点（不带料）；P_{11}—取料点；P_{12}—退出取料点（带料）；P_{13}—接近放料点（带料）；P_{14}—放料点；P_{15}—退出放料点（不带料）

师傅点拨：

取料点 P_{11}：工业机器人末端执行器抓取物料的点。

放料点 P_{14}：工业机器人末端执行器放置物料的点。

接近点 P_{10}、P_{13}（退出点）：工业机器人应用中，接近（离开）工作点的速度、位姿通常有特殊要求，需要添加的点。

过渡点：工业机器人末端执行器在搬运过程中可能遇到障碍，需要设置一些点位规避障碍，即为过渡点。

在示教位置点时，以示教准确、方便为原则，不必按照 P_{Home} 到 P_{15} 的顺序示教。通常先示教关键点，如取料点 P_{11}。示教完取料点 P_{11} 后，将机器人沿直线轨迹移动合适的距离，记录为接近点 P_{10}（或退出点 P_{13}）。因此，抓料部分的示教位置顺序为 $P_{Home} \to P_{11} \to P_{10}$。

师傅点拨：

物料有一定的大小、不同的形状以及不同的取放姿态，因此要设置接近点 P_{10} 与退出点 P_{12}。接近点与退出点的位置通常相同，可重复使用。如有特殊要求，要单独设置。

这种示教顺序既能保证取料点的准确，也能减少取料点周边过渡点的示教难度。值得注意的是，尽管在示教顺序上进行了相应的调整，但程序的运行顺序依然是按照搬运的工艺流程进行，顺序为 $P_{Home} \to P_{10} \to P_{11} \to P_{12} \to P_{13}$。

MoveL 指令用于工业机器人的 TCP 从起点到终点之间的路径始终为直线。在抓取料块过程中由 $P_{10} \to P_{11}$ 以及抓料完成后由 $P_{11} \to P_{12}$，为了保证轨迹的准确性，避免夹爪与料块发生碰撞，在抓取过程中要使用 MoveL 指令。同理，在由 $P_{13} \to P_{14}$ 的放置过程中以及由 $P_{14} \to P_{15}$ 放置完成后退出时，为了保证轨迹的准确性，也要使用 MoveL 指令。其余的过程点对轨迹的精度要求不高，为了提高运行效率，编程时采用 MoveJ 指令。

5.1.8　电机转子搬运程序创建

按照如图 5-1-10 所示流程完成工业机器人电机转子搬运。根据搬运轨迹规划，编写工业机器人抓取电机转子并搬运至电机外壳的程序，再按照相同方式编写端盖的抓取和放置程序，最后使机器人复位。取放工具的编程流程与电机转子搬运的编程流程相似，由于取放工具对工业机器人的操作熟练度更高，因此先编写电机转子搬运程序。

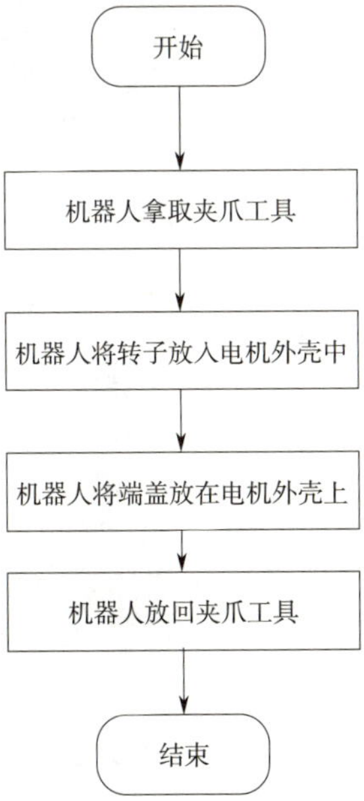

图 5-1-10　工业机器人电机转子搬运流程图

电机转子搬运程序编写步骤见表 5-1-19。

表 5-1-19　电机转子搬运程序编写步骤

步骤	操作说明	图例
1	新建名称为“zhuanzi_banyun”的程序并打开	PROC zhuanzi_banyun() <SMT> ENDPROC
2	使用 MoveAbsJ 指令记录开始位置，并将其命名为“PHome”	PROC zhuanzi_banyun() MoveAbsJ PHome\NoEOffs, v200, fine, tool0; ENDPROC
3	添加 Set 指令，信号选择 YV3；添加 Reset 指令，信号选择 YV4。YV3 和 YV4 信号控制夹爪的张开和闭合，在抓取工件前需保证夹爪处于张开状态	PROC zhuanzi_banyun() MoveAbsJ PHome\NoEOffs, v200, fine, tool0; Set YV3; Reset YV4; ENDPROC
4	手动将工具安装至工业机器人上，在手动操纵界面将工具坐标系修改为“jiazhuatool”，工件坐标系保持默认的“wobj0”，将工业机器人手动移动到抓取点位，调整好工具的姿态，尽量使夹爪的中心与电机转子的中心在一条竖直线上，记录该点为“P11”，运动形式采用 MoveL，并修改运动参数，放置时的速度要降低，并且转弯区数据必须为“fine”	 PROC zhuanzi_banyun() MoveAbsJ PHome\NoEOffs, v200, fine, tool0; Set YV3; Reset YV4; MoveL p11, v200, fine, jiazhuatool;
5	示教抓取接近点，即“P10”。沿 Z 轴方向将工业机器人移动到相应位置	

续表

步骤	操作说明	图例
6	单击“Reset YV4”语句，添加关节运动指令 MoveJ，修改该点的名称为“P10”	Reset YV4; MoveJ p10, v200, fine, jiazhuatool; MoveL p11, v200, fine, jiazhuatool;
7	将工业机器人移动到记录的“P11”点位置，添加“Set YV4”和“Reset YV3”语句以控制夹爪闭合	MoveJ p10, v200, fine, jiazhuatool; MoveL p11, v200, fine, jiazhuatool; Set YV4; Reset YV3;
8	添加等待时间，设置等待时间为“0.5 s”，单击“添加指令”→“下一个”，选择 WaitTime 指令	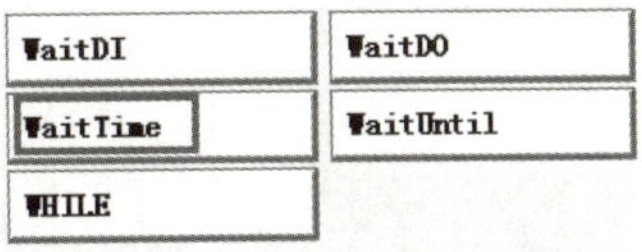
9	单击“123...”	
10	设置等待时间为“0.5”（单位为 s）	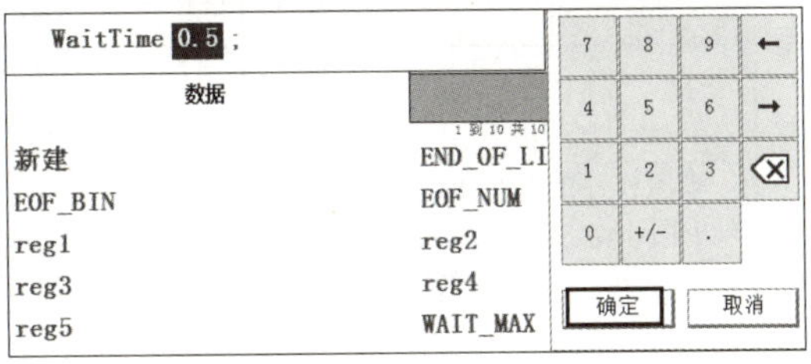
11	单击“确定”，完成时间等待命令添加	Set YV4; Reset YV3; WaitTime 0.5; ENDPROC
12	在数字输出监控界面手动控制夹爪闭合抓取电机转子	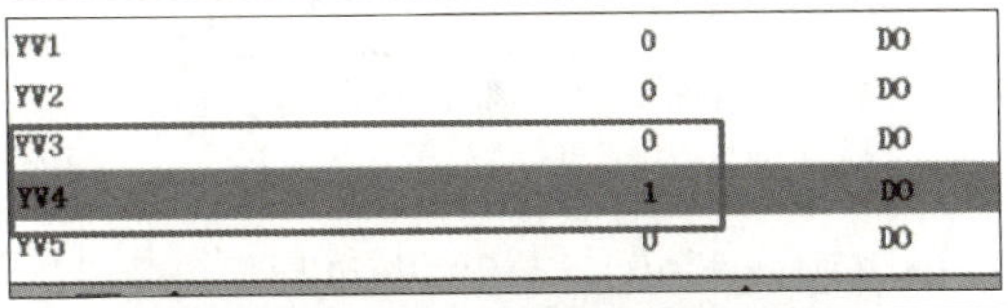
13	添加搬运离开点，即“P12”。该点可采用“P10”点的位置，此时工业机器人已经携带料块	 Set YV4; Reset YV3; WaitTime 0.5; MoveL p12, v200, fine, jiazhuatool;

续表

步骤	操作说明	图例
14	示教放置点，即“P14”。将工业机器人移动到放置点，调节好工业机器人的姿态，运动指令采用 MoveL，放置时速度要降低，为保证准确放置，转弯区数据必须设定为 fine	 WaitTime 0.5; MoveL p12, v200, fine, jiazhuatool; MoveL p14, v200, fine, jiazhuatool;
15	添加“Set YV3”和“Reset YV4”语句以控制夹爪松开，并添加等待时间	MoveL p14, v200, fine, jiazhuatool; Set YV3; Reset YV4; WaitTime 0.5;
16	添加放置接近点，即“P13”。沿 Z 轴方向移动工业机器人到相应位置，并添加指令记录该位置点	
17	将工业机器人移动到“P14”位置，在数字输出监控界面手动控制夹爪张开以释放电机转子	YV3 1 DO YV4 0 DO YV5 0 DO
18	添加放置完成后的离开点，即“P15”。该点的位置可与放置接近点“P13”相同，但是要保证在“P13”点时夹爪的位置高度已经高于料块，避免工业机器人在线性离开时与料块发生碰撞，运动指令选择 MoveL，离开放置点到达离开接近点的位置时速度要降低	MoveL p12, v200, fine, jiazhuatool; MoveJ p13, v200, fine, jiazhuatool; MoveL p14, v200, fine, jiazhuatool; Set YV3; Reset YV4; WaitTime 0.5; MoveL p15, v200, fine, jiazhuatool;
19	添加安全点，该点可以采用“PHome”点。最后一个点转弯区数据必须设定为 fine，可直接复制程序的第一条 MoveAbsJ 指令	PROC zhuanzi_banyun() MoveAbsJ PHome\NoEOffs, v200, fine, tool0; Set YV3; Reset YV4; MoveJ p10, v200, fine, jiazhuatool; MoveL p11, v200, fine, jiazhuatool; Set YV4; Reset YV3; WaitTime 0.5; MoveL p12, v200, fine, jiazhuatool; MoveJ p13, v200, fine, jiazhuatool; MoveL p14, v200, fine, jiazhuatool; Set YV3; Reset YV4; WaitTime 0.5; MoveL p15, v200, fine, jiazhuatool; MoveAbsJ PHome\NoEOffs, v200, fine, tool0; ENDPROC

在手动运行程序无误后，可按照项目三中程序优化的方法对程序的运行速度和转弯区数据库进行修改和优化。工业机器人本身具有的动作精准性和快速性能够满足生产要求和生产节拍，但未经过优化的轨迹通常会出现停顿、不美观等现象，所以后期可以根据项目需要，通过进一步修改和优化轨迹等方式使整体轨迹流畅、平滑。

师傅点拨：

在手动单步运行过程中发现轨迹示教错误后，要根据实际的情况修改，包括位置、速度、转弯区半径等参数。手动单步运行完成后，再手动连续运行程序。

师傅点拨：

根据项目要求启动机器人，并使其自动运行。在低速情况下完成一个工作循环后，将速度逐渐加快，最终达到全速。

节拍是检验生产线标准的一项重要标志。节拍除与技术工艺有关外，还与轨迹的流畅度有关。

5.1.9 取放工具程序创建

工业机器人在自动拾取工具的运行中，需要确定几个关键位置点，包括 P_{Home}（原点位置）、P_1（过渡点位置）、P_2（接近点位置）和 P_3（拾取点位置），其中 P_{Home} 的位置数据为（0°，0°，0°，0°，90°，0°），P_1、P_2、P_3 需现场示教，如图 5-1-11 所示。

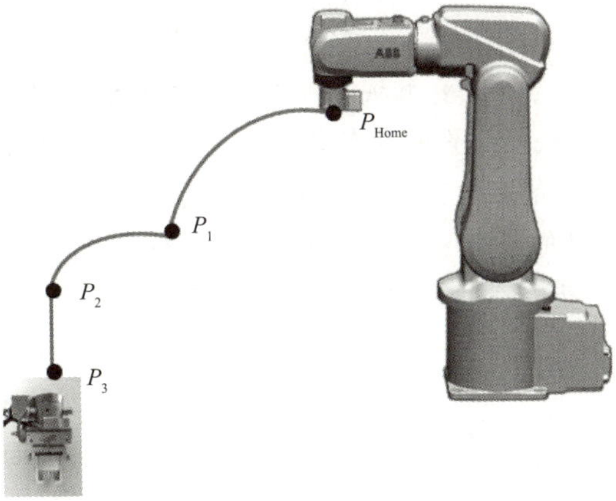

图 5-1-11 抓取工具轨迹

工业机器人完成从原点位置自动拾取工具的轨迹为 $P_{Home} \to P_1 \to P_2 \to P_3$，工业机器人拾取完工具后自动返回原点位置的轨迹为 $P_3 \to P_2 \to P_1 \to P_{Home}$，其中 $P_{Home} \to P_1$、$P_1 \to P_2$ 执行的动作方式为关节动作（MoveJ），$P_2 \to P_3$、$P_3 \to P_2$ 执行的动作方式为直线动作（MoveL），$P_1 \to P_{Home}$ 执行的动作方式为绝对方式关节动作（MoveAbsJ）。

创建名称为“qujiazhuagongju”的例行程序并打开，编写工业机器人自动拾取快换工具的程序，具体程序示例见表 5-1-20。

表 5-1-20　取夹爪工具程序

程序行号	程序	程序说明
1	MoveAbsJ PHome\NoEOffs,v200,fine,tool0;	工业机器人回原点
2	Set YV1;	主盘松开，以确保在拾取工具时不会发生碰撞
3	Reset YV2;	
4	MoveJ p1,v200,fine,tool0,	关节运动方式到达 P_1 过渡点
5	MoveL p2,v200,fine,tool0;	直线运动方式到达 P_2 接近点
6	MoveL p3,v200,fine,tool0;	直线运动方式到达 P_3 拾取点
7	Set YV2;	主盘夹紧
8	Reset YV1;	
9	WaitTime 1;	延时 1 s
10	MoveL p2,v200,fine,tool0;	直线运动方式到达 P_2 接近点
11	MoveJ p1,v200,fine,tool0;	关节运动方式到达 P_1 过渡点
12	MoveAbsJ PHome\NoEOffs,v200,fine,tool0;	工业机器人回原点

师傅点拨：

在添加指令前，先在手动操纵界面将工具坐标系修改为默认的“tool0”。

为避免因为程序预读造成 I/O 信号错误动作，在 Set、Reset 指令前 3 行的运动指令都使用 fine 作为转弯区数据。

师傅点拨：

在示教 P_3 点的过程中，不仅要求机器人在进入工具侧快换时前后左右的距离要合适、姿态要水平；此外由于快换装置间存在定位孔，还要求运行机器人至 P_3 点的过程中要仔细观察，旋转机器人六轴使定位孔准确对齐。

P_3 点是拿取吸盘工具的关键点，要保证该点位置的准确性。在运动机器人的过程中要仔细认真，多角度观察机器人位置是否合适。当机器人逐渐接近吸盘工具时要调小机器人的运行速度，必要时可采用小增量的方式完成 P_3 点的示教。

5.1.10　电机出入库搬运程序创建

1. 电机入库搬运程序创建

头脑风暴：

对于仓库有没有物料，工业机器人是如何得知的？又是如何做出判断的？

工业机器人在工作时都要对运行条件进行判断，如系统是否正常，工件是否在加工位，气压是否达到要求等，只有满足运行条件以后，工业机器人才能作业，否则有可能发生事故，造成人员和财产的损失，所以进行准确的条件判断是非常重要的。

在本任务中需要判断 E 处的料仓是否有效，当处于无物料的状态时才可以将装配好的电机搬运至 E 处的料仓，料仓有物料检测信号 DI7，当 DI7 为 1 时表示 E 处有物料，当 DI7 为 0 时表示 E 处无物料，可以进行搬运。电机入库搬运流程图如图 5-1-12 所示。

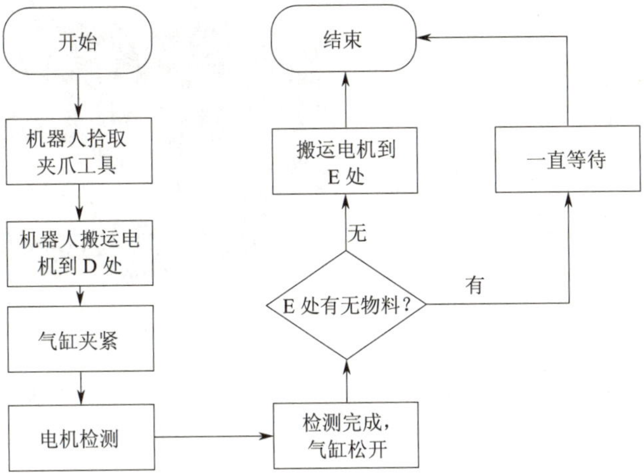

图 5-1-12　电机入库搬运流程图

电机入库搬运程序编写步骤见表 5-1-21。

表 5-1-21　电机入库搬运程序编写步骤

步骤	操作说明	图例
1	新建名称为“ruku_banyun”的程序并打开，使用 MoveAbsJ 指令记录开始位置，并将其命名为“PHome”	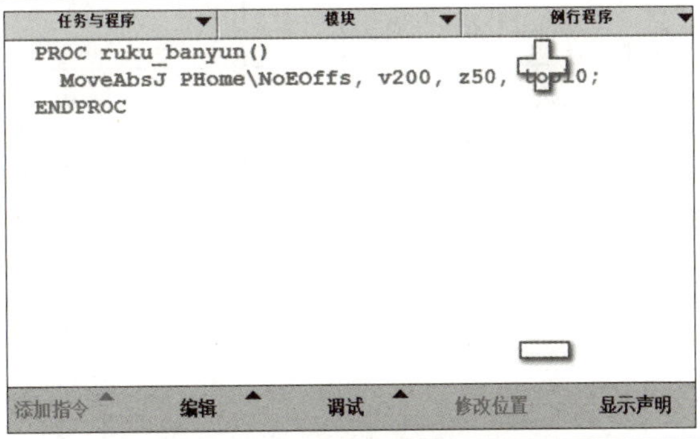
2	将工业机器人移动到电机抓取位置，添加 MoveL 指令记录该位置，并将该点命名为“pzhuaqu”	 MoveL pzhuaqu, v200, fine, jiazhuatool;

续表

<table>
<tr><th>步骤</th><th>操作说明</th><th>图例</th></tr>
<tr><td>3</td><td>添加 SetDO 指令控制夹爪闭合</td><td>SetDO YV4, 1;
SetDO YV3, 0;</td></tr>
<tr><td>4</td><td>在数字输出监控界面手动控制夹爪闭合抓取电机，并将电机搬运至 D 处</td><td>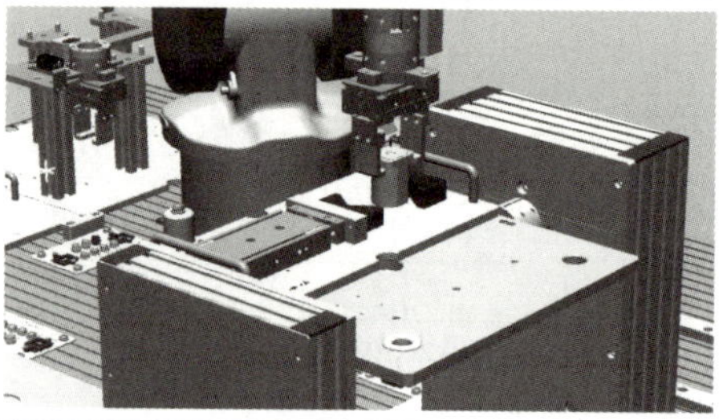</td></tr>
<tr><td>5</td><td>添加 MoveL 指令记录该位置，并将该点命名为“pfangzhi”</td><td>MoveL pfangzhi, v200, fine, jiazhuatool;</td></tr>
<tr><td>6</td><td>添加 SetDO 指令控制夹爪松开，并添加抓取与放置的过渡点与 WaitTime 指令，完善程序</td><td>MoveAbsJ PHome\NoEOffs, v100, fine, tool0;
MoveJ p20, v200, fine, jiazhuatool;
MoveL pzhuaqu, v200, fine, jiazhuatool;
SetDO YV4, 1;
SetDO YV3, 0;
WaitTime 0.5;
MoveL p20, v200, fine, jiazhuatool;
MoveJ p21, v200, fine, jiazhuatool;
MoveL pfangzhi, v200, fine, jiazhuatool;
SetDO YV4, 0;
SetDO YV3, 1;
WaitTime 0.5;
MoveL p21, v200, fine, jiazhuatool;</td></tr>
<tr><td>7</td><td>添加 SetDO 指令控制气缸推出</td><td>SetDO EXDO8, 1;
SetDO EXDO7, 0;</td></tr>
<tr><td>8</td><td>添加 WaitTime 指令模拟检测，然后添加 SetDO 指令控制气缸缩回</td><td>WaitTime 0.5;
SetDO EXDO8, 0;
SetDO EXDO7, 1;</td></tr>
<tr><td>9</td><td>添加 WaitDI 指令判断 E 处有无物料</td><td>SetDO EXDO8, 0;
SetDO EXDO7, 1;
WaitDI DI7, 0;</td></tr>
<tr><td>10</td><td>将电机从 D 处搬运到 E 处，完善步骤，完成电机入库程序编写</td><td>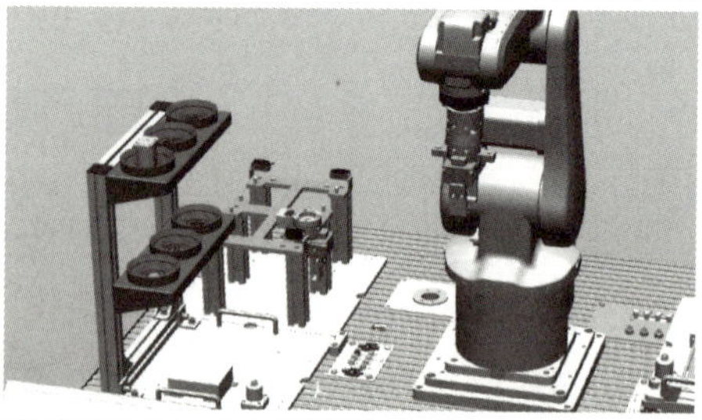</td></tr>
</table>

完整的电机入库搬运程序见表 5-1-22。

表 5-1-22　电机入库搬运程序

程序行号	程序	程序说明
1	MoveAbsJ PHome\NoEOffs,v200,fine,tool0;	工业机器人回原点
2	MoveJ p20,v200,fine,jiazhuatool;	电机抓取过渡点
3	MoveL pzhuaqu,v200,fine,jiazhuatool;	电机抓取点
4	SetDO YV4 1;	夹爪夹紧
5	SetDO YV3 0;	
6	WaitTime 0.5;	延时 0.5 s
7	MoveL p20,v200,fine,jiazhuatool;	电机抓取离开过渡点
8	MoveJ p21,v200,fine,jiazhuatool;	电机放置过渡点
9	MoveL pfangzhi,v200,fine,jiazhuatool;	电机放置点
10	SetDO YV4 0;	夹爪松开
11	SetDO YV3 1;	
12	WaitTime 0.5;	延时 0.5 s
13	MoveL p21,v200,fine,jiazhuatool;	电机放置离开过渡点
14	SetDO EXDO8 1;	气缸推出
15	SetDO EXDO7 0;	
16	WaitTime 0.5;	延时 0.5 s，模拟检测
17	SetDO EXDO8 0;	气缸缩回
18	SetDO EXDO7 1;	
19	MoveL pfangzhi,v200,fine,jiazhuatool;	从电机放置点再次抓取
20	SetDO YV4 1;	夹爪夹紧
21	SetDO YV3 0;	
22	WaitTime 0.5;	延时 0.5 s
23	WaitDI DI7,0;	等待料仓有料信号为 0
24	MoveJ p22,v200,fine,jiazhuatool;	电机入库过渡点
25	MoveJ pruku,v200,fine,jiazhuatool;	电机入库
26	SetDO YV4 0;	夹爪松开
27	SetDO YV3 1;	
28	WaitTime 0.5;	延时 0.5 s
29	MoveL p22,v200,fine,jiazhuatool;	电机入库离开过渡点
30	MoveAbsJ PHome\NoEOffs,v200,fine,tool0;	工业机器人回原点

师傅点拨：

对比前面的程序，在电机入库搬运程序中，对抓取和放置的关键点都进行了命名，相比于“P+数字”这种命名方式来说点位的含义更加直观。

师傅点拨：

（1）在抓取点、放置点时，工业机器人的位置要精确，注意抓取指令参数的设置。

（2）抓取完成后，根据实际情况判断是否需要增加一个过渡点，调节工业机器人的姿态。

（3）每条运动指令设置的参数要符合要求。

2. 电机入库搬运程序优化

在编程时，使用 Offs 功能可实现以目标点为参考点的其他位置点的偏移运算，减少目标点的示教，提高编程效率。

Offs 功能是基于工件坐标系下的 X、Y、Z 平移，在程序编辑器运动指令更改选择界面选中位置数据后单击“功能”栏并选择“Offs”函数，如图 5-1-13 所示。

微课：Offs 偏移功能介绍

在 Offs 参数选择界面中，4 个占位符依次对应“偏移参考点”“X 方向偏移值”“Y 方向偏移值”“Z 方向偏移值”。如图 5-1-14 所示指令表示相对于参考点“p10”的位置，X 方向偏移 10 mm，Y 方向偏移 20 mm，Z 方向偏移 30 mm。

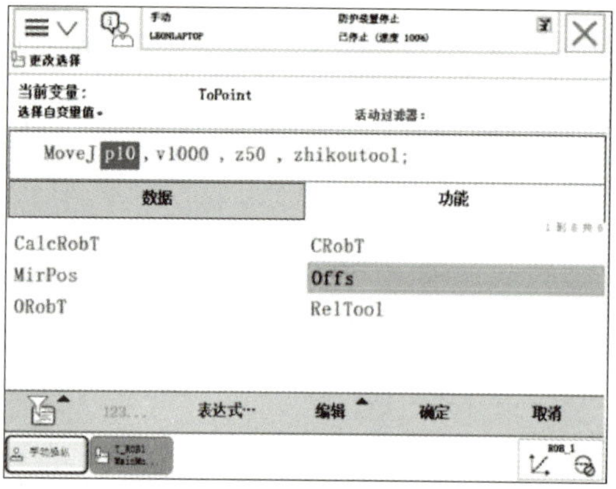

图 5-1-13　Offs 功能

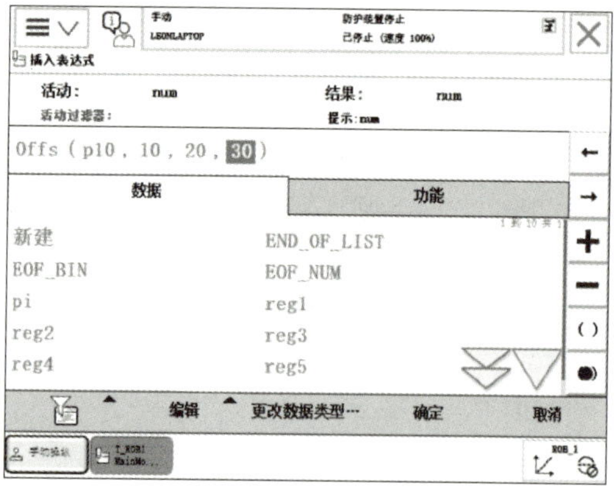

图 5-1-14　偏移值设置

工业机器人沿长方形运行一周的轨迹如图 5-1-15 所示。

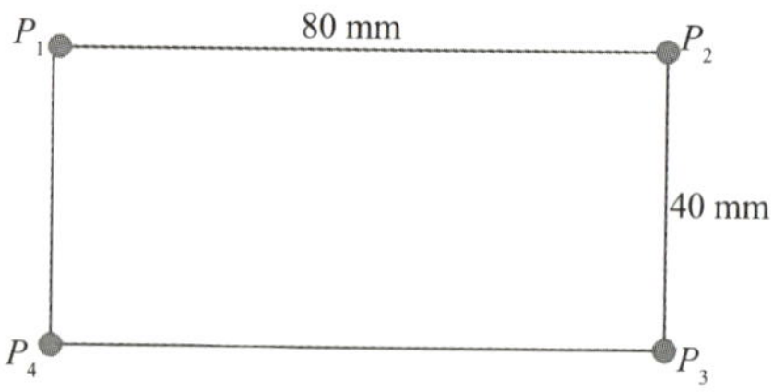

图 5-1-15　工业机器人运行轨迹

一般可以示教 P_1、P_2、P_3、P_4 四个点，编写程序如下。

```
MoveL p1,v100,fine,tool0;
MoveL p2,v100,fine,tool0;
```

MoveL p3,v100,fine,tool0;

MoveL p4,v100,fine,tool0;

MoveL p1,v100,fine,tool0;

采用 Offs 函数的偏移功能，便可只示教 P_1 点，其他的点由 Offs 函数计算得到。程序可优化如下，以提高编程效率。

MoveL p1,v100,fine,tool0;

MoveL Offs(p1,80,0,0),v100,fine,tool0;

MoveL Offs(p1,80,-40,0),v100,fine,tool0;

MoveL Offs(p1,0,-40,0),v100,fine,tool0;

MoveL p1,v100,fine,tool0;

电机入库搬运程序优化前，需要示教抓取点、抓取过渡点、放置过渡点、放置点、入库点、入库过渡点等点位；程序优化后，只需要示教抓取点、放置点和入库点，过渡点由 Offs 函数偏移计算得到，具体步骤见表 5-1-23。

表 5-1-23　使用 Offs 优化电机入库搬运程序步骤

步骤	操作说明	图例
1	打开“ruku_banyun”程序，单击“p20”	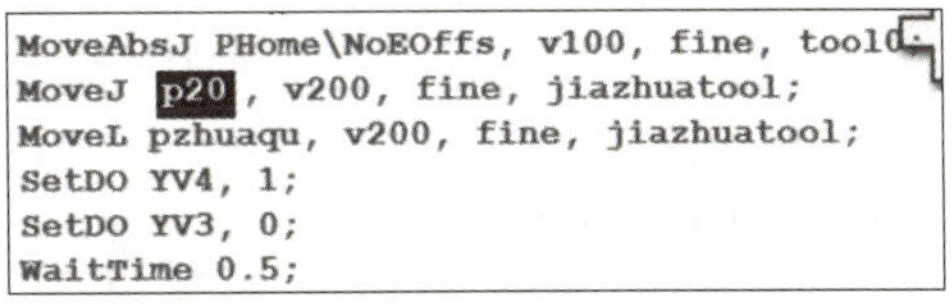
2	单击“功能”栏，选择“Offs”	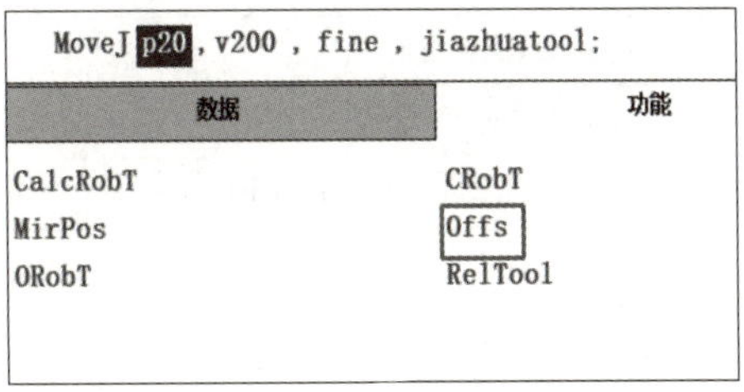
3	偏移参考点选择“pzhuaqu”，选中 X 轴偏移值位置，单击“编辑”，在弹出菜单中选择“仅限选定内容”，在输入窗口输入“0”，完成后单击“确定”返回，将 Y 轴偏移值和 Z 轴偏移值分别设置为“0”和“50”，完成后返回程序编辑器	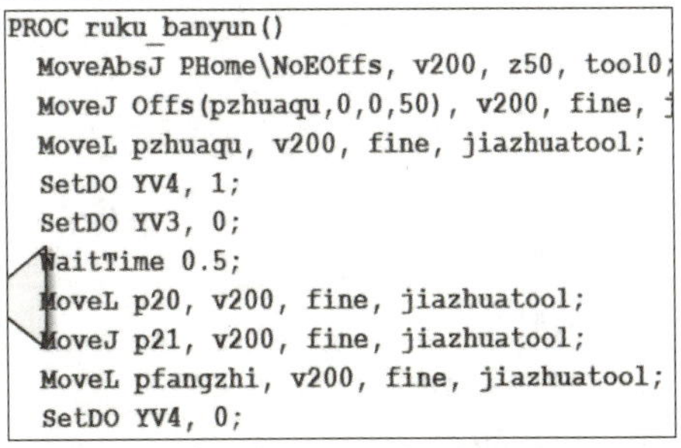
4	这样就使用 Offs 替代了过渡点的手动示教，程序其他过渡点的优化按此方法进行	

使用 Offs 功能优化后的电机入库搬运程序见表 5-1-24。

表 5-1-24 优化后的电机入库搬运程序

程序行号	程序	程序说明
1	MoveAbsJ PHome\NoEOffs,v200,fine,tool0;	工业机器人回原点
2	MoveJ offs(pzhuaqu,0,0,50),v200,fine,jiazhuatool;	电机抓取过渡点
3	MoveL pzhuaqu,v200,fine,jiazhuatool;	电机抓取点
4	SetDO YV4 1;	夹爪夹紧
5	SetDO YV3 0;	
6	WaitTime 0.5;	延时 0.5 s
7	MoveL offs(pzhuaqu,0,0,50),v200,fine,jiazhuatool;	电机抓取离开过渡点
8	MoveJ offs(pfangzhi,0,0,50),v200,fine,jiazhuatool;	电机放置过渡点
9	MoveL pfangzhi,v200,fine,jiazhuatool;	电机放置点
10	SetDO YV4 0;	夹爪松开
11	SetDO YV3 1;	
12	WaitTime 0.5;	延时 0.5 s
13	MoveL offs(pfangzhi,0,0,50),v200,fine,jiazhuatool;	电机放置离开过渡点
14	SetDO EXDO8 1;	气缸推出
15	SetDO EXDO7 0;	
16	WaitTime 0.5;	延时 0.5 s，模拟检测
17	SetDO EXDO8 0;	气缸缩回
18	SetDO EXDO7 1;	
19	MoveL pfangzhi,v200,fine,jiazhuatool;	从电机放置点再次抓取
20	SetDO YV4 1;	夹爪夹紧
21	SetDO YV3 0;	
22	WaitTime 0.5;	延时 0.5 s
23	WaitDI DI7,0;	等待料仓有料信号为 0
24	MoveJ offs(pruku,0,0,30),v200,fine,jiazhuatool;	电机入库过渡点
25	MoveJ pruku,v200,fine,jiazhuatool;	电机入库
26	SetDO YV4 0;	夹爪松开
27	SetDO YV3 1;	
28	WaitTime 0.5;	延时 0.5 s
29	MoveL offs(pruku,0,0,30),v200,fine,jiazhuatool;	电机入库离开过渡点
30	MoveAbsJ PHome\NoEOffs,v200,fine,tool0;	机器人回原点

慕课：电机入库程序编写

师傅点拨：

（1）在使用 Offs 指令前，先在手动操纵界面查看机器人当前的工件坐标系是否为需要使用的坐标系。

（2）确定好坐标系后，务必要清楚当前工件坐标系运行的正方向，Offs 指令中各个方向的偏移值为正代表向正方向偏移，偏移值为负则代表向负方向偏移，因此正方向一定要明确，否则可能会发生碰撞。

（3）正确使用 Offs 指令有利于减少点位示教，但是错误使用 Offs 指令则可能造成编程错误或机器人碰撞，因此在编程中要合理选择使用此指令。

师傅点拨：

一般在程序的开始都要调用初始化程序，初始化程序用来设定信号的初始值，避免信号使用时发生错乱。

一个项目中的初始化程序一般单独创建在一个程序中，这样其他程序在使用时可以直接调用。根据本任务的信号，在程序运行前需要将信号 EXDO7、EXDO8、YV3、YV4 复位。

学而有思

给导弹"安家"的王保森

任务验收考核

姓名			学号		
任务名称	考核要点	考核要求	配分	评分标准	得分
电机出入库搬运编程	1. 基础知识（80分）	（1）完成夹爪标定	5	①安装辅助标定工具有错误，每处扣1分； ②不能正确标定平口夹爪工具，扣3分	
		（2）正确测算工具负载	5	①不能说出测算工具负载的方法和步骤，扣2分； ②不能根据任务要求完成工业机器人工具负载的测算，扣3分	
		（3）正确设计搬运流程图	2	①流程图设计有错误，每处扣1分； ②描述物料搬运流程图设计的注意事项有错误，每处扣1分	
		（4）电机转子搬运完成	10	①程序指令使用错误，每处扣1分； ②不能根据任务要求完成电机部件搬运控制程序编写，扣10分	
		（5）夹爪工具拿取完成	10	①程序指令使用错误，每处扣1分； ②不能根据任务要求完成夹爪工具拿取程序编写，扣10分	
		（6）延时指令使用正确	3	延时指令使用正确，给3分	
		（7）使用 SetDO 指令控制推料气缸动作	2	控制推料气缸不能动作，扣2分	
		（8）完成入库程序编写	20	①创建给1分，命名给1分； ②程序指令使用错误，每处扣2分； ③不能根据任务要求完成电机入库程序编写，扣15分	
		（9）正确使用 Offs 指令	8	能使用 Offs 指令完成矩形绘制，不能完成任务扣8分，每处错误扣2分	
		（10）正确优化入库搬运程序	15	① Offs 指令使用错误，每处扣2分； ②不能根据任务要求完成电机入库程序优化，扣10分	
	2. 职业素养（20分）	（1）操作前按照机器人安全操作规程正确着装并佩戴安全帽	4	着装不规范每处扣1分	
		（2）操作过程中未发生机器人与其他外围设备发生碰撞的现象	4	发生碰撞每次扣2分	
		（3）操作过程中未发生机器人末端执行器掉落的现象	2	发生掉落每次扣2分	
		（4）操作过程中未发生踩踏机器人电缆的现象	2	踩踏机器人电缆每次扣2分	
		（5）操作过程中积极参与，互帮互助，团结协作	4	操作过程中发现不参与实训、影响团队合作的现象扣1分	
		（6）操作过程中工位整洁有序，操作结束后按照“6S”法则整理工位	4	工位整理不符合“6S”法则每处扣1分	
合计			100	总分	

知识拓展

工业机器人搬运工作站气动部分

习题与测试

任务 5.1 习题与测试

任务 5.2　十六宫格搬运应用

任务描述

现有四种形状的 16 个工件，要求工业机器人能够将圆柱、正六棱柱、椭圆柱和正四棱柱等四种形状的工件依次搬运至与之对应的十六宫格中。其中，圆柱形工件的直径为 28 mm，正六棱柱形工件的底面边长为 16 mm，椭圆柱形工件的底面长轴为 35 mm、短轴为 25 mm，正四棱柱形工件的边长为 27 mm，并且这些工件的厚度均为 10 mm，工件行间距为 52 mm、列间距为 52 mm，质量为 1.5~2 kg。

任务要求

通过十六宫格搬运应用，掌握吸盘工具的控制方法，熟练使用工业机器人移动指令、信号控制指令、信号等待指令和 FOR 循环指令。

十六宫格如图 5-2-1 所示。

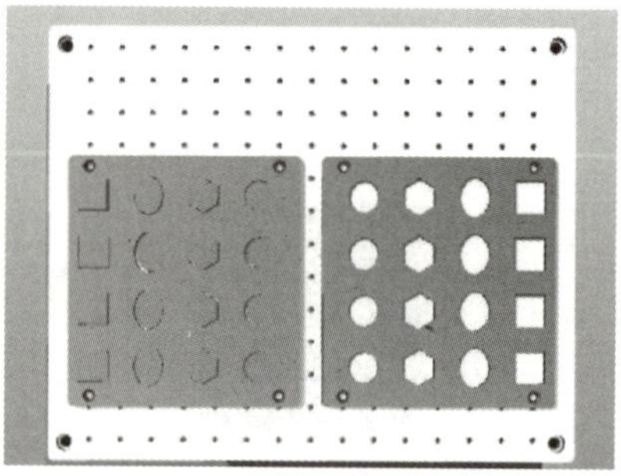

图 5-2-1 十六宫格

任务目标

1. 知识目标

（1）能说出吸盘工具控制的原理；

（2）能总结 FOR 指令的使用方法。

2. 能力目标

（1）能够规划十六宫格搬运流程；

（2）能够完成十六宫格搬运编程。

3. 素养目标

（1）提高学生对知识的总结和运用能力；

（2）提高学生的团队合作精神和协作能力。

任务准备

5.2.1 十六宫格搬运应用系统的连接布局

十六宫格搬运应用系统主要由搬运机器人、设备总控台、上位机、安全防护栏、警示三色灯和工件维修台等组成，如图 5-2-2 所示。

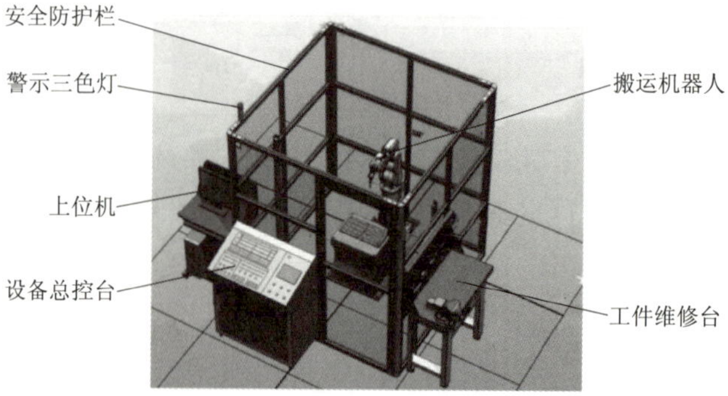

图 5-2-2 十六宫格搬运工作站

5.2.2　吸盘工具控制

1. 真空吸附

真空是指气体压强低于大气压强的一种状态，而不是完全没有空气的“真空”。处于真空状态下的气体比处于大气压强下的气体要稀薄。处于真空状态下的气体稀薄程度用“真空度”表示。习惯上，真空度高，表示气体压强低于大气压强多；真空度低，表示气体压强低于大气压强少。

真空吸附是利用真空系统与大气压力差形成的力实现物件抓取和移动。对具有较光滑表面的物体，特别是非铁、非金属且不适合夹紧的物体，如薄的柔软的纸张、塑料膜、铝箔，易碎的玻璃及其制品，集成电路等微型精密零件，可利用真空吸附，完成各种作业。

2. 真空系统

真空系统一般由真空发生器、吸盘、真空阀和辅助元件组成，其中真空发生器和吸盘是真空系统单独应用的。真空系统可用于工件搬运、自动化行业，例如玻璃的搬运、装箱等。

真空发生器就是利用正压气源产生负压的一种新型、高效、清洁、经济、小型的真空元器件。

吸盘是真空设备执行器之一，通常由橡胶材料和金属骨架压制成型，具有较大的扯断力。

真空阀是指工作压力低于标准大气压的阀门。真空阀在真空系统中可用于改变气流方向，调节气流量大小，切断或接通管路等。真空阀的关闭件是用橡胶密封圈或金属密封圈来密封的。

3. 吸盘控制信号

利用吸盘工具吸取工件，首先需要将吸盘通过接管与真空发生器连接，当吸盘与工件接触时，给定信号启动真空发生器抽吸空气，使吸盘内产生负气压，从而使工件被吸盘吸牢，并将工件搬运至指定位置，再平稳地给真空吸盘充气，使真空吸盘内由负气压变成零气压或稍为正的气压，工件即从吸盘脱落，从而完成吸盘搬运工件的任务。

本任务中，当工业机器人运动至搬运工件位置，吸盘工具吸取工件，并搬运放置至十六宫格指定位置。设定启动吸盘真空信号 DO_05，当信号 DO_05 置为 1 时，打开真空发生器，吸盘工作；当信号 DO_05 置为 0 时，关闭真空发生器，吸盘不工作。

5.2.3　FOR 指令

在 ABB 工业机器人系统中，FOR 指令是重复执行判断指令，一般用于重复执行特定次数的程序内容。FOR 指令结构见表 5-2-1。

微课：FOR 指令介绍

表 5-2-1　FOR 指令结构

选项	说明

指令结构	FOR <ID> FROM <EXP1> TO <EXP2> STEP <EXP3> DO
	<SMT>
	ENDFOR

<ID>	循环判断变量
<EXP1>	变量起始值,第一次运行时变量等于这个值
<EXP2>	变量终止值,或称为末尾值
<EXP3>	变量的步长,每运行一次,FOR 里面语句变量值自加这个步长值,在默认情况下,步长<EXP>是隐藏的,是可选变元项

程序指针执行到 FOR 指令,第一次运行时,变量<ID>的值等于<EXP1>的值,然后执行 FOR 和 ENDFOR 指令的指令片段,执行完以后,变量<ID>的值自动加上步长<EXP3>的值;然后程序指针跳至 FOR 指令,开始第二次判断变量<ID>的值是否在<EXP1>起始值和<EXP2>末端值之间,如果判断结果成立,则程序指针继续第二次执行 FOR 和 ENDFOR 指令的指令片段,同样执行完后变量<ID>的值继续自动加上步长<EXP3>的值;然后程序指针又跳至 FOR 指令,开始第三次判断变量是否在起始值和末端值之间,如果条件成立则又重复执行 FOR 里面指令,变量又自动加上步长值;直到当判断出变量<ID>的值不在起始值和末端值时,程序指针才跳到 ENDFOR 后面继续往下执行。

FOR 循环指令实例见表 5-2-2。

表 5-2-2　FOR 循环指令实例

程序	程序说明
PROC rfor3()	rFOR3 例行程序开始
X:=0;	变量 X 赋值为 0
i:=1;	变量 i 赋值为 1
FOR i FROM 1 TO 3 DO	FOR 循环 3 次
X:=X+100	变量 X=X+100
ENDFOR	FOR 循环结束
i:=i+1;	变量 i 自增 1
WaitTime 3;	延时 3 s
ENDPROC	rFOR3 例行程序结束

◆ 任务实施

5.2.4　吸盘的安装与抓取

吸盘通过由电磁阀控制的真空发生器抽真空,并由此吸取表面平整的工件。真空发生器是利用正压气源产生负压的一种新型、高效、清洁、经济的设备,当一个气动系统中同时需要正负压时，真空发生器可以十分容易和方便地获得负压。

图 5-2-3（a）所示为吸盘的安装状态，图 5-2-3（b）所示为吸盘的正确和错误抓取状态，应使吸盘在待搬运工件的中心进行抓取，并确保吸盘接触距离，其他状态均不能完成抓取动作。

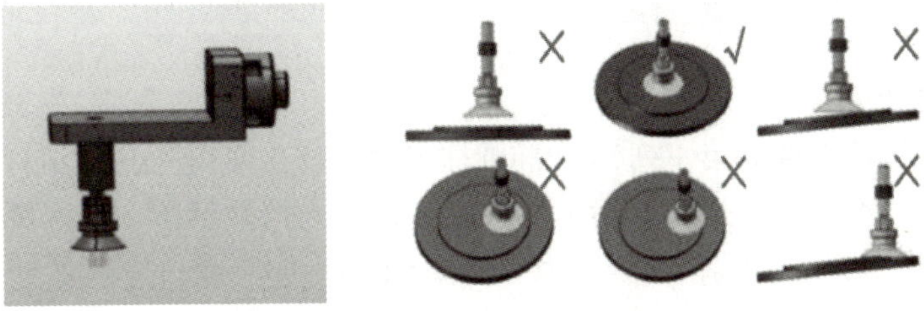

（a）安装状态　　（b）正确和错误的抓取状态

图 5-2-3　真空吸盘

5.2.5　十六宫格搬运流程规划

如图 5-2-4 所示，在操作台四周合理布置物料盘 1 和物料盘 2，将工件从物料盘 1 中的 A、B、C、D 位置对应搬运到物料盘 2 中的 A_1、B_1、C_1、D_1 位置。

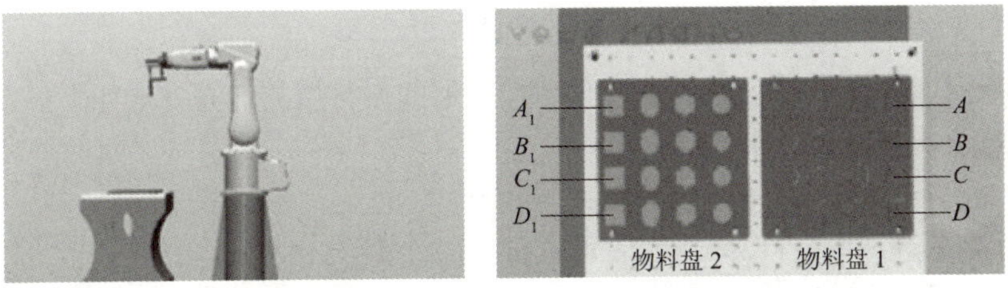

（a）搬运机器人结构示意图　　（b）物料盘工位示意图

图 5-2-4　搬运机器人结构和搬运位置示意图

十六宫格搬运流程图如图 5-2-5 所示。

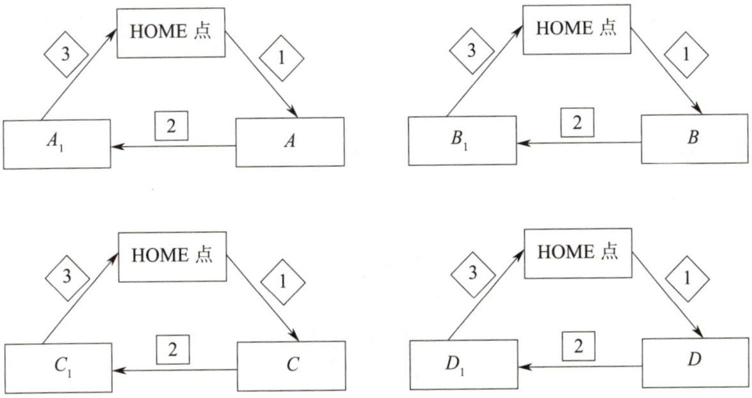

图 5-2-5　十六宫格搬运流程图

5.2.6 十六宫格搬运程序编制

根据十六宫格搬运轨迹规划，其程序可分为两部分，即取放工件的程序和搬运主程序。其中，取工件和放工件的程序类似，可按照相同方式编写，完成后再编写搬运主程序。另外，完成整个搬运过程，需设置 2 个关键点，分别为第一个物料的抓取点“zhuaqu”和放置点“fangzhi”。

1. 拾取位置计算

令 4 个正四棱柱工件为第 1 列，4 个椭圆柱工件为第 2 列，4 个正六棱柱工件为第 3 列，4 个圆柱工件为第 4 列，如图 5-2-6 所示。假设 *A* 位置为拾取第 1 个正四棱柱工件的位置，即基准位置，其 *X*、*Y* 方向的偏移值分别为 OffsX、OffsY。

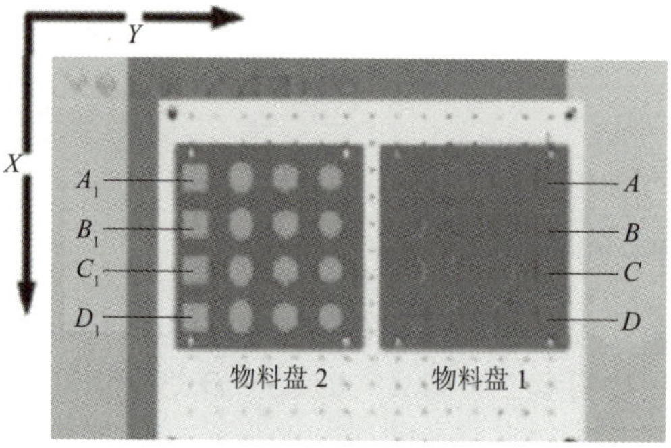

图 5-2-6 搬运位置示意图

令工件计数为 N（从 0 开始），各工件对应拾取的偏移值的计算方式如下：

OffsX := (N MOD 4) * 52;

OffsY := 0−(N DIV 4) * 52;

其中，MOD 表示进行取余计算；DIV 表示进行取商计算。

2. 放置位置计算

令 4 个正四棱柱工件为第 1 列，4 个椭圆柱工件为第 2 列，4 个正六棱柱工件为第 3 列，4 个圆柱工件为第 4 列，如图 5-2-6 所示。假设 A_1 位置为放置第 1 个正四棱柱工件的位置，即基准位置，其 *X*、*Y* 方向的偏移值分别为 OffsX、OffsY。

令工件计数为 N（从 0 开始），各工件对应放置的偏移值的计算方式如下：

OffsX := (N MOD 4) * 52;

OffsY := (N DIV 4) * 52;

3. 抓取程序编写

工件抓取程序编写步骤见表 5-2-3。

慕课：十六宫格程序编写

表 5-2-3　抓取工件程序编写步骤

步骤	操作说明	图例
1	新建含参数“N”的例行程序“zq”	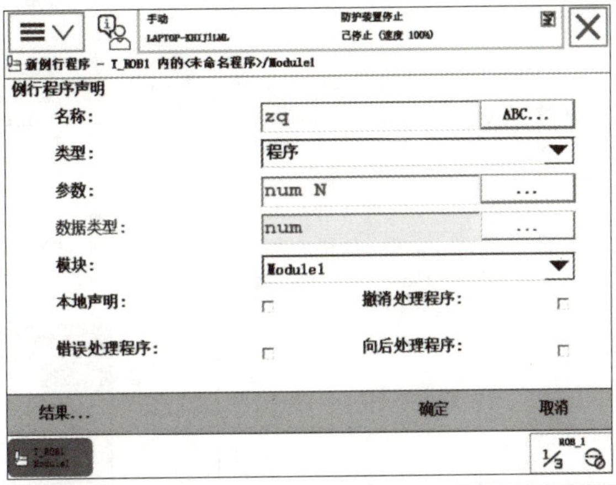
2	添加赋值指令，分别将 *X*、*Y* 方向的偏移值 offsx、offsy 赋值为 0，完成后单击“确定”	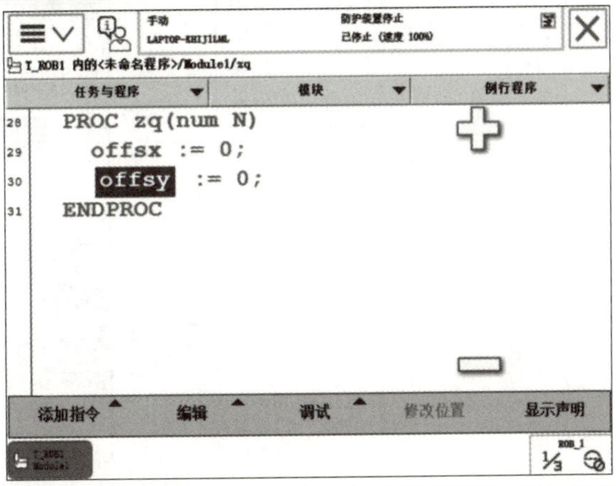
3	继续添加赋值指令，对以抓取基准点为准的偏移值进行对应的计算并赋值	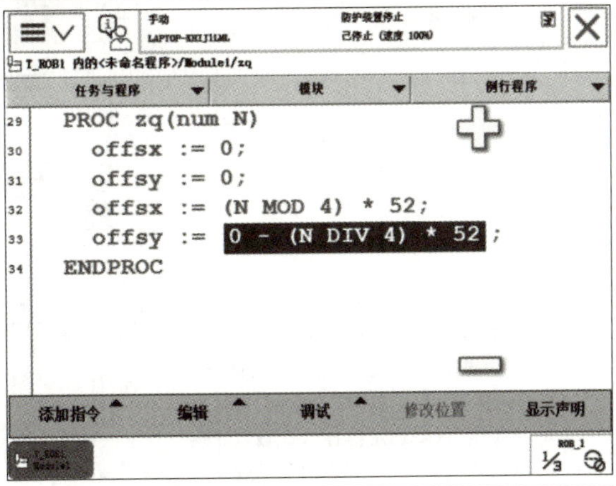

续表

步骤	操作说明	图例
4	添加关节运动指令，选择 Offs 函数，目标点选择“zhuaqu”，选中 X 轴偏移值位置，单击“编辑”，在弹出菜单中选择“仅限选定内容”，在输入窗口输入“offsx”，完成后单击“确定”返回，将 Y 轴偏移值和 Z 轴偏移值分别设置为“offsy”和“50”，完成后返回程序编辑器	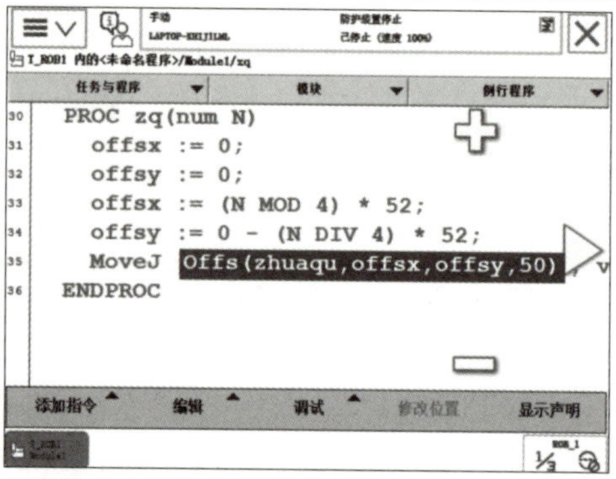
5	添加直线运动指令，选择 Offs 函数，目标点选择“zhuaqu”，选中 X 轴偏移值位置，单击“编辑”，在弹出菜单中选择“仅限选定内容”，在输入窗口输入“offsx”，完成后单击“确定”返回，将 Y 轴偏移值和 Z 轴偏移值分别设置为“offsy”和“0”，完成后返回程序编辑器	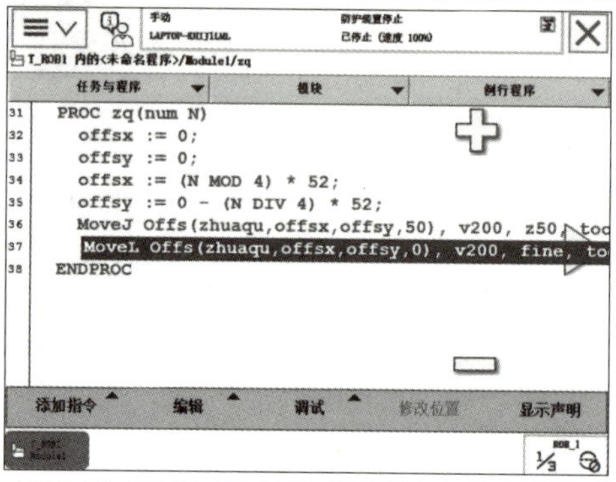
6	添加 Set 控制指令与 WaitTime 指令	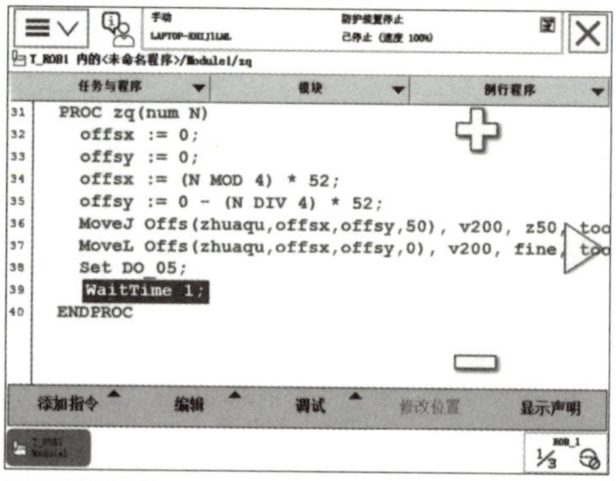
7	添加直线运动指令，选择 Offs 函数，目标点选择“zhuaqu”，选中 X 轴偏移值位置，单击“编辑”，在弹出菜单中选择“仅限选定内容”，在输入窗口输入“offsx”，完成后单击“确定”返回，将 Y 轴偏移值和 Z 轴偏移值分别设置为“offsy”和“50”，完成后返回程序编辑器	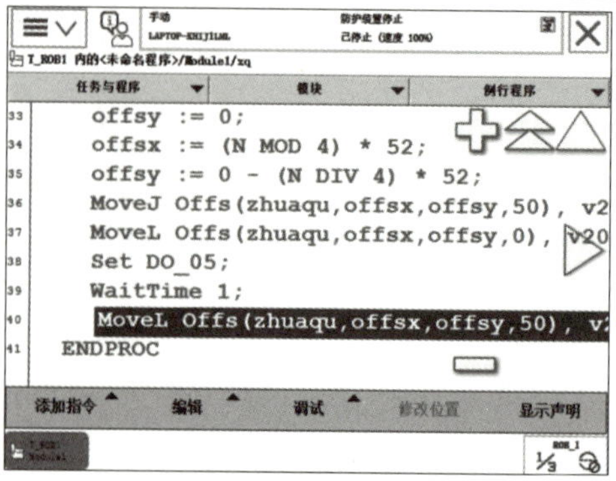

完整的工件抓取程序如图 5-2-7 所示。

4. 放置程序编写

工件放置的控制程序参考工件抓取的程序编写，如图 5-2-8 所示。

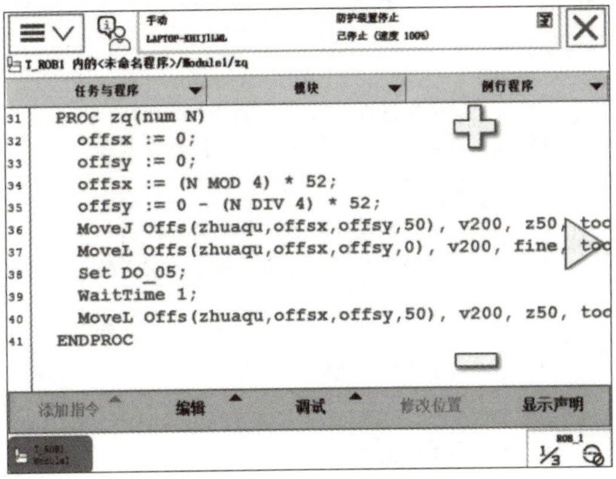

图 5-2-7　工件抓取程序

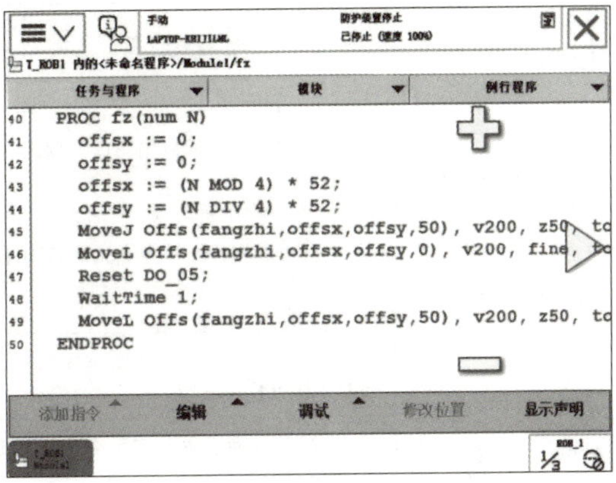

图 5-2-8　工件放置程序

5. 主程序编写

搬运主程序需要添加 FOR 循环指令，调用“zq”和“fz”子程序，如图 5-2-9 所示。

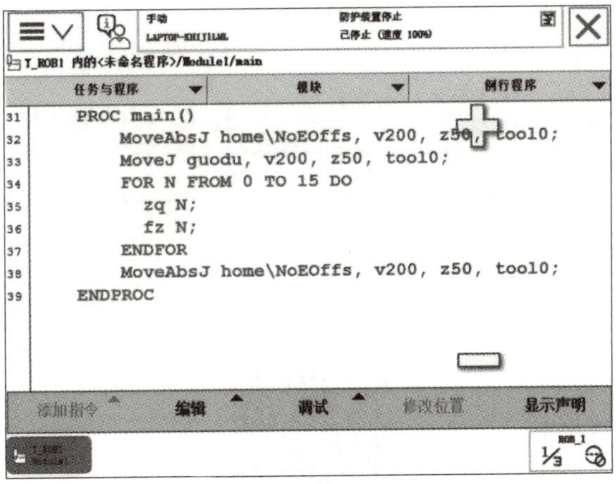

图 5-2-9　搬运主程序

学而有思

陈伟——治愈工业机器人“帕金森”

任务验收考核

姓名			学号		
任务名称	考核要点	考核要求	配分	评分标准	得分
十六宫格搬运应用	1. 基础知识（80 分）	（1）正确设计十六宫格搬运流程图	40	①流程图设计有错误，每处扣 10 分； ②描述十六宫格搬运流程图设计的注意事项有错误，每处扣 10 分	
		（2）正确编写十六宫格搬运应用控制程序	40	①程序指令使用错误，每处扣 10 分； ②不能根据任务要求完成十六宫格搬运应用程序编写，扣 30 分	
	2. 职业素养（20 分）	（1）操作前按照机器人安全操作规程正确着装并佩戴安全帽	4	着装不规范每处扣 1 分	
		（2）操作过程中未发生机器人与其他外围设备碰撞的现象	4	发生碰撞每次扣 2 分	
		（3）操作过程中未发生机器人末端执行器掉落的现象	2	发生掉落每次扣 2 分	
		（4）操作过程中未发生踩踏机器人电缆的现象	2	踩踏机器人电缆每次扣 2 分	
		（5）操作过程中积极参与，互帮互助，团结协作	4	操作过程中发现不参与实训、影响团队合作的现象扣 1 分	
		（6）操作过程中工位整洁有序，操作结束后按照“6S”法则整理工位	4	工位整理不符合“6S”法则每处扣 1 分	
合计			100	总分	

知识拓展

机器人在物流系统中的应用

习题与测试

任务 5.2 习题与测试

项目 6

工业机器人码垛工作站操作与编程

证书技能要求

工业机器人系统操作员（四级）		
工作内容	技能要求	对应教学内容
示教编程与调试	能在手动或自动模式下，控制机器人末端执行器对工件进行作业	6.1、6.2、6.3
工业机器人系统操作员（三级）		
工作内容	技能要求	对应教学内容
示教编程与调试	能创建搬运、码垛、焊接、喷涂、装配、打磨等机器人工作站或系统的运行程序，添加作业指令，进行系统工艺程序编制与调试	6.1、6.2、6.3

项目学习导读

码垛在工业生产、物流仓储等领域广泛应用。例如在工厂中把生产出来的同一类产品，如纸箱包装的商品、罐装饮料等，通过人工或借助机械设备（如码垛机器人等），将它们有规律地一层一层堆叠起来，形成一个个规整的垛。码垛机器人应用系统是在人工码垛、机器码垛两个发展阶段之后出现的自动化码垛作业系统，它不仅能提高码垛效率、加快物流速度，还能减少物料破损和浪费。码垛机器人可以代替人在危险、高温等恶劣的环境中完成繁重、重复的工作，提高生产效率，保证产品质量。

项目描述

为提高面粉流水线码垛效率，某面粉加工厂对传统生产线进行了改造升级，使用码垛机器人替代人工码垛，提升了码垛的效率和标准，同时将现有负责码垛的工人安排到其他岗位，提升了员工技能。本项目通过重叠式码垛应用、纵横交错式码垛应用和旋转交错式码垛应用三个任务的学习，掌握工业机器人码垛的基本知识和操作技能。

项目学习导图

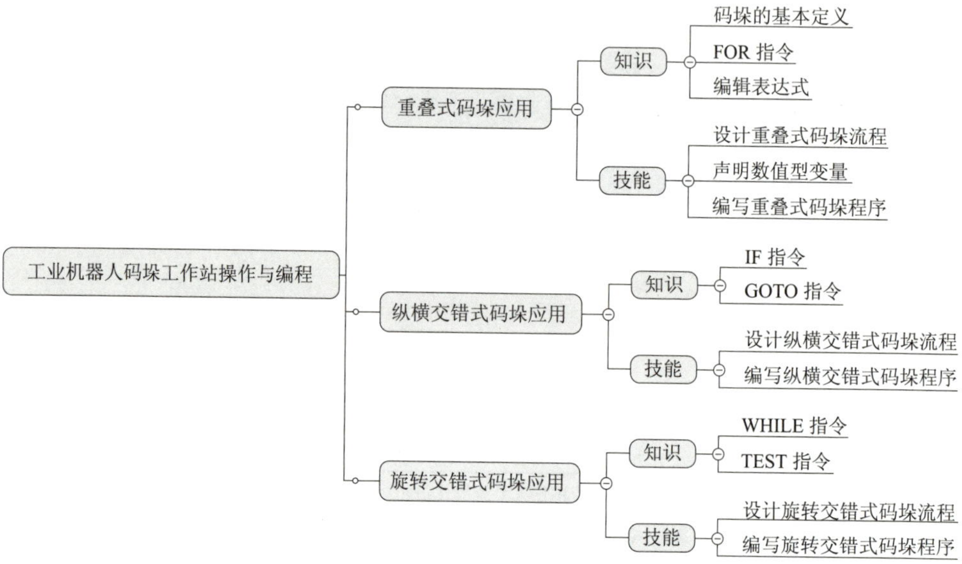

任务 6.1　重叠式码垛应用

任务描述

现在工厂有一批长方体工件需要搬运，在搬运前需要对工件进行码垛，每个工件长度为 60 mm，宽度为 30 mm，高度为 12 mm。如图 6-1-1 所示，需要利用工业机器人将 2 行 4 列整齐摆放的 8 个工件（行间距为 50 mm，列间距为 75 mm），重叠码垛成 2 行 2 列 2 层的结构（行间距为 31 mm，列间距为 61 mm，层间距为 12 mm）。

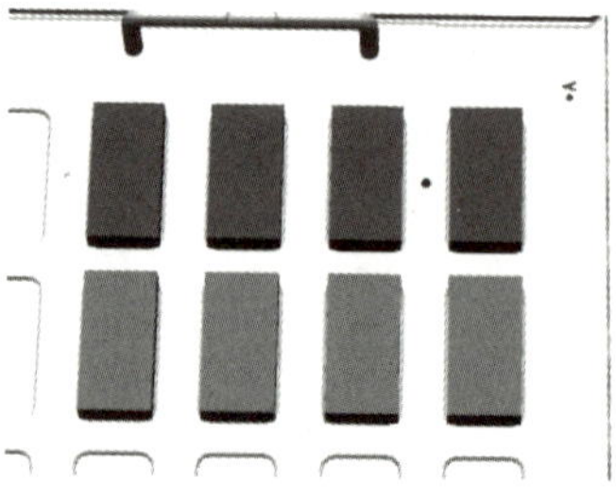

图 6-1-1　待码垛工件

本任务通过工业机器人码垛程序的编写，了解码垛的垛形，掌握 FOR 循环指令的使用和表达式编辑的方法。

任务要求

（1）创建码垛程序，完成重叠式码垛编程任务；
（2）码垛程序达到预期效果，工业机器人姿态合理；
（3）工业机器人运行轨迹合理，运行无干涉，且没有不必要的停顿。

任务目标

1. 知识目标

（1）能说出码垛的基本定义；
（2）能描述码垛的基本类型；
（3）能总结 FOR 循环指令的功能。

2. 能力目标

（1）能够根据工作任务设计码垛程序流程；
（2）能够掌握表达式的基本编辑方法；
（3）能够使用 FOR 循环指令完成重叠式码垛设计编程。

3. 素养目标

（1）培养学生独立完成任务以及分析问题、解决问题的能力；
（2）培养学生执着专注、精益求精的工匠精神。

任务准备

6.1.1　码垛介绍

码垛是指将物品按照一定的规则和方式进行堆积、排列，以形成整齐、稳固且便于存储、搬运、运输及后续处理的垛形的操作过程。

拆垛是与码垛相对应的操作，是指将已经按照一定规则码放并形成垛形的物品，依据特定要求或作业流程，通过人工或借助机械设备等手段，有秩序地将其分解、拆散开来的过程。

微课：码垛方式介绍

托盘装盘码垛的方式主要取决于货物的外形尺寸和货物的存储要求。一般来说，在货物外形和包装尺寸整体划一，且没有特殊存储要求的情况下，为了防止货物塌垛，货物装盘最好采取压花码垛的方式，使货物能够依靠自身的重量相互交错咬合，尽量减少额外的加固措施，以达到节省物流作业成本的目的。

托盘装盘码垛方式很多，主要有重叠式、压花式和开砌式三大类型，其中压花式码垛又可分为纵横交错式、正反交错式和旋转交错式，见表 6-1-1。

表 6-1-1　托盘码垛方式

堆码方式	堆码要求	优点	缺点	适用范围
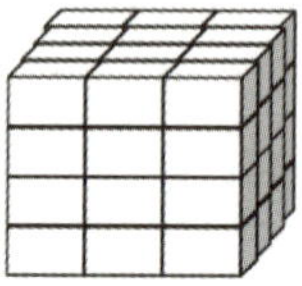 重叠式	各层码放方式相同，上下对应，层与层之间不交错堆码	操作简单，人工操作速度快，包装体四个角和边重叠垂直，承压能力大	层与层之间缺少咬合，稳定性差，容易发生塌垛	在货物底面积较大情况下，比较适合自动装盘操作
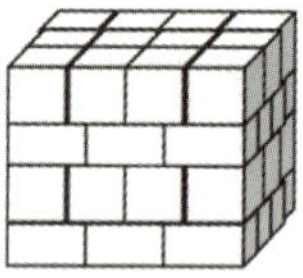 纵横交错式	相邻两层货物的摆放旋转 90°，一层为横向放置，另一层为纵向放置，层与层之间交错堆码	操作相对简单，层与层之间有一定的咬合效果，稳定性比重叠式好	咬合强度不够，稳定性不够	比较适合自动装盘堆码操作
 旋转交错式	第一层相邻两边的包装体都互为 90°，两层之间的堆码相差 180°	相邻两层之间咬合交叉，托盘货物稳定性较高，不容易塌垛	堆码难度大，中间形成空穴，降低托盘承载能力	
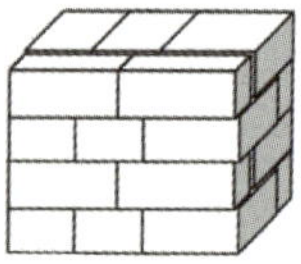 正反交错式	同一层中，不同列货物以 90° 垂直码放，相邻两层货物码放旋转 180°	不同层间咬合强度较高，相邻层次之间不重叠，稳定性较高	操作较麻烦，人工操作速度慢	

6.1.2　表达式编辑

1. 使用功能按钮编辑表达式

在程序编写过程中，有时会遇到单个变量无法完全表达参数的情况，例如需要的值是 1 个常数和 1 个变量之和，就会涉及表达式的使用。表达式指定了一个值的求取方法，在程序中用占位符“<EXP>”表示，如图 6-1-2 所示。

微课：表达式编辑方法

RelTool (<EXP> , <EXP> , <EXP> , <EXP>)

图 6-1-2　占位符“<EXP>”

1）功能按钮

系统提供了表达式的编辑功能，如果当前编辑的指令参数支持表达式，在示教器右侧边栏会显示表达式编辑工具。该编辑工具有 6 个按钮，其功能见表 6-1-2。

2）运算符

系统支持的运算符可分为四则运算、比较运算和逻辑运算三类，见表 6-1-3。

表 6-1-2　表达式编辑工具

按钮	功能
←	选择前一个操作数
→	选择后一个操作数
+	在选中操作数的右侧增加一个操作数及运算符（默认为+）
−	删除选中的操作数及其左侧运算符
( )	在选中操作数两侧最近位置增加一对括号，如果选中的是运算符，则在相邻的操作数两侧增加一对括号
	减少选中操作数两侧最近的一对括号

表 6-1-3　运算符

运算类型	运算符号	名称
四则运算	+	加法
	-	减法
	*	乘法
	/	除法
比较运算	=	等于
	<>	不等于
	>	大于
	<	小于
	>=	大于或等于
	<=	小于或等于
逻辑运算	AND	位与
	OR	位或
	NOT	位取反
	XOR	位异或

3)运算符优先级

相关运算符的相对优先级决定了求值的顺序，而圆括号能够调整运算符的优先级。运算符的优先级见表 6-1-4。

表 6-1-4　运算符优先级

优先级	运算符
最高	*, /, DIV, MOD
↑	+, -
	<>, <, >, <=, >=, =
	AND
最低	XOR, OR, NOT

圆括号能够改变运算符的优先级，运算式的编写只有在需要改变优先级时才使用圆括号。实际上，出于对程序易读性的考虑，使用圆括号更容易将运算级别表达清楚。

除运算符外，系统还支持单个操作数的函数来实现复杂运算，经过函数运算后的操作数仍被视为一个操作数，且它的运算优先级也要高于运算符。

2. 直接编辑表达式

除使用功能按钮编辑表达式外，系统还支持直接编辑表达式，也就是对选定的操作数或者整个指令直接进行编辑，即单击“编辑”按钮，在弹出的选项中选择“全部”，则可在输入框内对整个程序语句进行编辑。

编辑时不能改变格式，如果格式出错，系统会以红色字体提示出错部分。

任务实施

6.1.3　重叠式码垛设计流程

可使用 FOR 循环指令实现重叠式码垛，以需码放的工件数作为循环次数，以工件数为基准计算每个工件的取放位置。重叠式码垛程序流程如图 6-1-3 所示。

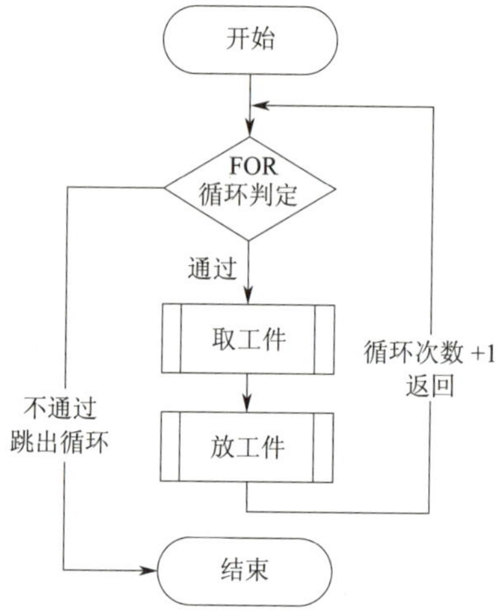

图 6-1-3　重叠式码垛程序流程

6.1.4　重叠式码垛程序编写

1. 工件拾取位置计算

令 1、2、3、4 号工件为第 1 行，5、6、7、8 号工件为第 2 行，则第 *N* 号工件对应的行数为 pickhang，列数为 picklie，如图 6-1-4 所示。以拾取工件 1 的位置为基准位置，定义工件 1 位置为 pick，定义其余工件相对于工件 1 在 *X*、*Y* 方向的偏移值分别为 pickoffsx、pickoffsy。

使用 FOR 循环指令从 0 开始循环，即工件 1 到工件 8 对应循环变量 0~7，则行数为 0~1，列数为 0~3，第 *n* 个工件对应拾取的行、列及相应偏移值的计算方式如图 6-1-5 所示。

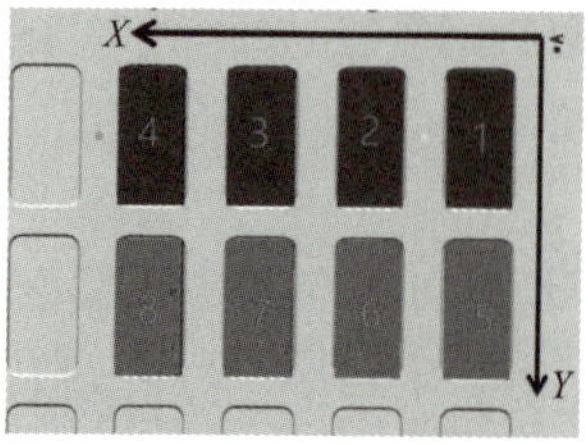

图 6-1-4　待取工件排布图

```
PROC main()
  pickhang := N DIV 4;
  picklie := N MOD 4;
  pickoffsx := picklie * 50;
  pickoffsy := pickhang * 75;
ENDPROC
```

图 6-1-5　工件拾取位置计算

2. 工件放置位置计算

工件放置时，1、2、3、4 号工件为第 1 层，5、6、7、8 号工件为第 2 层，如图 6-1-6 所示。其中，1、3 号工件为 1 行，1、2 号工件为 1 列。第 *n* 个工件对应的行数为 puthang、列数为 putlie、层数为 putceng。以放置工件 1 的位置为基准位置，定义工件 1 位置为 put，定义其余工件相对于工件 1 在 *X*、*Y*、*Z* 方向的偏移值分别为 putoffsx、putoffsy、putoffsz。第 *n* 个工件对应放置的行、列及相应偏移值的计算方式如图 6-1-7 所示。

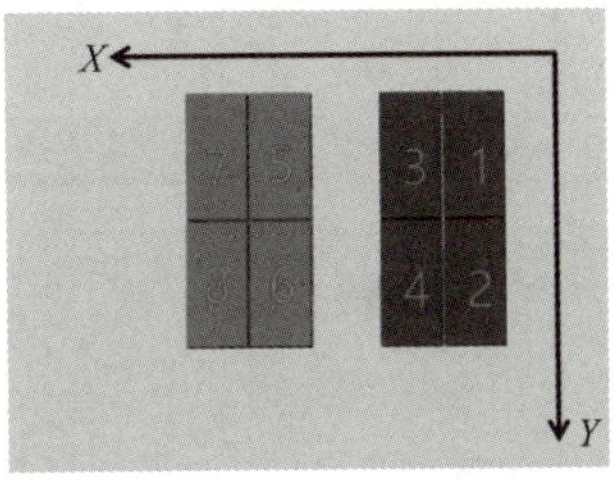

图 6-1-6　放置工件排布图

```
PROC main()
  putceng  := N DIV 4;
  puthang  := (N MOD 4) DIV 2;
  putlie  := (N MOD 4) MOD 2;
  putoffsx  := putlie * 31;
  putoffsy  := puthang * 61;
  putoffsz  := putceng * 12;
ENDPROC
```

图 6-1-7　工件放置位置计算

师傅点拨：

putoffsx、putoffsy 分别为对应列数乘以 31 和对应行数乘以 61，主要是为了让工件之间留有 1 mm 的空隙，不留空隙的话可分别改为 30 和 60，为工件的宽度和长度即可。

3. 添加 FOR 循环结构

创建码垛程序，利用 FOR 循环结构编写码垛程序，具体步骤见表 6-1-5。

表 6-1-5　添加 FOR 循环结构步骤

步骤	操作说明	图例
1	新建并打开“maduo1”例行程序，添加 FOR 指令	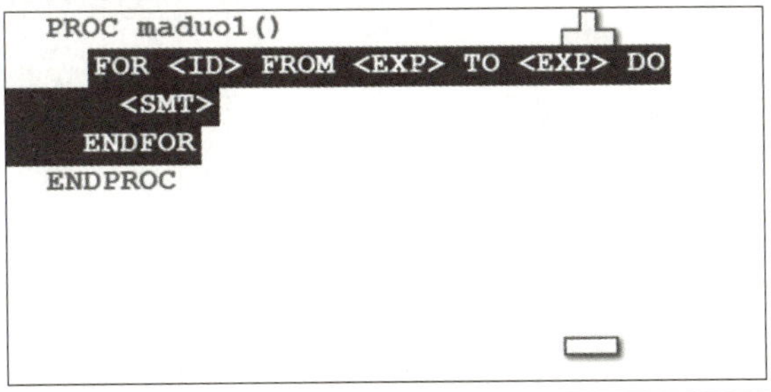
2	双击“ID”位置，打开输入窗口，并更改为“N”	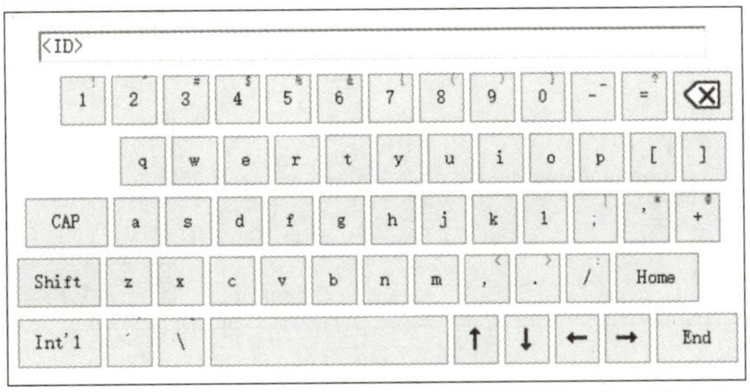

续表

步骤	操作说明	图例
3	双击“EXP”，打开更改选择窗口，单击“编辑”，在弹出列表中选择“仅限选定内容”，在弹出的输入窗口中将其更改为“0”	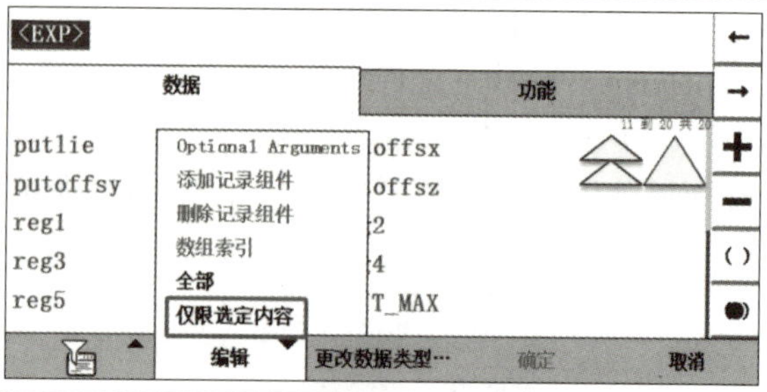
4	按照同样的方法将另一个占位符更改为“7”	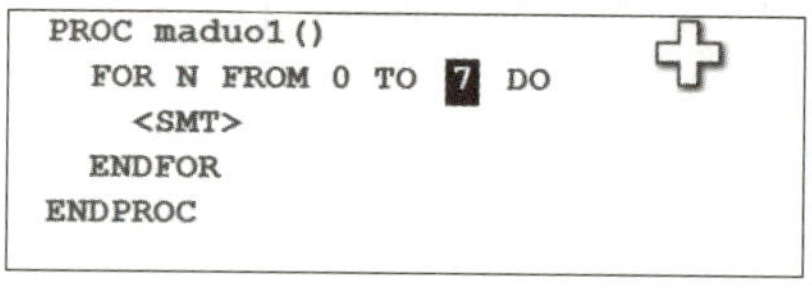

4. 声明数值型变量

在抓取工件与放置工件中用到的 pickhang、puthang 等参数都是数值型变量，在使用前需要先进行声明。声明数值型变量的具体步骤见表 6-1-6。

表 6-1-6　声明数值型变量步骤

步骤	操作说明	图例
1	打开程序数据界面，选中“num”，单击“显示数据”	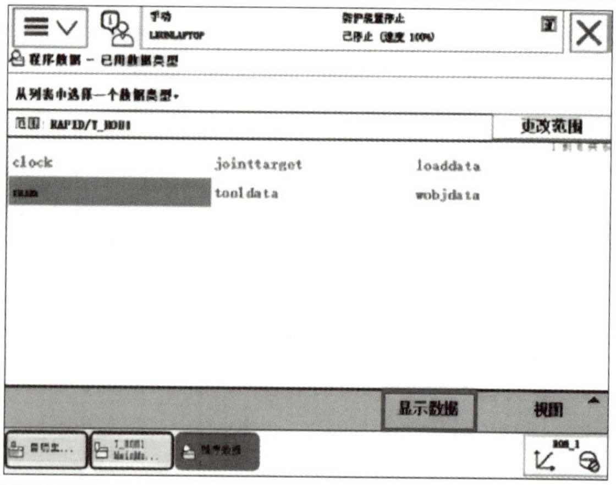
2	单击“新建”	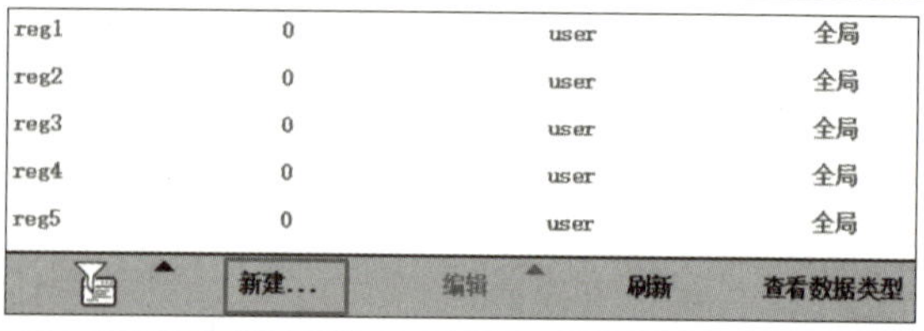

续表

步骤	操作说明	图例
3	将变量名称更改为“pickoffsx”，其他参数不修改，单击“确定”	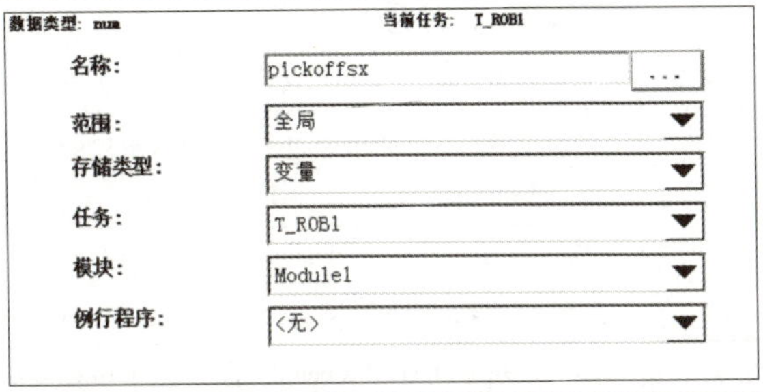
4	按此方法新建“pickoffsy”“putoffsx”“putoffsy”“putoffsz”“pickhang”“picklie”“puthang”“putlie”“putceng”“N”变量	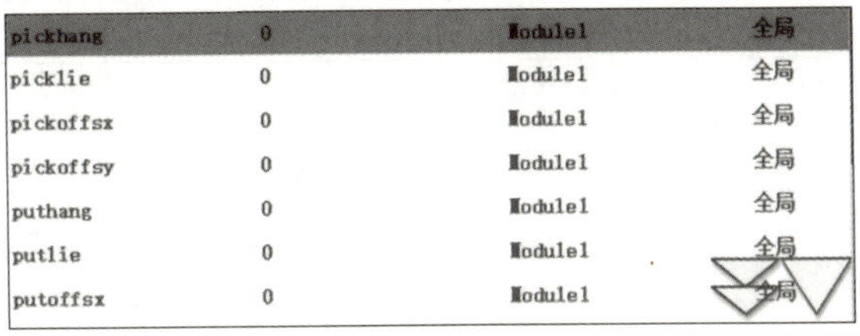

5. 编写重叠式码垛程序

重叠式码垛程序见表 6-1-7。

慕课：重叠式码垛程序编写

表 6-1-7　重叠式码垛程序

程序行号	程序	程序说明
1	PROC maduo1()	码垛程序
2	MoveAbsJ PHome\NoEOffs,v200,fine,tool0;	工业机器人返回原点
3	FOR N FROM 0 TO 7 DO	FOR 循环 8 次
4	pickhang:=N DIV 4;	计算取放行列数据
5	picklie:=N MOD 4;	
6	pickoffsx:=picklie*50;	
7	pickoffsy:=pickhang*75;	
8	puthang:=(N MOD 4)DIV 2;	
9	putlie:=(N MOD 4)MOD 2;	
10	putceng:=N DIV 4;	
11	putoffsx:=putlie*31;	
12	putoffsy:=puthang*61;	

续表

程序行号	程序	程序说明
13	putoffsz:=putceng*12;	
14	MoveJ Offs(pick,pickpffsx,pickoffsy,100),v200,z20,xipantool;	到达工件吸持位置接近点
15	MoveL Offs(pick,pickoffsx,pickoffsy,0),v200,fine,xipantool;	到达工件吸持位置点
16	SetDO YV5,1;	吸盘吸持工件
17	WaitTime 1;	等待 1 s
18	MoveL Offs(pick,pickoffsx,pickoffsy,100),v200,z20,xipantool;	到达工件吸持位置接近点
19	MoveL Offs(put,putoffsx,putoffsy,putoffsz+150),v200,z20,xipantool;	到达工件放置位置接近点
20	MoveL Offs (put,putoffsx,putoffsy,putoffsz),v200,fine,xipantool;	到达工件放置位置点
21	SetDO YV5,0;	吸盘释放工件
22	WaitTime 0.5;	等待 0.5 s
23	MoveL Offs(put,putoffsx,putoffsy,putoffsz+150),v200,z20,xipantool;	机器人到达工件放置位置接近点
24	ENDFOR	FOR 循环结束
25	MoveAbsJ PHome\NoEOffs,v200,fine,tool0;	工业机器人返回原点
26	ENDPROC	码垛例行程序结束

6. 记录取放位置数据

记录取放位置数据步骤见表 6-1-8。

表 6-1-8　记录取放位置数据步骤

步骤	操作说明	图例
1	打开“程序数据”，选中“robtarget”，单击“显示数据”	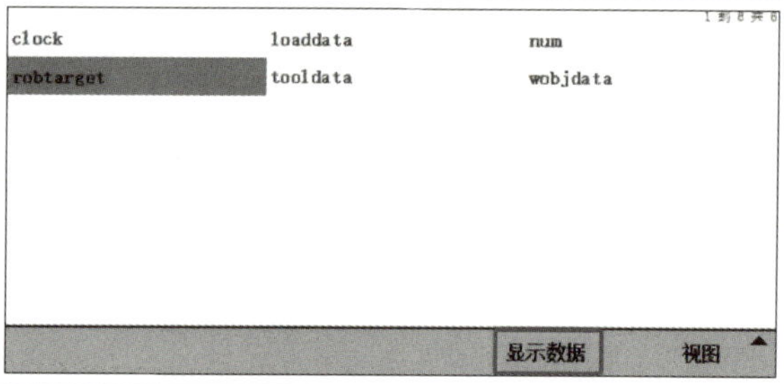
2	单击“新建”，新建名称为“pick”和“put”的变量	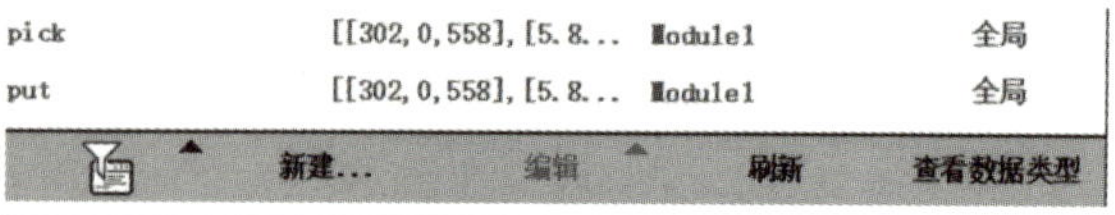

续表

步骤	操作说明	图例
3	在世界坐标系下将工业机器人移动到工件 1 的拾取位置	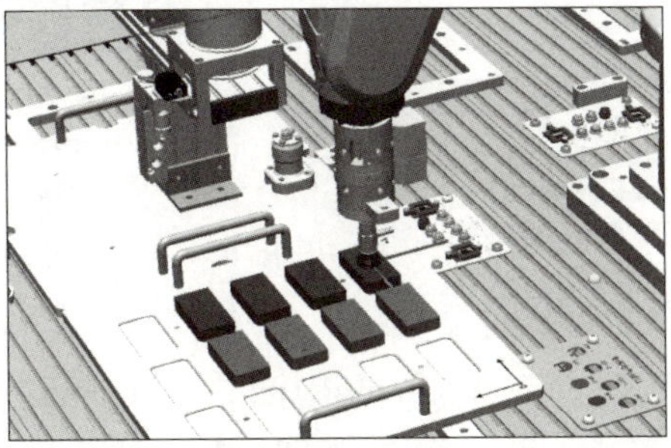
4	选中“pick”变量，单击“编辑”，在弹出列表中选择“修改位置”	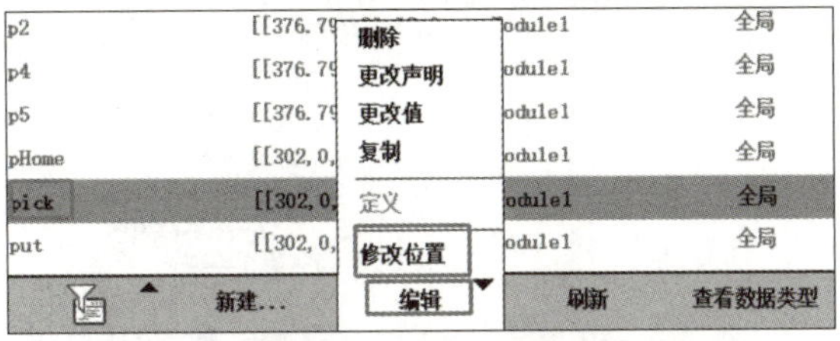
5	将工业机器人移动到工件 1 的码放位置，然后按照同样方法修改码放位置变量 put 的值	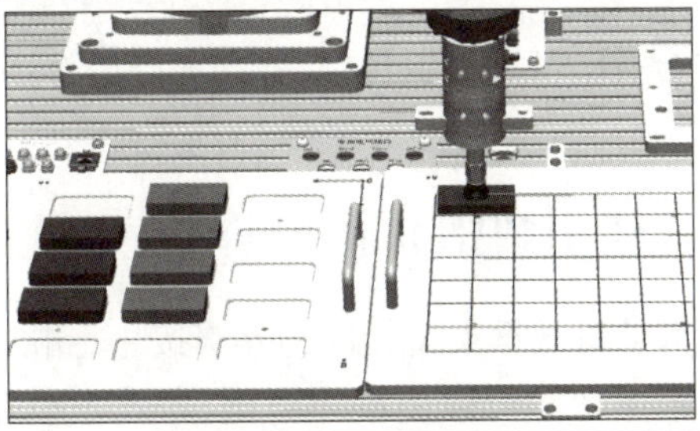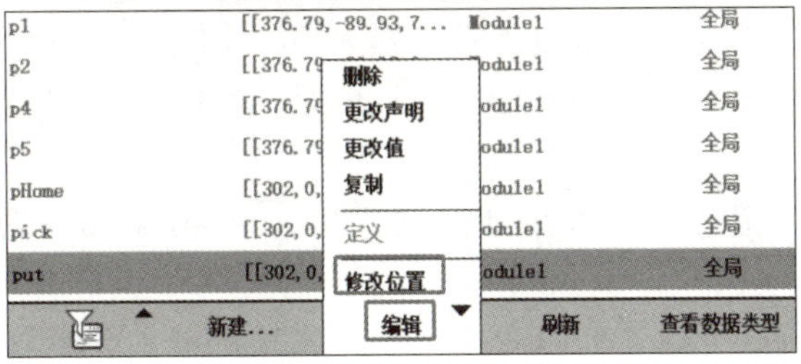

7. 初始化程序及主程序创建

1)初始化程序创建

一般在程序的开始都要调用初始化程序，初始化程序用于设定信号的初始值，避免信号使用时发生错乱。

一个任务中的初始化程序一般单独创建在一个程序中，这样其他程序在使用时可以直接调用。根据本任务的信号，在程序运行前需要将信号 YV3、YV4、YV5 复位，并创建信号名称为“chushihua”的程序，将上述 3 个信号复位。程序创建完成后如图 6-1-8 所示。

2)主程序创建

创建并编写主程序“main”，再创建取吸盘工具“quxipan”、放吸盘工具“fangxipan”和码垛“maduo1”例行程序,如图 6-1-9 所示。

```
PROC chushihua()
  Reset YV3;
  Reset YV4;
  Reset YV5;
ENDPROC
```

图 6-1-8　初始化程序

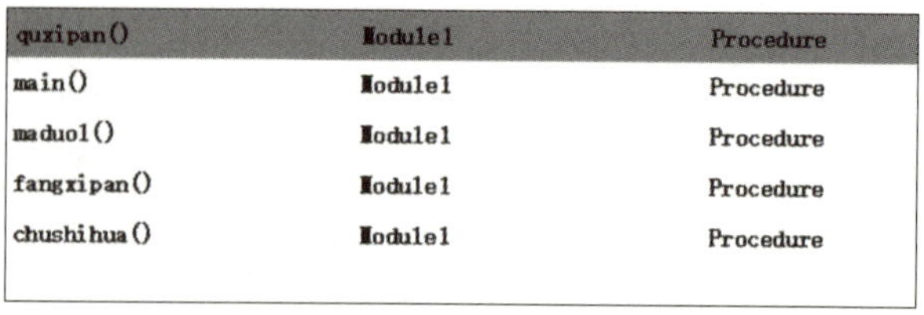

图 6-1-9　创建例行程序

编写吸盘工具取放的程序,并在“main”主程序中依次调用“chushihua”“quxipan”“maduo1”和“fangxipan”程序,如图 6-1-10 所示。

```
PROC main()
  chushihua;
  quxipan;
  maduo1;
  fangxipan;
ENDPROC
```

图 6-1-10　主程序

先手动运行检查主程序,确认无误后自动运行主程序。

6.1.5　利用数组存储码垛位置

数组是将数据类型相同的元素按一定顺序排列而成的集合,可按照排列号码进行调用。灵活地运用数组可以使程序简化、高效。所有类型的数据(如数值、字符串或变量)都可以创建数组,在 ABB 工业机器人编程系统中, RAPID 程序可以定义一维数组、二维数组以及三维数组。与其他语言不同的是, ABB 工业机器人编程系统中数组的起始序号为 1,而不是 0。

新建名称为“pickweizhi”和“putweizhi”的位置型变量数组,具体步骤见表 6-1-9。

表 6-1-9　新建数组变量

步骤	操作说明	图例
1	打开“程序数据”,选中“robtarget”,单击“显示数据”	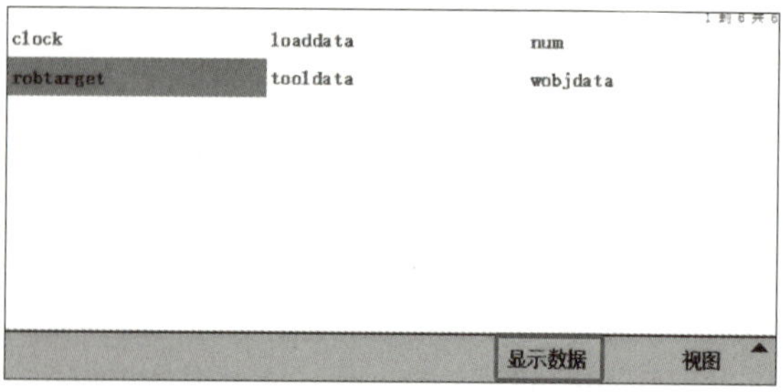

续表

步骤	操作说明	图例
2	单击“新建”，名称为“pickweizhi”，存储类型为“变量”，维数选择“1”	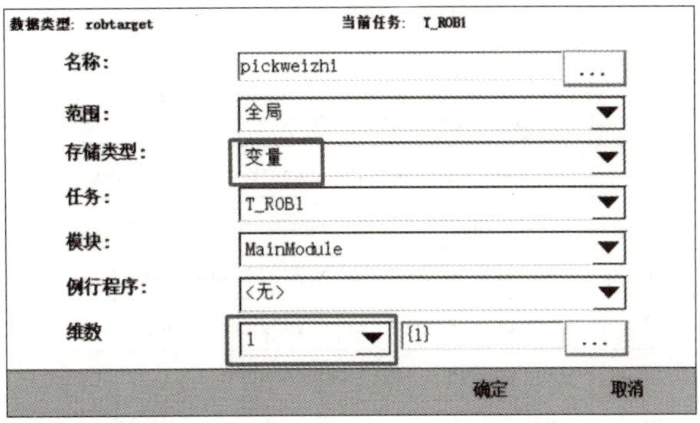
3	单击维数行最右侧的三个点按钮，将“第一”后的数字“1”改为“8”，表示此一维数组有 8 个变量，然后单击“确定”，数组建立完成	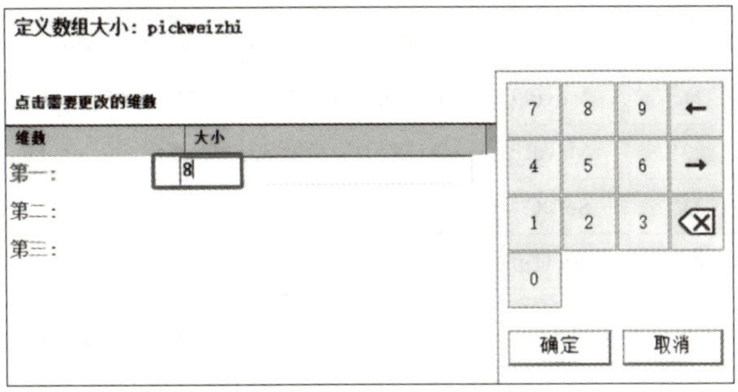
4	按同样方法可建立“putweizhi”数组	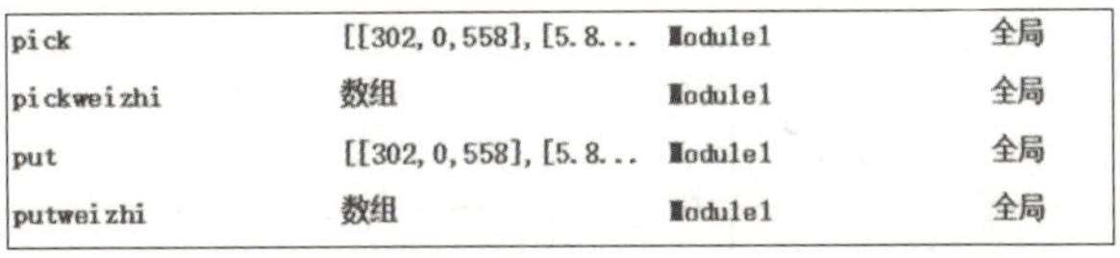

利用新建的“pickweizhi”和“putweizhi”数组，可以修改重叠式码垛程序，见表 6-1-10。

表 6-1-10　修改重叠式码垛程序

程序行号	程序	程序说明
1	PROC maduo1()	码垛程序
2	MoveAbsJ PHome\NoEOffs,v200,fine,tool0;	工业机器人返回原点
3	FOR N FROM 0 TO 7 DO	FOR 循环 8 次
4	pickhang:=N DIV 4;	计算取放行列数据
5	picklie:=N MOD 4;	
6	pickoffsx:=picklie*50;	
7	pickoffsy:=pickhang*75;	
8	puthang:=(N MOD 4)DIV 2;	
9	putlie:=(N MOD 4)MOD 2;	
10	putceng:=N DIV 4;	

续表

程序行号	程序	程序说明
11	putoffsx:=putlie*31;	
12	putoffsy:=puthang*61;	
13	putoffsz:=putceng*12;	
14	pickweizhi{N+1}:=offs(pick,pickoffs,pickoffsy,0);	给 pickweizhi 数组赋值
15	putweizhi{N+1}:=offs(put,putoffs,putoffsy,putoffsz);	给 putweizhi 数组赋值
16	MoveJ Offs(pickweizhi{N+1},0,0,100),v200,z20,xipantool;	到达工件吸持位置接近点
17	MoveL pickweizhi{N+1},v200,fine,xipantool;	到达工件吸持位置点
18	SetDO YV5,1;	吸盘吸持工件
19	WaitTime 1;	等待 1 s
20	MoveL Offs(pickweizhi{N+1},0,0,100),v200,z20,xipantool;	到达工件吸持位置接近点
21	MoveJ Offs(putweizhi{N+1},0,0,150),v200,z20,xipantool;	到达工件放置位置接近点
22	MoveL putweizhi{N+1},v200,fine,xipantool;	到达工件放置位置点
23	SetDO YV5,0;	吸盘释放工件
24	WaitTime 0.5;	等待 0.5 s
25	MoveL Offs(putweizhi{N+1},0,0,150),v200,z20,xipantool;	机器人到达工件放置位置接近点
26	ENDFOR	FOR 循环结束
27	MoveAbsJ PHome\NoEOffs,v200,fine,tool0;	工业机器人返回原点
28	ENDPROC	码垛例行程序结束

学而有思

国宝级钳工——顾秋亮

任务验收考核

姓名			学号		
任务名称	考核要点	考核要求	配分	评分标准	得分
重叠式码垛应用	1. 基础知识（80 分）	（1）完成码垛程序流程设计	10	流程完整正确，每错误或遗漏一步扣 2 分	
		（2）完成抓取位置计算	10	计算结果正确，每错误一处扣 2 分	
		（3）完成变量定义	10	完成所有所需变量定义，每个变量给 2 分	
		（4）完成放置位置计算	10	计算结果正确，每错误一处扣 2 分	
		（5）完成码垛程序编写	30	①程序指令使用错误，每处扣 3 分； ②不能根据任务要求完成重叠式码垛编程应用程序编写，扣 20 分	
		（6）完成初始化程序及主程序创建	10	程序创建正确，子程序调用合理，程序每错误一处扣 2 分	
	2. 职业素养（20 分）	（1）操作前按照机器人安全操作规程正确着装并佩戴安全帽	4	着装不规范每处扣 1 分	
		（2）操作过程中未发生机器人与其他外围设备碰撞的现象	4	发生碰撞每次扣 2 分	
		（3）操作过程中未发生机器人末端执行器掉落的现象	2	发生掉落每次扣 2 分	
		（4）操作过程中未发生踩踏机器人电缆的现象	2	踩踏机器人电缆每次扣 2 分	
		（5）操作过程中积极参与，互帮互助，团结协作	4	操作过程中发现不参与实训、影响团队合作的现象扣 1 分	
		（6）操作过程中工位整洁有序，操作结束后按照“6S”法则整理工位	4	工位整理不符合“6S”法则每处扣 1 分	
合计			100	总分	

知识拓展

ABB IRB 660 工业机器人

习题与测试

任务 6.1 习题与测试

任务 6.2　纵横交错式码垛应用

任务描述

现有一批长方体工件，工件长度为 60 mm，宽度为 30 mm，高度为 12 mm。如图 6-2-1 所示，将 2 行 4 列整齐摆放的 8 个工件(行间距为 50 mm，列间距为 75 mm)码垛成纵横交错式结构(行间距为 31 mm，层间距为 12 mm)。通过工业机器人码垛程序的编写，了解纵横交错式码垛垛形，掌握 IF 指令和 GOTO 无条件跳转指令的使用方法，实现 8 个工件纵横交错式码垛。

(a)码垛前工件摆放位置　　(b)码垛后工件摆放位置

图 6-2-1　纵横交错式码垛

任务要求

(1)创建码垛程序，完成纵横交错式码垛编程任务；

(2)码垛程序达到预期效果，工业机器人姿态合理；

(3)工业机器人运行轨迹合理，运行无干涉，且没有不必要的停顿。

任务目标

1. 知识目标

(1)能描述 IF 判断指令的基本功能;

(2)能描述 GOTO 无条件跳转指令的基本功能。

2. 能力目标

(1)能够设计纵横交错式码垛流程;

(2)能够使用 IF、GOTO 指令编写纵横交错式码垛程序。

3. 素养目标

(1)培养学生的环保节能意识和安全责任意识;

(2)培养学生执着专注、精益求精的工匠精神。

任务准备

6.2.1　IF 指令介绍

微课:IF 指令介绍

IF 是最常见的分支结构(选择结构),适用于有条件判断的场合,根据条件判断的结果来控制程序的流程。

IF 指令结构有三种类型,即单分支结构、双分支结构和多分支结构,如图 6-2-2 所示。

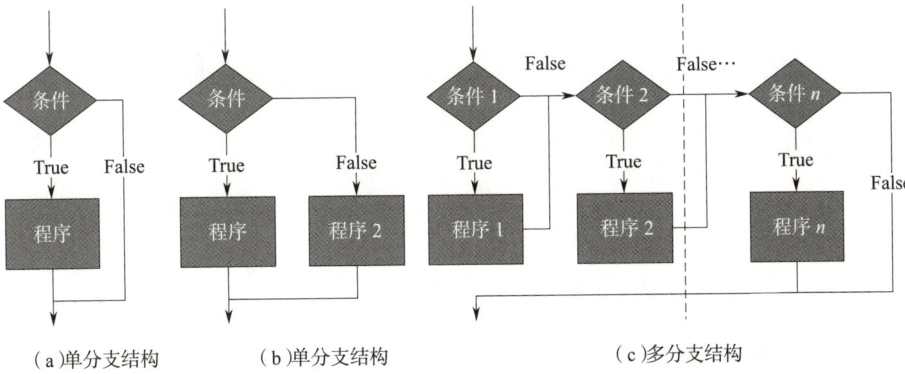

图 6-2-2　IF 指令结构

1. 单分支结构

If 语句对条件进行一次判定,若判定为真,则执行后面的程序,否则跳过程序。

2. 双分支结构

If 语句对条件进行一次判定,若判定为真,则执行程序 1,否则执行程序 2。

3. 多分支结构

If 语句对条件 1 进行一次判定，若判定为真，则执行程序 1，程序 1 执行完成后进行条件 2 的判定，否则直接进行条件 2 的判定，以此类推，直到条件 n，跳过程序 n 或执行程序 n。

基于 IF 程序结构的特性，在设定判定条件时应考虑唯一性，例如条件 1 如果为 $n>4$，条件 2 为 $n>6$，那么当 $n\geq 7$ 时，程序 1 和程序 2 都会被执行。一般情况下要避免这样的情况，但也有部分情况反而利用这样的特性。

6.2.2 GOTO 无条件跳转指令介绍

GOTO 无条件跳转指令结构用于将程序执行转移到相同程序内的另一线程（标签）。该指令格式为

GOTO <Label>

其中，Label 是程序中的一个标签位置，执行指令 GOTO 后，机器人将从相应标签位置<Label>处继续运行机器人程序。在使用该指令时，标记不得与以下内容相同：

微课：无条件跳转指令（GOTO）介绍

（1）同一程序内的所有其他标记；

（2）同一程序内的所有数据名称。

这是因为标记会隐藏在其所在程序内具有相同名称的全局数据和程序中。

GOTO 指令结合标签使用实例：

```
GOTO Next;
<SMT>
Next;
```

注释：当执行 GOTO Next 时，程序无条件转移到标签 Next 的地址。

任务实施

6.2.3 纵横交错式码垛程序设计流程

1. 纵横交错式码垛流程

使用跳转结构实现循环，以码放的工件数作为循环次数，基于工件计数计算每个工件的取放位置。纵横交错式码垛流程图如图 6-2-3 所示。

2. 拾取位置计算

令 1、2、3、4 号工件为第 1 行，5、6、7、8 号工件为第 2 行，抓取顺序依次为 1、5、2、6、3、7、4、8，如图 6-2-4 所示。假设 pick 位置为拾取工件 1 的位置即基准位置，其 X、Y 方向的偏移值分别为 pickoffsx、pickoffsy。

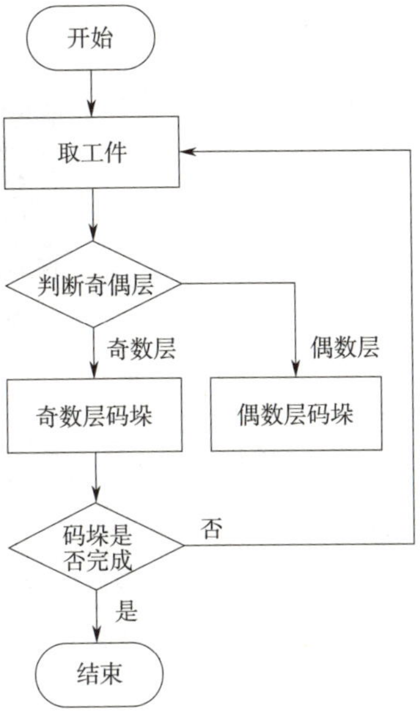

图 6-2-3　纵横交错式码垛流程图

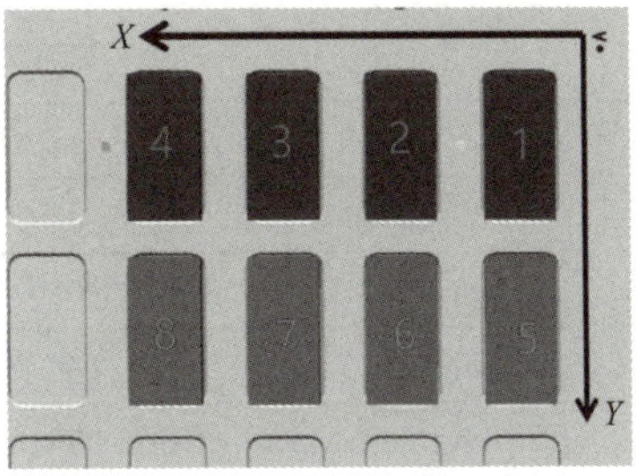

图 6-2-4　待取工件排布图

令工件计数为 *N*(从 0 开始),各工件对应拾取的偏移值的计算方式如下:

```
pickoffsx := (N DIV 2) * 50;
pickoffsy := (N MOD 2) * 75;
```

3. 放置位置计算

假设码垛位置 *X*、*Y*、*Z* 方向的偏移值分别为 putoffsx、putoffsy、putoffsz。每两个工件为 1 层,在不同的层数工件的码放方向也是不同的,putoffsx 和 putoffsy 的计算方法会随奇偶层数变化,还需定义工件的旋转值 putoffsa。

每一层的偏移值为固定值,即工件高度。由于偏移计算需要使用 RelTool 功能,工具坐标系 *Z* 方向与大地坐标系相反,应取“−”表示负方向,所以系数是“−12”,故 *Z* 方向的偏移值为

```
putoffsz :=(N DIV 2)*(−12);
```

由于工件计数 *N* 从 0 开始,且每一层码放两个工件,*N* 为 0、1、4、5 时实际对应的是奇数层,即第 1 和 3 层。奇数层的 *X*、*Y* 方向及角度偏移值计算如下:

```
IF ((N DIV 2) MOD 2)=0 THEN
    putoffsx :=(N MOD 2)*32;
    putoffsy :=0;
    putoffsa :=0;
ENDIF
```

由于工件计数 *N* 从 0 开始,且每一层码放两个工件,*N* 为 2、3、6、7 时实际对应的是偶数层,即第 2 和 4 层。偶数层的 *X*、*Y* 方向及角度偏移值计算如下:

```
ELSEIF ((N DIV 2) MOD 2)=1 THEN
    putoffsx :=16;
```

```
        putoffsy :=16-(N MOD 2)*32;
        putoffsa :=90;
ENDIF
```

6.2.4 编写纵横交错式码垛程序

纵横交错式码垛程序见表 6-2-1。

慕课：纵横交错式程序编写

表 6-2-1 纵横交错式码垛程序

程序行号	程序	程序说明
1	PROC main()	主程序开始
2	MoveAbsJ Home\NoEOffs,v200,fine,tool0;	工业机器人返回原点
3	quxipan;	调用 quxipan 例行程序
4	MoveAbsJ Home\NoEOffs,v200,fine,tool0;	工业机器人返回原点
5	maduo2 ;	调用 maduo2 例行程序
6	MoveAbsJ Home\NoEOffs,v200,fine,tool0;	工业机器人返回原点
7	fangxipan;	调用 fangxipan 例行程序
8	MoveAbsJ Home\NoEOffs,v200,fine,tool0;	工业机器人返回原点
9	ENDPROC	主程序结束
10	PROC maduo2()	码垛例行程序开始
11	Label1:	Label1 标签
12	pickoffsx:=(N MOD 4)*50;	计算取工件位置数据
13	pickoffsy:=(N DIV 4)*75;	
14	putoffsz:=(N DIV 2)*(-12);	
15	IF((N DIV 2)MOD 2)=0 THEN	计算放奇数层工件位置数据
16	putoffsx:=(N MOD 2)*32;	
17	putoffsy:=0;	
18	putoffsa:=0;	
19	ELSEIF((N DIV 2)MOD 2)=1THEN	计算放偶数层工件位置数据
20	putoffsx:=16;	
21	putoffsy:=16-(N MOD 2)*32;	
22	putoffsa:=90;	
23	ENDIF	
24	MoveJ Offs(pick,pickoffsx,pickoffsy,100),v200,z20,xipantool;	到达工件吸持位置接近点
25	MoveL Offs(pick,pickoffsx,pickoffsy,0),v200,fine,xipantool;	到达工件吸持位置点
26	SetDO YV5,1;	吸盘吸持工件
27	Waittime 1;	等待 1 s

续表

程序行号	程序	程序说明
28	MoveL Offs(pick,pickoffsx,pickoffsy,100),v200,z20,xipantool;	到达工件吸持位置接近点
29	MoveL RelTool (put,putoffsx,putoffsy,putoffsz-100\Rz:=putoffsa),v200,z20,xipantool;	到达工件放置位置接近点
30	MoveL RelTool (put,putoffsx,putoffsy,putoffsz\Rz:=putoffsa),v200,fine,xipantool;	到达工件放置位置点
31	SetDo\Sync,YV5,0;	吸盘释放工件
32	Waittime 1;	等待 1 s
33	MoveL RelTool(put,putoffsx,putoffsy,putoffsz-100\Rz:=putoffsa),v200,z20,xipantool;	工业机器人到达工件放置位置接近点
34	Incr N;	变量 *N* 自增 1
35	IF N=8 THEN	判断 *N* 是否为 8
36	GOTO Label2;	无条件跳转到 Label2
37	ENDIF	
38	GOTO Label1;	无条件跳转到 Label1
39	Label2;	Label2 标签
40	ENDPROC	码垛例行程序结束

6.2.5　记录取放位置数据

记录取放位置数据步骤见表 6-2-2。

表 6-2-2　记录取放位置数值步骤

步骤	操作说明	图例
1	在世界坐标系下将工业机器人移动到工件 1 的拾取位置	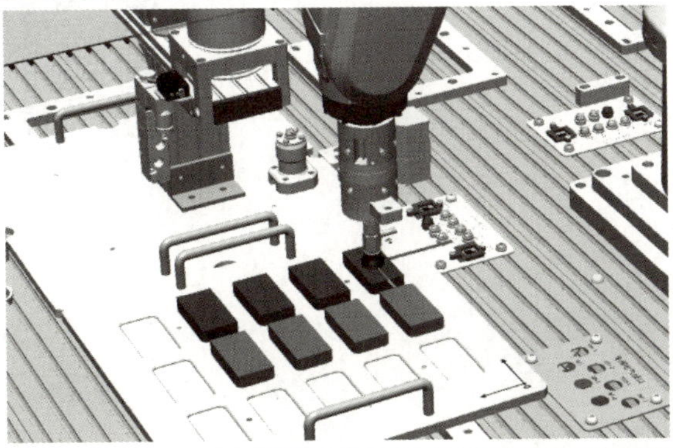

续表

步骤	操作说明	图例
2	选中“pick”变量，单击“编辑”，在弹出列表中选择“修改位置”	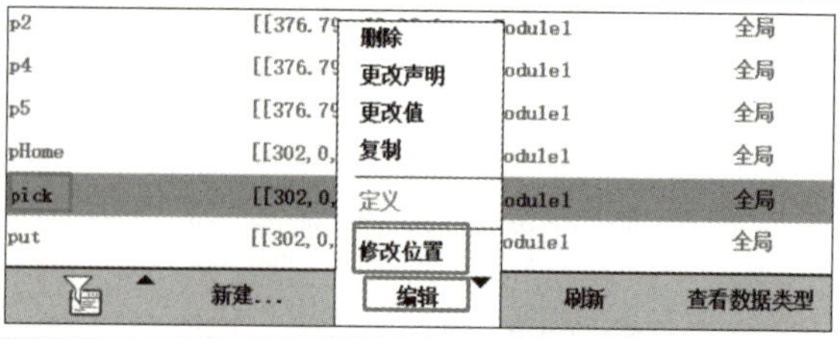
3	将工业机器人移动到工件 1 的码放位置，然后按照同样方法修改码放位置变量“put”的值	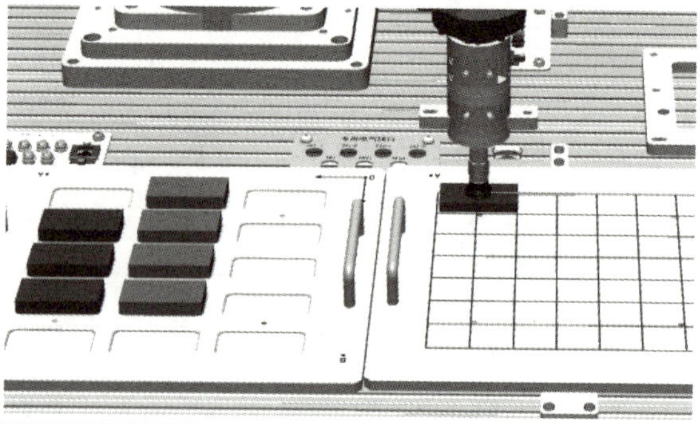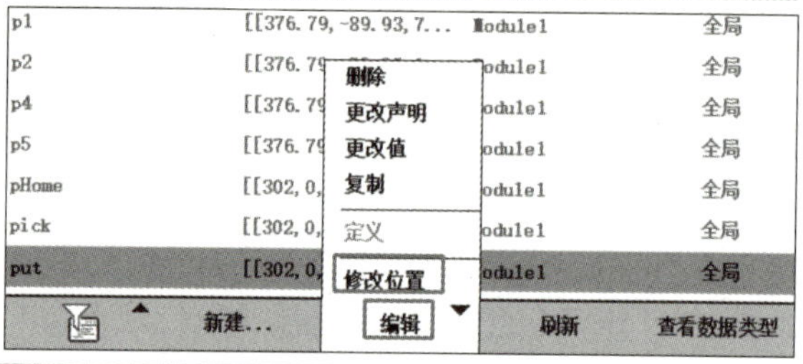

学而有思

大国工匠——孟维

任务验收考核

姓名			学号		
任务名称	考核要点	考核要求	配分	评分标准	得分
纵横交错式码垛应用	1. 基础知识（80 分）	（1）正确设计纵横交错式码垛流程图	40	①流程图设计有错误，每处扣 10 分；②描述纵横交错式码垛流程图设计的注意事项有错误，每处扣 10 分	
		（2）正确编写纵横交错式码垛程序	40	①程序指令使用有错误，每处扣 10 分；②不能根据任务要求完成纵横交错式码垛程序编写，扣 20 分	
	2. 职业素养（20 分）	（1）操作前按照机器人安全操作规程正确着装并佩戴安全帽	4	着装不规范每处扣 1 分	
		（2）操作过程中未发生机器人与其他外围设备碰撞的现象	4	发生碰撞每次扣 2 分	
		（3）操作过程中未发生机器人末端执行器掉落的现象	2	发生掉落每次扣 2 分	
		（4）操作过程中未发生踩踏机器人电缆的现象	2	踩踏机器人电缆每次扣 2 分	
		（5）操作过程中积极参与，互帮互助，团结协作	4	操作过程中发现不参与实训、影响团队合作的现象扣 1 分	
		（6）操作过程中工位整洁有序，操作结束后按照“6S”法则整理工位	4	工位整理不符合“6S”法则每处扣 1 分	
合计			100	总分	

知识拓展

ABB 工业机器人转数计数器更新

习题与测试

任务 6.2 习题与测试

任务 6.3　旋转交错式码垛应用

任务描述

现有一批长方体工件，工件长度为 60 mm，宽度为 30 mm，高度为 12 mm。如图 6-3-1 所示，将 4 行 2 列整齐摆放的 8 个工件（行间距为 50 mm，列间距为 75 mm）码垛成旋转交错式的结构（单层码放的形式为相邻两工件旋转 90° 首尾相接，相邻两层间旋转 180°，层间距为 12 mm）。通过旋转交错式码垛程序编写，了解旋转交错式码垛类型，掌握 WHILE 指令、TEST 指令的使用方法，利用工业机器人现场编程实现 8 个工件的旋转交错式码垛。

（a）码垛前工件摆放位置

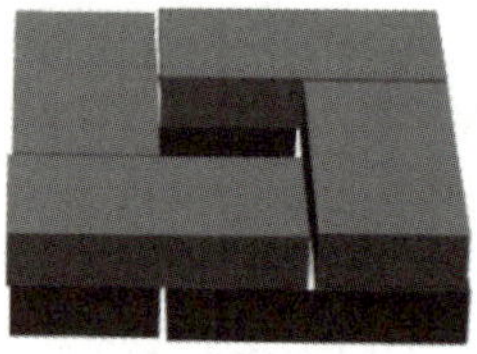
（b）码垛后工件摆放位置

图 6-3-1　旋转交错式码垛

任务要求

（1）创建码垛程序，完成旋转交错式码垛编程任务；

（2）码垛程序达到预期效果，工业机器人姿态合理；

（3）工业机器人运行轨迹合理，运行无干涉，且没有不必要的停顿。

任务目标

1. 知识目标

（1）能描述 WHILE 判断指令的基本功能；

（2）能描述 TEST 指令的基本功能。

2. 能力目标

（1）能够设计旋转交错式码垛流程；

（2）能够使用 WHILE、TEST 指令编写旋转交错式码垛程序。

3. 素养目标

（1）培育学生针对不同工业场景灵活设计编程方案的创造能力素养；

（2）训练学生严谨对待编程细节、确保代码准确无误的精细作业素养。

任务准备

6.3.1 指令介绍

微课：WHILE 指令介绍

1.WHILE 指令

1)WHILE 指令结构

```
WHILE <EXP> DO
      <SMT>
ENDWHILE
```

其中，<EXP>是循环判断条件，用光标选中，单击即可输入表达式，<EXP>可以是表达式，也可以是多个表达式之间的“与”“异”或“求余”等关系，判断条件的结果只有对或错；<SMT>是指令输入占位符，用光标选中<SMT>单击“添加指令”即可。

2)WHILE 指令执行

WHILE 条件判断循环指令一般用于根据特定条件而重复执行相关内容，即只要 WHILE 后面的条件<EXP>成立，则一直执行 WHILE 和 ENDWHILE 之间的指令片段，直到 WHILE 后面的条件<EXP>不成立时，程序指针才跳出到 ENDWHILE 的下一条指令继续往下运行，一般 WHILE 后面的条件变化要放在 WHILE 和 ENDWHILE 指令之间。

3)WHILE 举例说明

```
reg1 := 1;
WHILE reg1 <= 10 DO
      reg1 := reg1 + 1;
ENDWHILE
```

执行说明：初始化 reg1 为 1，执行 WHILE 指令时，先判断 reg1≤10 条件是否成立，如果条件成立，则执行循环语句内的内容， WHILE 中每执行一次“reg1：=reg1+1”，即 reg1 自加 1；执行完一次后，程序指针又跳到 WHILE 指令第二次判断 reg1≤10 条件是否成立，条件成立则又继续执行循环语句内“ reg1：=reg1+1”，重复判断条件，重复执行 WHILE 中指令，直到条件 reg1≤10 不成立，即 reg1 为 11 时，程序指针跳转到 ENDWHILE 指令后，结束 WHILE 指令，继续后面程序的运行。

4)WHILE 无限循环

```
WHILE TRUE DO
      <SMT>
ENDWHILE
```

执行说明：WHILE 指令的条件是 TRUE，即条件一直成立，所以程序指针执行到 WHILE 指令后，程序就会一直执行 WHILE 指令，而程序指针则不会跳出到 ENDWHILE 指令后面运行，这里的 WHILE 是一个死循环，即无限循环。该无限循环一般可以用在编写程序正常自动运行部分，使工业机器人正常工作时处于一直执行状态。

2. TEST 指令

TEST 指令是根据 TEST 数据执行的程序。TEST 数据可以是数值也可以是表达式，根据该数值执行相应的 CASE。TEST 指令可在选择分支较多时使用，如果选择分支不多，则可以使用 IF...ELSE 指令代替。使用 TEST 指令需要注意以下事项：

微课:TEST指令介绍

（1）TEST 指令可以添加多个“CASE”，但只能有一个“DEFAULT”；

（2）TEST 指令可以对所有数据类型进行判断，但是进行判断的数据必须有数值；

（3）如果没有很多的替代选择，可以使用 IF...ELSE 指令；

（4）如果不同的值对应的程序一样，用“CASE xx,xx,......;”来表达可以简化程序。

1）TEST 指令结构

```
TEST <EXP0>
CASE <EXP1>
     <SMT1>
CASE <EXP2>
     <SMT2>
CASE <EXP3>
     <SMT3>
ENDTEST
```

其中，EXP0 为 TEST 数据，可以是数值也可以是表达式；EXP1、EXP2、EXP3 为相应的 CASE 值；SMT1、SMT2、SMT3 为相应的 CASE 值的指令输入位置。

2）TEXT 举例说明

```
TEST reg1
CASE 1:
    MOVL p10,v1000,fine,tool1;
CASE 2,3:
    MOVL p20,v1000,fine,tool1;
DEFAULT:
stop;
ENDTEST
```

执行说明：对 reg1 的数值进行判断，如果值为 1，则运动至点“p10”；如果值为 2 或 3，则运动至点“p20”；否则停止。

任务实施

6.3.2　旋转交错式码垛程序设计流程

1. 旋转交错式码垛流程

使用条件循环结构编写旋转交错式码垛程序，以码放的层数作为循环条件。通过奇偶层数不同以及工件位置分别计算每个工件的取放位置。旋转交错式码垛流程图如图 6-3-2 所示。

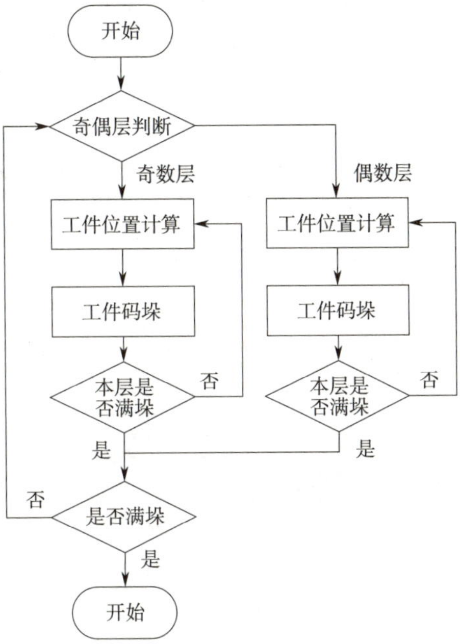

图 6-3-2　旋转交错式码垛流程图

2. 拾取位置计算

假设 pick 位置为拾取工件 1 的位置即基准位置，其 *X*、*Y* 方向的偏移值分别为 pick-offsx、pickoffsy，*N* 为工件计数（从 0 开始），各工件对应拾取的偏移值的计算方式如下：

```
pickoffsx := (N MOD 4) * 50;
pickoffsy := (N DIV 4) * 75;
```

3. 码垛位置计算

假设码垛位置 *X*、*Y*、*Z* 方向的偏移值分别为 putoffsx、putoffsy、putoffsz，旋转偏移值为 putoffsa。每一层的偏移值为固定值，即工件高度。由于偏移计算需要使用 RelTool 功能，工具坐标系 *Z* 方向与大地坐标系相反，向上为负方向，所以系数是“−12”。

```
putceng:=N DIV 4;
putoffsz := −12 * putceng;
```

奇数层 4 个工件的码垛方式如图 6-3-3（a）所示，偶数层 4 个工件的码垛方式如图 6-3-3（b）所示，每一层 4 个工件码放的形式为相邻两工件旋转 90° 首尾相接。

（a）奇数层　　（b）偶数层

图 6-3-3　旋转交错式码垛方式

由于工件计数 *N* 从 0 开始，*N* 为 0、1、2、3 时实际对应的是奇数层，即第 1 层；*N* 为 4、5、6、7 时实际对应的是偶数层，即第 2 层。以奇数层工件 1 位置为基准点，奇数层和偶数层的 *X*、*Y* 方向及角度偏移值计算见表 6-3-1。

表 6-3-1　奇偶层各工件位置数据

奇偶层	工件号	工件位置数据
奇数层	1	putoffsx:=0　putoffsy:=0　putoffsa:=0
奇数层	2	putoffsx:=-16　putoffsy:=-46　putoffsa:=90
奇数层	3	putoffsx:=-61　putoffsy:=-31　putoffsa:=0
奇数层	4	putoffsx:=-46　putoffsy:=16　putoffsa:=90
偶数层	1	putoffsx:=0　putoffsy:=-31　putoffsa:=0
偶数层	2	putoffsx:=-46　putoffsy:=-46　putoffsa:=90
偶数层	3	putoffsx:=-61　putoffsy:=0　putoffsa:=0
偶数层	4	putoffsx:=-16　putoffsy:=16　putoffsa:=90

6.3.3　编写旋转交错式码垛程序

1. 码垛例行程序

旋转交错式码垛例行程序见表 6-3-2。

慕课：旋转交错式码垛程序编写

表 6-3-2　旋转交错式码垛例行程序

程序行号	程序	程序说明
1	PROC maduo3()	码垛例行程序开始
2	WHILE N <8 DO	WHILE 循环 8 次
3	pickoffsx:=(N MOD 4)*50;	工件抓取 *X* 方向位置
4	pickoffsy:=(N DIV 4)*75;	工件抓取 *Y* 方向位置
5	putoffsz:=−12*(N DIV 4);	工件抓取 *Z* 方向位置
6	IF(N DIV 4)=0	奇数层工件位置数据
7	THEN	
8	TEST N MOD 4	
9	CASE 0:	
10	putoffsx:=0;	
11	putoffsy:=0;	
12	putoffsa:=0;	
13	CASE 1:	
14	putoffsx:=−16;	
15	putoffsy:=−46;	
16	putoffsa:=90;	
17	CASE 2:	
18	putoffsx:=−61;	
19	putoffsy:=−31;	
20	putoffsa:=0;	
21	CASE 3:	
22	putoffsx:=−46;	
23	putoffsy:=16;	
24	putoffsa:=90;	
25	ENDTEST	
26	ELSEIF(N DIV 4)=1 THEN	偶数层工件位置数据
27	TEST N MOD 4	
28	CASE 0:	
29	putoffsx:=0;	
30	putoffsy:=−31;	
31	putoffsa:=0;	
32	CASE 1:	
33	putoffsx:=−46;	
34	putoffsy:=−46;	
35	putoffsa:=90;	

续表

程序行号	程序	程序说明
36	CASE 2:	
37	putoffsx:=-61;	
38	putoffsy:=0;	
39	putoffsa:=0;	
40	CASE 3:	
41	putoffsx:=-16;	
42	putoffsy:=16;	
43	putoffsa:=90;	
44	ENDTEST	
45	ENDIF	
46	MoveL Offs(pick,pickoffsx,pickoffsy,100),v200,z20,xipantool;	到达工件吸持位置接近点
47	MoveL Offs(pick,pickoffsx,pickoffsy,0),v200,fine,xipantool;	到达工件吸持位置点
48	SetDo YV5,1;	吸盘吸持工件
49	Waittime 1;	等待 1 s
50	MoveL Offs(pick,pickoffsx,pickoffsy,100),v200,z20,xipantool;	到达工件吸持位置接近点
51	MoveL RelTool(put,putoffsx,putoffsy,putoffsz-100\Rz:=putoffsa),v200,z20,xipantool;	到达工件放置位置接近点
52	MoveL RelTool(put,putoffsx,putoffsy,putoffsz\Rz:=putoffsa),v200,fine,xipantool;	到达工件放置位置点
53	SetDo\Sync,YV5,0;	吸盘释放工件
54	Waittime 1;	等待 1 s
55	MoveL RelTool (put,putoffsx,putoffsy,putoffsz-100\Rz:=putoffsa),v150,220,xipantool;	到达工件放置位置接近点
56	Incr N;	工件个数增 1
56	ENDWHILE	WHILE 循环结束
57	ENDPROC	码垛例行程序结束

2. 主程序

旋转交错式码垛主程序见表 6-3-3 所示。

表 6-3-3　旋转交错式码垛主程序

程序行号	程序	程序说明
1	PROC main()	主程序开始
2	MoveAbsJ Home\NoEOffs,v200,fine,tool0;	工业机器人返回原点
3	quxipan;	调用取工件例行程序
4	MoveAbsJ Home\NoEOffs,v200,fine,tool0;	工业机器人返回原点
5	maduo3 ;	调用码垛例行程序
6	MoveAbsJ Home\NoEOffs,v200,fine,tool0;	工业机器人返回原点

续表

程序行号	程序	程序说明
7	fangxipan;	调用放工件例行程序
8	MoveAbsJ Home\NoEOffs,v200,fine,tool0;	工业机器人返回原点
9	ENDPROC	主程序结束

3. 记录取放位置数据

将工业机器人移动到拾取和码放参考点位置，按任务 6.1 的方法记录取放位置数据，如图 6-3-4 所示。

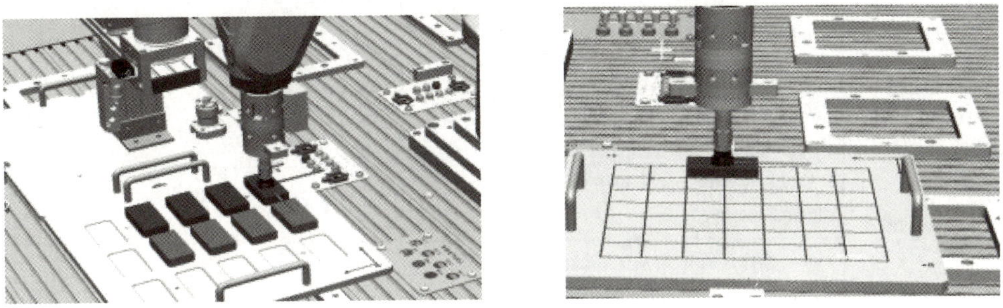

(a)pick 位置示教示意图　　(b)put 位置示教示意图

图 6-3-4　记录取放位置数据

学而有思

大国工匠——洪家光

任务验收考核

姓名			学号		
任务名称	考核要点	考核要求	配分	评分标准	得分
旋转交错式码垛应用	1. 基础知识（80 分）	（1）正确设计旋转交错式码垛流程图	40	①流程图设计有错误，每处扣 10 分； ②描述旋转交错式码垛流程图设计的注意事项有错误，每处扣 10 分	
		（2）正确编写旋转交错式码垛程序	40	①程序指令使用错误，每处扣 10 分； ②不能根据任务要求完成旋转交错式码垛程序编写扣 30 分	
	2. 职业素养（20 分）	（1）操作前按照机器人安全操作规程正确着装并佩戴安全帽	4	着装不规范每处扣 1 分	
		（2）操作过程中未发生机器人与其他外围设备碰撞的现象	4	发生碰撞每次扣 2 分	
		（3）操作过程中未发生机器人末端执行器掉落的现象	2	发生掉落每次扣 2 分	
		（4）操作过程中未发生踩踏机器人电缆的现象	2	踩踏机器人电缆每次扣 2 分	
		（5）操作过程中积极参与，互帮互助，团结协作	4	操作过程中发现不参与实训、影响团队合作的现象扣 1 分	
		（6）操作过程中工位整洁有序，操作结束后按照“6S”法则整理工位	4	工位整理不符合“6S”法则每处扣 1 分	
合计			100	总分	

知识拓展

工业机器人码垛应用

习题与测试

任务 6.3 习题与测试

项目 7

工业机器人关节装配工作站编程与调试

证书技能要求

工业机器人系统操作员（三级）		
工作内容	技能要求	对应教学内容
机械系统总装	能安装相机、镜头、光源等机器视觉装置功能部件	7.1
机械系统总装功能检查与调试	能调整机器视觉系统部件的图像成像、聚焦、亮度等功能	7.1
	能检查传感器、相机等部件安装位置	7.1
电气系统功能检查与调试	能使用视觉图像软件调试相机参数	7.1
示教编程与调试	能使用视觉图像软件进行机器视觉系统的编程	7.3

项目学习导读

工业视觉系统通过图像采集硬件（相机、镜头、光源等）将被摄取目标转换成图像信号，并传送给专用的图像处理系统。图像处理系统根据像素、亮度、颜色分布等信息，对目标进行特征抽取，并做相应的判断，进而根据结果来控制现场的设备。视觉检测在工业生产中的应用越来越广泛，尤其是在许多工业产品的装配过程中，视觉检测已成为必不可少的关键环节。机器视觉系统与工业机器人结合，赋予了工业机器人更强的智能性，极大地拓展了工业机器人的应用广度和深度，也使得自动化生产更加灵活且更具柔性，产品质量更加稳定、高效。

本项目通过视觉检测模块的安装及调试、工业机器人与相机通信、基于视觉定位的关节装配三个任务，实现对工件类型和角度的识别，并利用该数据完成产品的正确装配。

项目描述

某加工企业有一工业机器人关节装配工作站，该工作站由工业机器人、工件上料单元、工件输送单元组成，根据生产所需要对该工作站进行改造升级，加装智能相机并优化生产流程，减少过度依赖人工肉眼检测装配质量的现状。本项目对该装配工作站的机器人进行编程调试，通过视觉定位完成减速机和法兰盘的装配。本项目所用到的实训装备如图 7-1 所示。

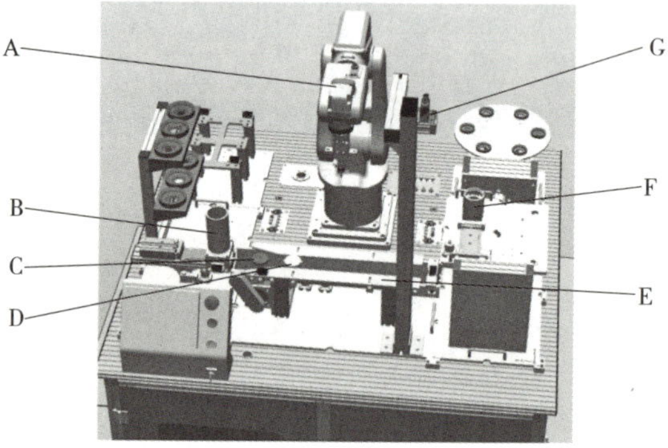

图 7-1　工业机器人关节装配工作站

A—工业机器人；B—工件上料单元；C—减速机；D—输出法兰；E—工件输送单元；F— 电机外壳；G—智能相机

项目学习导图

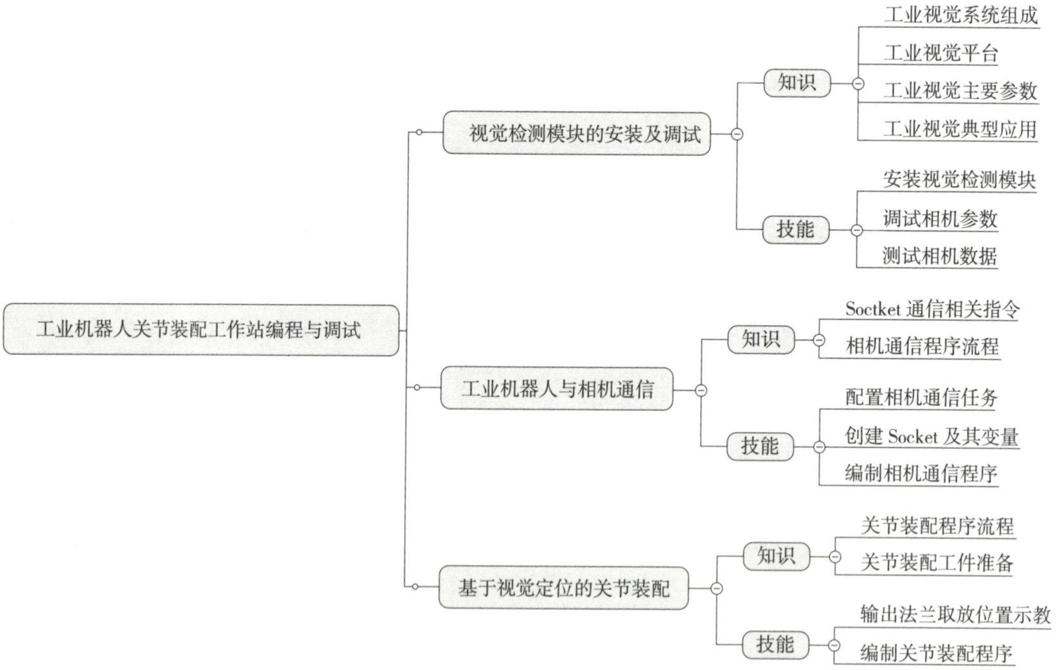

任务 7.1　视觉检测模块的安装及调试

任务描述

本任务主要介绍视觉系统的组成、工业视觉平台、主要参数和典型应用等，根据所学知识完成视觉检测模块的连接、参数配置和相机拍照测试。

任务要求

(1)完成视觉检测模块的连接；

(2)完成相机参数的配置及调试。

任务目标

1. 知识目标

(1)能说出工业视觉系统的基本理论知识；

(2)能描述视觉检测模块的安装方法；

(3)能总结程序调试的方法及流程。

2. 能力目标

(1)能够安装视觉检测模块；

(2)能够调试相机参数；

(3)能够测试工业相机检测数据。

3. 素养目标

(1)培养学生的实际动手能力；

(2)培养学生知行合一、探索钻研的求知精神。

任务准备

7.1.1　工业视觉系统介绍

1. 工业视觉系统组成

工业视觉系统由图像采集系统、图像处理系统和信息综合分析处理系统组成。工业视觉系统广泛运用于仪表板智能集成测试、金属板表面自动探伤、汽车车身检测、纸币印刷质量检测、智能交通管理、金相分析、医学成像分析和流水线生产检测等。一个典型的基于 PC 的视觉系统由工业相机或工业镜头、光源、传感器、图像采集卡、PC 平台、视觉处理软件和控制单元

微课：工业视觉系统组成

等七部分组成，各部分之间相互配合，最终实现检测。基于 PC 的工业视觉系统如图 7-1-1 所示。

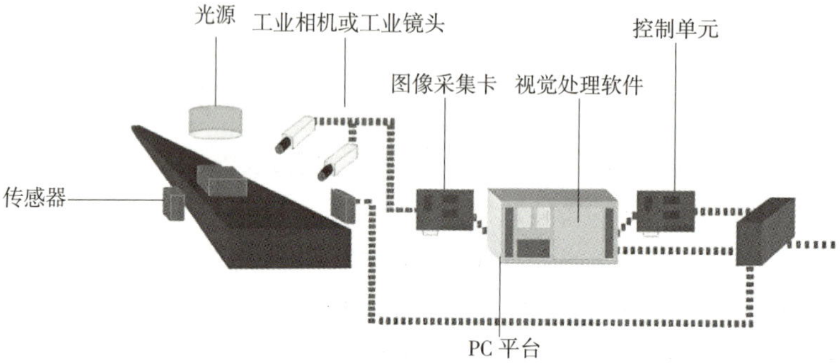

图 7-1-1　基于 PC 的工业视觉系统

1）传感器

传感器通常以光纤开关、接近开关等形式出现，用以判断被测对象的位置和状态并告知图像采集卡进行正确的采集。

2）光源

光源作为辅助成像器件，对成像质量的好坏往往能起到至关重要的作用。各种形状的 LED 灯、高频荧光灯、光纤卤素灯等都可以作为光源。

3）工业相机或工业镜头

工业相机或工业镜头属于成像器件，通常的视觉系统都是由一套或者多套这样的成像系统组成的，如果有多路相机，可能由图像采集卡切换来获取图像数据，也可能由同步控制同时获取多相机通道的数据。根据应用的需要，相机可能输出标准的单色视频、复合信号、RGB 信号，也可能输出非标准的逐行扫描信号、线扫描信号、高分辨率信号等。

4）图像采集卡

图像采集卡通常以插入卡的形式安装在 PC 中，图像采集卡的主要工作是把相机输出的图像输送给 PC。图像采集卡将来自相机的模拟或数字信号转换成一定格式的图像数据流，同时它可以控制相机的一些参数，如触发信号、曝光/积分时间和快门速度等。图像采集卡针对不同类型的相机通常有不同的硬件结构，同时也有不同的总线形式。

5）PC 平台

计算机是一个 PC 式视觉系统的核心，用于完成图像数据的处理和绝大部分的控制逻辑，对于检测类型的应用，通常都需要较高频率的 CPU，这样可以减少处理的时间。同时，为了减少工业现场电磁、振动、灰尘、温度等的干扰，必须选择工业级的计算机。

6）视觉处理软件

视觉处理软件可以对输入的图像数据进行处理，然后通过一定的运算得出结果，这个输出的结果可能是 PASS/FAIL，信号、坐标位置、字符串等。常见的机器视觉软件以 C/C++ 图像库、ActiveX 控件、图形式编程环境等形式出现，可以是专用功能的（如仅用于 LCD 检测、BGA 检测、模板对准等），也可以是通用目的的（包括定位、测量、条码/字符识别、斑点检测等）。

7）控制单元

控制单元包含 I/O、运动控制、电平转换单元等，一旦视觉处理软件完成图像分析（除非仅用于监控），就需要和外部单元进行通信以完成对生产过程的控制。简单的控制可以直接利用部分图像采集卡自带的 I/O，相对复杂的逻辑/运动控制则必须依靠附加可编程逻辑控制单元/运动控制卡来实现必要的动作。

2. 工业视觉平台

机器视觉可以通过不同的物理平台来实施，包括基于 PC 的机器视觉系统、专为三维和多相机二维应用设计的视觉控制器、独立式视觉系统、简单的视觉传感器和基于图像的读码器。要选择合适的机器视觉平台，通常要考虑应用需求，包括开发环境、功能、架构和成本。

1）基于 PC 的机器视觉系统

基于 PC 的机器视觉系统能够与直接连接的相机或图像采集板连接，并且提供各种可配置的机器视觉应用软件支持。另外，PC 还提供众多自定义代码开发选项，且使用的是用户熟悉且支持度很高的语言，如 Visual C/C++、Visual Basic 和 Java 以及图形编程环境。但应用开发通常比较复杂，往往需要较长的时间，因此这种平台通常局限于大型安装应用。

2）独立式视觉系统

独立式视觉系统不仅价格经济实惠，而且能够快速、轻松地完成配置。这类系统配备有相机传感器、处理器和通信套件，有些还集成了光源和自动对焦光学元件。这类系统不仅体积小巧，而且价格实惠。通过在关键流程位置安装独立式视觉系统，用户可以在生产流程中及时检测到缺陷，并且更快速地识别设备问题。这类系统大多提供内置以太网通信模块，让用户不仅能够在整个生产流程中安装视觉系统，而且能够将两套或多套系统连接到一个可管理、可扩展的视觉区域网络中，如图 7-1-2 所示。

图 7-1-2　独立式视觉系统

3. 工业视觉系统主要参数

常见工业视觉系统的主要参数有焦距、光圈、景深、分辨率、曝光方式、图像亮度、图像对比度、图像饱和度等

1）焦距

焦距是从镜头的中心点到胶平面（胶片或 CCD）上所形成的清晰影像的距离。焦距的大小决定着视角大小，即焦距数值小，视角大，所观察的范围也大；焦距数值大，视角小，所观察的范围也小。

微课：工业视觉系统主要参数

2）光圈

光圈是一个用来控制光线通过镜头进入机身内感光面光量的装置，它通常是在镜头内。对于已经制造好的镜头，不可以随意地改变镜头，但是可以通过在镜头内部加入多边形或者圆形并且面积可变的孔径光栅来控制镜头的通光量，这个装置就是光圈。当光线不足时，把光圈调大，可以让更多的光线进入相机；当光线充足时，把光圈调小，可以限制进入相机的光线。除调整进光量外，光圈还有一个重要的作用，就是调整画面的景深。

3）景深

景深是指在被摄物体聚焦清楚后，在物体前后的一定距离内，其影像仍然清晰的范围。景深随镜头的光圈值、焦距、拍摄距离而变化，光圈越大，景深越小（浅）；光圈越小，景深越大（深）；焦距越长，景深越小；焦距越短，景深越大；拍摄距离越近，景深越小；拍摄距离越远，景深越大。

4）分辨率

图像分辨率可以看成图像的大小，即分辨率高，图像就大，且更清晰；反之，分辨率低，图像就小。图像分辨率是指图像中存储的信息量，即每英寸图像内有多少像素点，单位为像素每英寸（Pixels Per Inch，PPI）。因此，放大图像便会增强图像的分辨率，而图像分辨率大，则图像会更大、更加清晰。例如，一张图片的分辨率是 500×200，也就是说这张图片在屏幕上按 1∶1 放大时，水平方向有 500 个像素点（色块），垂直方向有 200 个像素点（色块）。

5）曝光方式

线阵相机都是逐行曝光的，可以选择固定行频和外触发同步的采集方式，曝光时间可以与行周期一致，也可以设定一个固定的时间。

面阵工业相机有帧曝光、场曝光和滚动行曝光等几种常见方式，数字工业相机一般都提供外触发采集图像的功能。

6）图像亮度

对图像亮度的通俗理解是图像的明暗程度。如果数字图像 $f(x,y)=i(x,y)r(x,y)$ 的灰度值在[0,255]区间，则 f 值越接近 0，亮度越低；f 值越接近 255，亮度越高。

7）图像对比度

图像对比度是指图像暗和亮的差值，即图像最大灰度级和最小灰度级之间的差值。

8）图像饱和度

图像饱和度是指图像颜色种类的多少，图像的灰度级是$[L_{min}, L_{max}]$，则在 L_{min} 和 L_{max} 的中间值越多，便代表图像的颜色种类越多，饱和度也就越高，图像看起来会更加鲜艳，调整饱和度可以修正过度曝光或者未充分曝光的图片。

此外，工业相机根据芯片类型可分为 CCD 相机和 CMOS 相机，两者对比见表 7-1-1。CCD 相机以电荷为信号，具有无灼伤、低电压工作等优点；CMOS 相机则以其良好的集成性、低功耗和高速传输等特点在高分辨率和高速场合得到广泛应用。

表 7-1-1　CCD 和 CMOS 相机对比

对比项	CCD	CMOS
设计技术	单一感光器	感光器连接放大器
灵敏度	较高	感光开口小，灵敏度低
成本	线路品质影响程度高，成本高	CMOS 整合集成，成本低
解析度	连接复杂度低，解析度高	具有极高的解析度
噪点比	单一放大，噪点低	百万放大，噪点高
功耗比	需加外电压，噪点低	直接放大，功耗低
信息读取方式	需要外部电压控制，复杂	直接读取电流信号，简单
信息读取速度	较慢	是 CCD 的 10 倍以上
曝光方式	全局快门	卷帘/全局快门均有

4. 工业视觉典型应用

头脑风暴：

在新闻中有没有看到过机器视觉的相关报道，是否知道机器视觉应用在哪些行业。

1）定位

视觉定位要求工业视觉系统能够快速、准确地找到被测零件并确认其位置。在半导体封装领域，设备需要根据工业视觉系统获取的芯片位置信息调整拾取工具，准确拾取芯片并进行绑定，这就是视觉定位在工业领域最基本的应用。

2）引导

引导应用是指在机器视觉系统定位元件的位置和方向后，输出位置参数，引导执行机构完成下一个动作，如工业机器人进行抓取、激光进行切割等。

机器视觉引导在许多任务中都能够实现比人工定位高得多的速度和精度，例如将元件放入货盘或从货盘中拾取元件；对输送带上的元件进行包装；对元件进行定位和对位，以便将其与其他部件装配在一起；将元件放置到工作架上，或者将元件从箱子中移走，如图 7-1-3 所示。

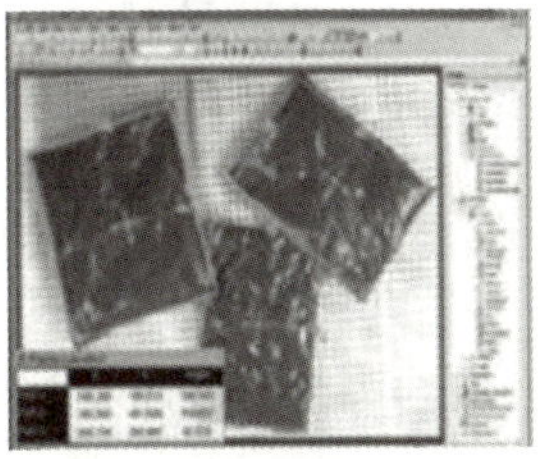

番茄酱包

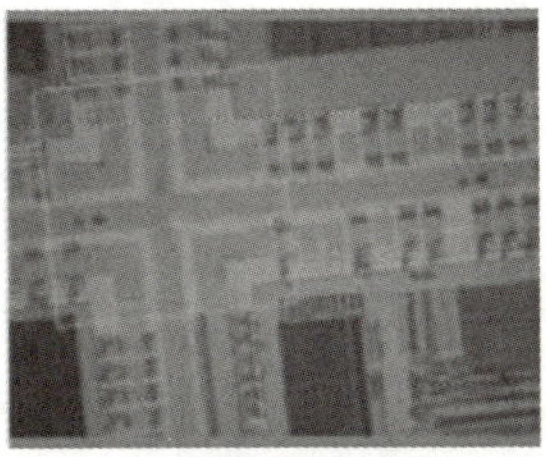

印刷电路板

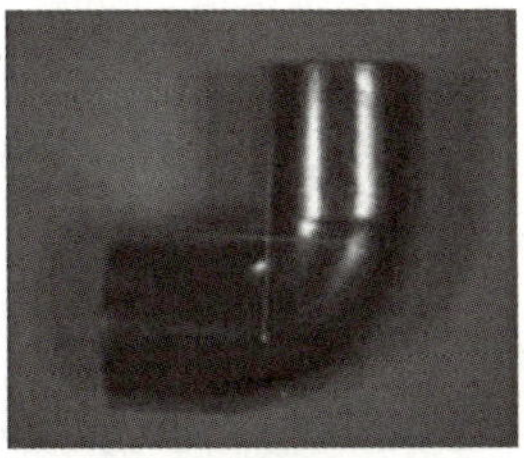

90° 弯管

图 7-1-3　机器视觉引导所使用的图像示例

3）识别

元件识别应用是指机器视觉系统通过读取条码（一维）、二维码、直接部件标识（DPM）

及元件、标签和包装上印刷的字符来识别元件，如图 7-1-4 所示。

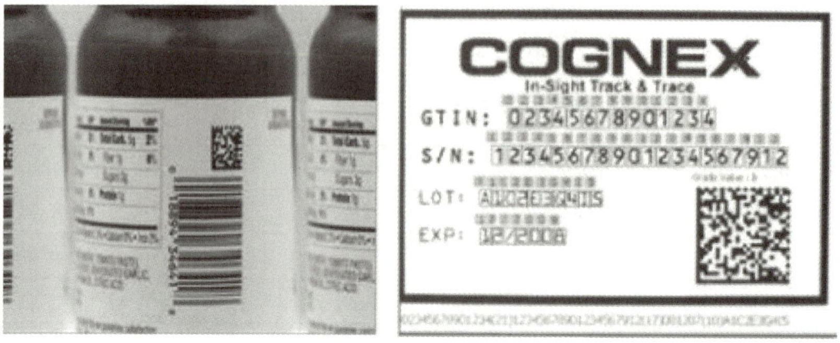

图 7-1-4　图像识别

4)测量

测量应用是指机器视觉系统通过计算物品上两个或两个以上的点或者几何位置之间的距离来进行测量，然后确定这些测量结果是否符合规格要求。如果不符合，视觉系统将向机器控制器发送一个未通过信号，进而触发生产线上的不合格产品剔除装置，将该物品从生产线上剔除。

在实践中，当元件移动并经过相机视场时，固定式相机会采集该元件的图像，然后机器视觉系统会使用软件来计算图像中不同点之间的距离。由于许多机器视觉系统在测量物品特征时能够将公差保持在 0.025 4 mm 以内，因此它们能够解决许多传统上通过接触式测量无法解决的问题，如图 7-1-5 所示。

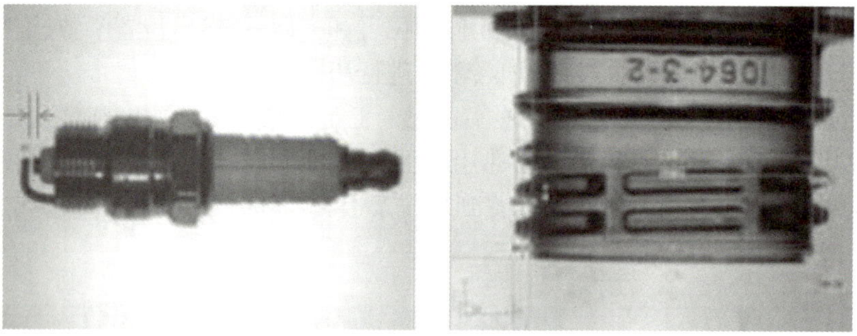

图 7-1-5　机器视觉测量

5)检验

检验应用是指机器视觉系统通过检测制成品是否存在缺陷、污染物、功能性瑕疵和其他不合规之处来进行产品检验，如图 7-1-6 所示。具体应用示例包括检验片剂式药品是否存在缺陷；检验显示屏，以验证图标的正确性或确认像素的存在性；检验触摸屏，以测量背光对比度水平。机器视觉系统还能够检验产品的完整性，例如在食品和医药行业，机器视觉系统用于确保产品与包装的匹配性，以及检查包装瓶上的安全密封垫、封盖和安全环是否存在。

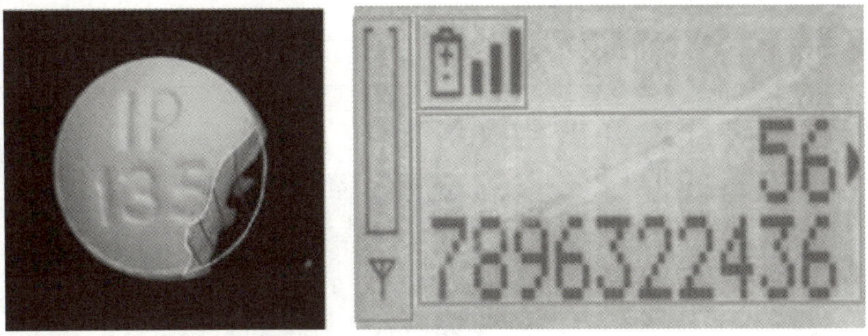

图 7-1-6　机器视觉校验

任务实施

7.1.2　视觉检测模块安装

工业机器人视觉检测模块的安装流程如下：

（1）模块安装；

（2）通信线连接；

（3）电源线连接；

（4）局域网连接。

视觉检测模块安装步骤见表 7-1-2。

表 7-1-2　视觉检测模块安装步骤

步骤	操作说明	图例
1	将视觉模块安装到输送带模块上	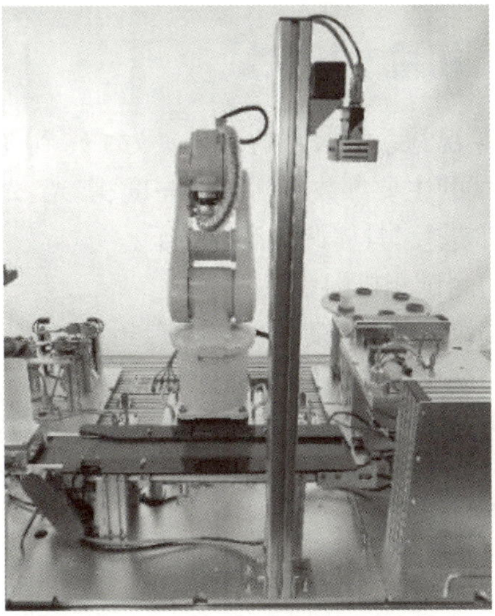

续表

步骤	操作说明	图例
2	安装视觉模块的通信线，一端连接到通用电气接口板上的LAN2接口位置，另一端连接到相机通信口	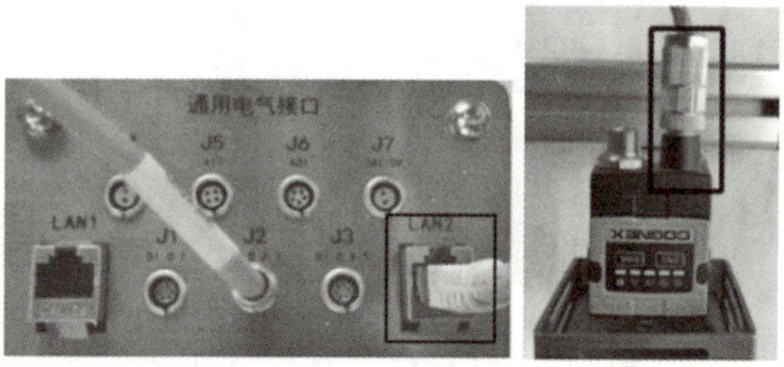
3	安装视觉模块的电源线，一端连接到通用电气接口板上的J7接口位置，另一端连接到相机电源口	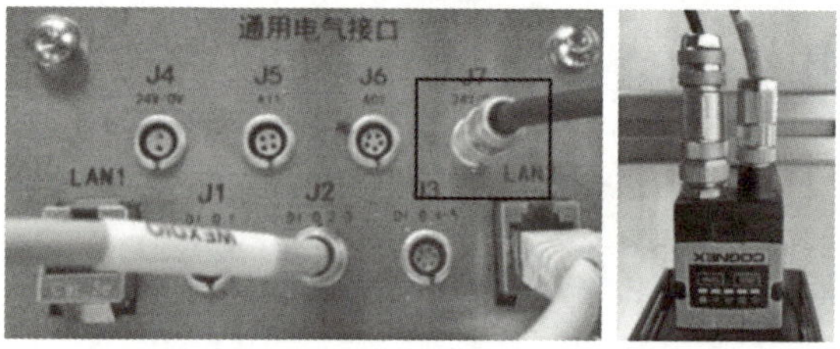
4	安装局域网网线，将计算机和相机连接到同一局域网，网线一端接到计算机的网口，另一端接到通用电气接口板上的LAN1网口	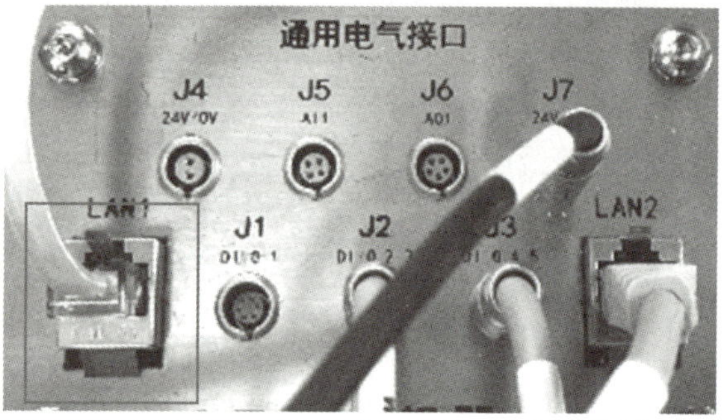

7.1.3 相机参数调试

工业视觉系统参数的调试是为了得到高清画质的图像，获取更加准确的图像数据。相机可调试的主要参数包括图像亮度、曝光、光源强度、焦距等。这些参数的调试要在视觉编程软件中进行，具体调试流程如下：

（1）测试相机网络；

（2）调试相机焦距；

（3）调试图像亮度、曝光、光源强度。

相机参数调试具体操作步骤见表7-1-3至表7-1-6。

表 7-1-3　相机网络测试步骤

步骤	操作说明	图例
1	手动将计算机的 IP 地址设为“192.168.101.88”，子网掩码设为“255.255.255.0”，单击“确定”完成 IP 设置	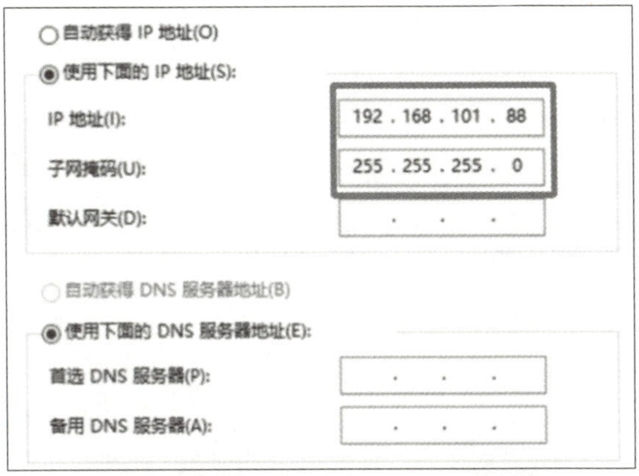
2	打开 insight 软件，单击菜单栏中“系统”下的“将传感器添加到设备”，输入相机的 IP 地址“192.168.101.50”，单击“应用”	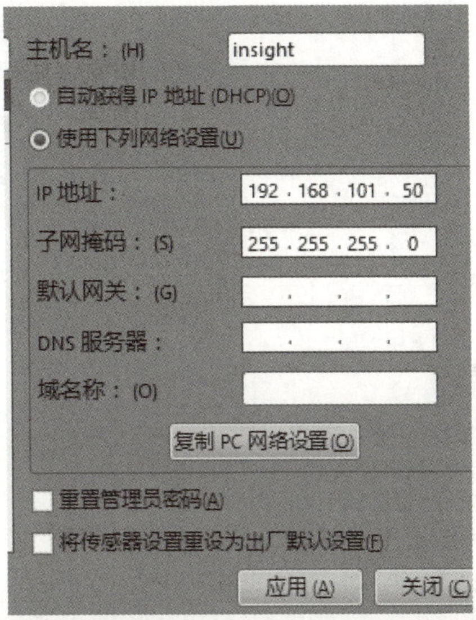
3	在开始运行中打开命令提示符窗口，输入“ping 192.168.101.50”，测试计算机与相机之间的通信，若能收发数据包，说明网络正常通信	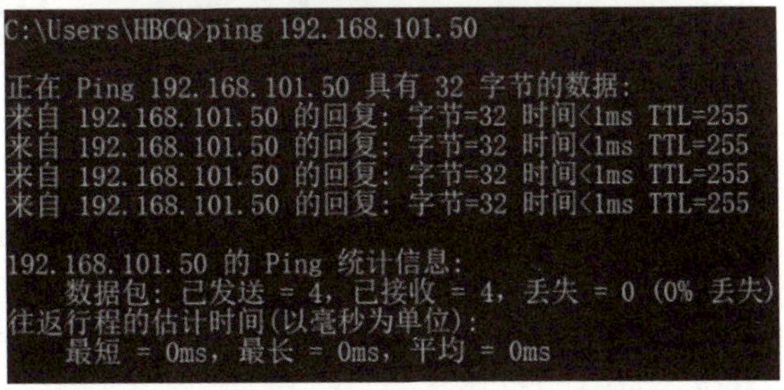

表 7-1-4　相机焦距调试步骤

步骤	操作说明	图例
1	打开视觉编程软件 In-Sight Explorer	
2	双击“In-Sight 网络”下的“insight”，自动加载相机中已保存的工程	
3	将相机模式设为实况视频模式，即相机进行连续拍照	
4	相机进行实况视频拍照，当前焦点为 4.12	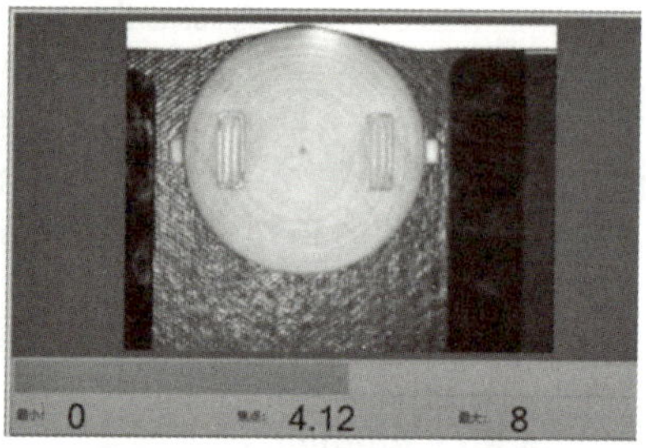
5	使用一字螺丝刀顺时针或逆时针旋转相机焦距调节器，直到相机拍照获得的图像清晰为止，当前焦点为 4.15	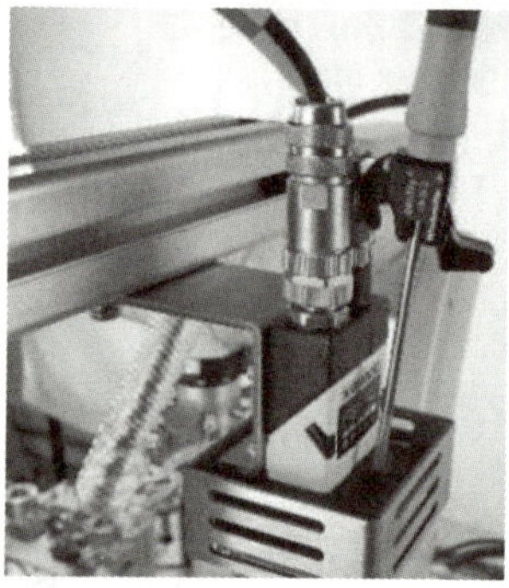

表 7-1-5　图像亮度、曝光和光源强度调试步骤

步骤	操作说明	图例
1	单击“应用程序步骤”下的“设置图像”	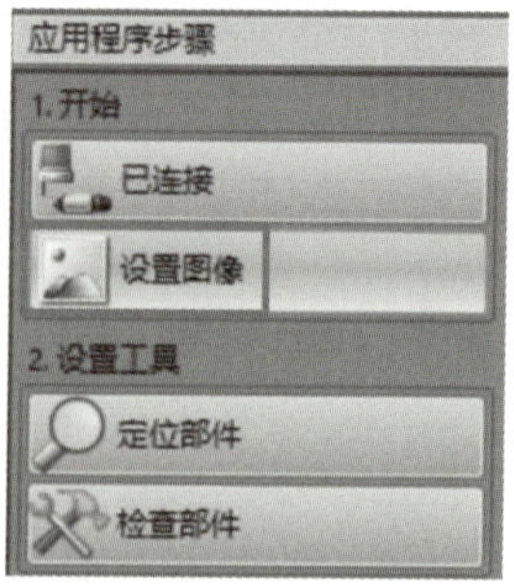

续表

步骤	操作说明	图例
2	依次选择“灯光”和“手动曝光”，并调试“目标图像亮度”“曝光”“光源强度”参数	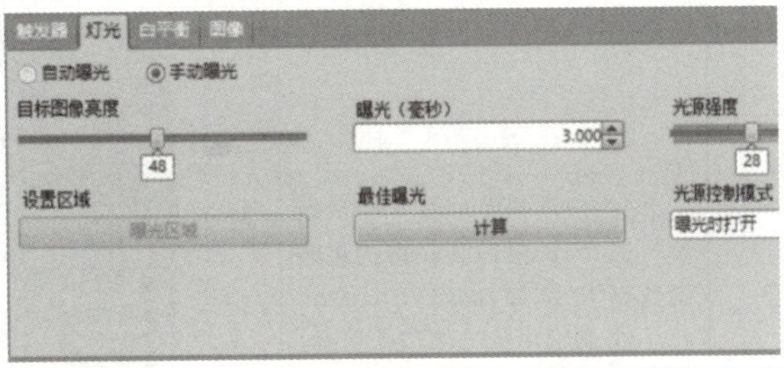
3	重复步骤 2，直到图像颜色和形状的清晰度满足要求为止	

表 7-1-6　法兰工件视觉检测调试步骤

步骤	操作说明	图例
1	单击“应用程序步骤”中的“定位部件”，在“位置工具”栏中双击“图案”工具后，使紫色的矩形框范围覆盖两个矩形凹槽的两端，单击“确定”	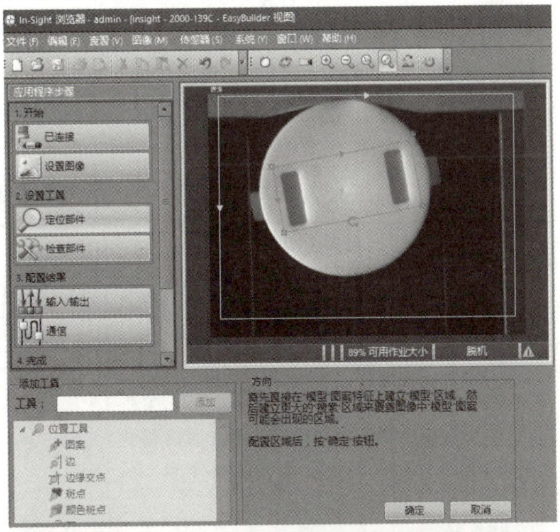
2	在“编辑工具”下，把旋转公差改为“-90°~90°”，把名称改为“falan”，单击模型区域训练图像	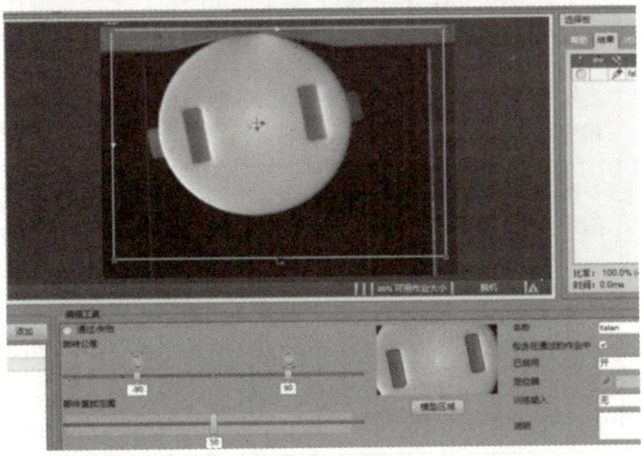

续表

步骤	操作说明	图例
3	单击“应用程序步骤”中的“通信”，选择“profinet”，在格式化输出数据下，添加“falan.Fixture.Angle”，得到输出法兰的角度信息，保存作业到 insight 传感器下	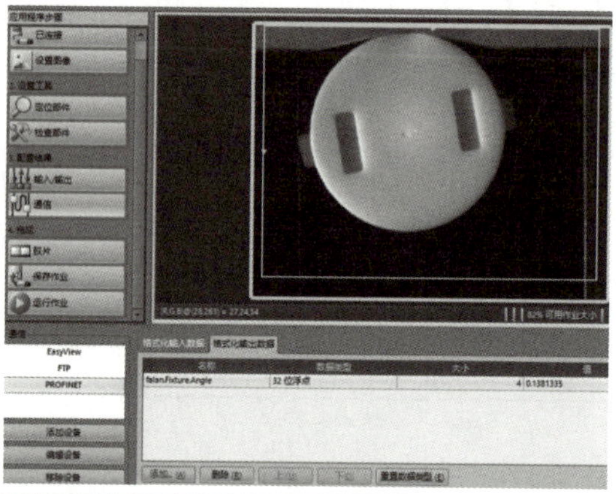

7.1.4 测试相机数据

测试相机数据需要下载 SSCOM 串口调试助手软件，操作步骤见表 7-1-7。

表 7-1-7 相机数据测试步骤

步骤	操作说明	图例
1	在视觉编程软件中，单击“联机”按钮，切换到联机模式	
2	打开通信调试助手，选择“TCP Client”模式。相机进行 TCP_IP 通信时，相机为服务器，工业机器人或其他设备为客户端。打开通信调试助手，输入相机的 IP 地址“192.168.101.50”，端口号“3010”，建立通信连接	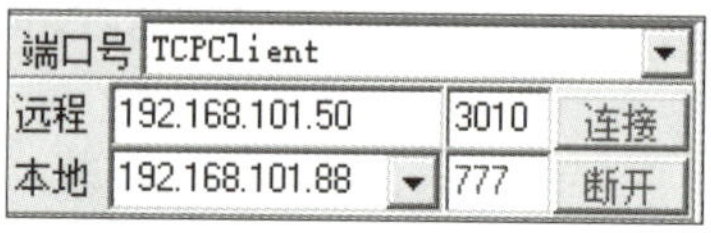
3	发送指令“admin”到相机，调试助手收到相机返回的数据“Password”	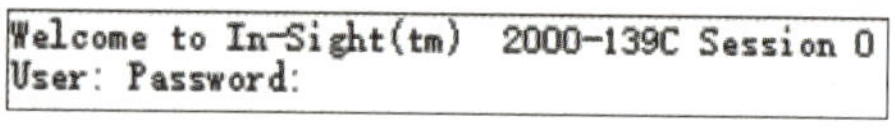
4	发送指令“ ”（空格）到相机，调试助手收到相机返回的数据“User Logged In”	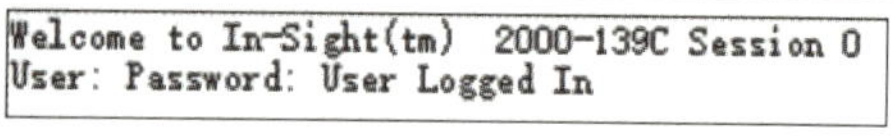
5	发送指令“se8”到相机，控制相机执行一次拍照，调试助手收到相机返回的数据“1”，代表指令发送成功	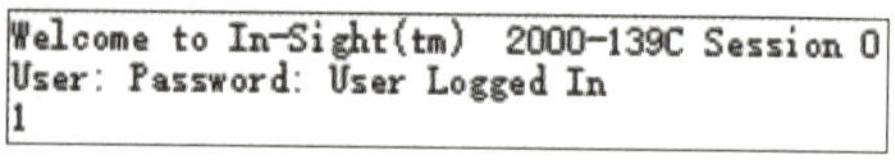
6	发送“GVFlange.Fixture.X”到相机，调试助手收到相机返回的数据“1 156.105”，其中“1”代表指令发送成功，“156.105”代表工件在 X 方向的位置	

学而有思

空间站机械臂

任务验收考核

姓名			学号		
任务名称	考核要点	考核要求	配分	评分标准	得分
视觉检测模块的安装及调试	1. 基础知识（85 分）	（1）描述工业视觉系统组成	15	每部分组成 3 分，根据描述全面性和准确性给 1~3 分，遗漏一项扣 3 分	
		（2）说出不同机器视觉平台的特点	10	每种视觉平台给 2 分	
		（3）说出工业视觉系统的主要参数	10	根据描述全面性和准确性给 1 分，遗漏一项扣 1 分	
		（4）说出工业视觉系统的典型应用	10	根据描述全面性和准确性给 1 ～ 2 分，遗漏一项扣 2 分	
		（5）完成视觉检测模块安装	10	每一处安装不规范扣 2 分	
		（6）完成相机参数调整	20	焦距、图像亮度、曝光和光源强度调整正确各给 5 分	
		（7）完成视觉数据记录	10	数据记录正确给 10 分，每错一处扣 2 分	
	2. 职业素养（15 分）	（1）操作前按照机器人安全操作规程正确着装并佩戴安全帽	5	着装不规范每处扣 1 分	
		（2）操作过程中未发生视觉检测模块与其他外围设备碰撞的现象	3	发生碰撞每次扣 2 分	
		（3）操作过程中未发生踩踏视觉模块电缆的现象	2	踩踏机器人电缆每次扣 2 分	
		（4）操作过程中工位整洁有序，操作结束后按照“6S”法则整理工位	5	工位整理不符合“6S”法则每处扣 1 分	
合计			100	总分	

知识拓展

不同类型的机器视觉系统

习题与测试

任务 7.1 习题与测试

任务 7.2 工业机器人与相机通信

任务描述

ABB 工业机器人提供了丰富的 I/O 接口，如 ABB 标准通信，不仅可以与 PLC 的现场总线通信，还可以与工业视觉和 PC 通信，实现与周边设备的通信处理。本任务通过学习 Socket 通信指令，实现 ABB 工业机器人与康耐视相机的数据通信。

任务要求

（1）配置相机通信任务，创建 Socket 指令相关变量；

（2）完成相机拍照、数据转换、获取数据和相机通信主程序编写。

任务目标

1. 知识目标

（1）能说出常用的 Socket 通信指令；

（2）能总结工业机器人与相机通信程序流程。

2. 能力目标

（1）能够配置相机通信任务；

（2）能够创建 Socket 通信指令及相关变量；

（3）能够编写相机拍照、数据转换、获取数据和相机通信主程序。

3. 素养目标

（1）培养学生的调试能力；

（2）培养学生分析和解决复杂问题的能力。

任务准备

7.2.1　Socket 通信介绍

微课：Socket 通信介绍

ABB 工业机器人在进行 Socket 通信编程时，常用的指令包括 SocketClose、SocketCreate、SocketConnect、SocketGetStatus、SocketSend、SocketReceive、StrPart、StrToVal 和 StrLen，具体见表 7-2-1 至表 7-2-9。

表 7-2-1　SocketClose 指令介绍

指令	SocketClose	功能：关闭套接字
参数	Socket	有待关闭的套接字
示例	SocketClose Socket1；关闭套接字 Socket1	

表 7-2-2　SocketCreate 指令介绍

指令	SocketCreate	功能：创建套接字
参数	Socket	存储系统内部套接字数据的变量
示例	SocketCreate Socket1；创建套接字 Socket1	

表 7-2-3　SocketConnect 指令介绍

指令	SocketConnect	功能：建立 Socket 连接
参数	Socket	有待连接的服务器套接字，必须创建尚未连接的套接字
	Address	远程计算机的 IP 地址，不能使用远程计算机的名称
	Port	位于远程计算机上的端口
示例	SocketConnect Socket1，"192.168.0.1"，1025；尝试与 IP 地址 192.168.0.1 和端口 1025 处的远程计算机相连	

表 7-2-4　SocketGetStatus 指令介绍

指令	SocketGetStatus	功能：获取套接字当前的状态
参数	Socket	存储系统内部套接字数据的变量

续表

示例	state := SocketGetStatus(Socket1);返回 Socket1 套接字当前状态	
套接字状态	Socket_CREATED、Socket_CONNECTED、Socket_BOUND、Socket_LISTENING、Socket_CLOSED	

表 7-2-5　SocketSend 指令介绍

指令	SocketSend Socket[\Str]\[\RawData]\[\Data]	功能:发送数据至远程计算机
参数	Socket	在套接字接收数据的客户端应用中,必须已经创建和连接套接字
	[\Str]\[\RawData]\[\Data]	将数据发送到远程计算机,同一时间只能使用可选参数\Str、\RawData 或\Data 中的一个
示例	SocketSend Socket1 \Str := "Hello world";将消息“Hello world”发送给远程计算机	

表 7-2-6　SocketReceive 指令介绍

指令	SocketReceive Socket[\Str]\[\RawData]\[\Data]	功能:接收远程计算机数据
参数	Socket	在套接字接收数据的客户端应用中,必须已经创建和连接套接字
	[\Str]\[\RawData]\[\Data]	应当存储接收数据的变量,同一时间只能使用可选参数\Str、\RawData 或\Data 中的一个
示例	SocketReceive Socket1 \Str := str_data;从远程计算机接收数据,并将其存储在字符串变量 str_data 中	

表 7-2-7　StrPart 指令介绍

指令	StrPart(Str ChPos Len)	功能:获取指定位置开始长度的字符串
参数	Str	字符串数据
	ChPos	字符串开始位置
	Len	截取字符串的长度
示例	Part := StrPart("Robotics", 1, 5);变量 Part 的值为“Robot”	

表 7-2-8　StrToVal 指令介绍

令	StrToVal(Str Val)	功能:将字符串转化为数值
参数	Str	字符串数据
	Val	保存转换得到的数值的变量
示例	ok := StrToVal("3.14", nval);变量 nval 的值为 3.14	

表 7-2-9　StrLen 指令介绍

指令	StrLen(Str)	功能:获取字符串的长度
参数	Str	字符串数据
示例	len := StrLen("Robotics");变量 len 的值为 8	

7.2.2 相机通信配置

工业机器人与相机的通信采用后台任务执行的方式，即工业机器人和相机的通信及数据交互在后台任务执行，工业机器人的动作及信号输入输出在工业机器人系统任务执行，后台任务和工业机器人系统任务是并行运行的。在后台任务中，工业机器人获取相机图像处理后的数据，通过任务间的共有变量共享给工业机器人系统任务；在工业机器人系统任务中，根据后台任务共享得到的数据，控制工业机器人执行相应的程序。

微课：相机通信配置方法

通过分析上述工业机器人与相机的通信流程，可将工业机器人与相机的通信程序分为以下子程序：

(1)工业机器人与相机建立 Socket 连接程序；

(2)工业机器人发送拍照指令控制程序；

(3)工业机器人获取相机数据程序。

为完成工业机器人与相机的通信，必须先在工业机器人系统中配置后台任务，并创建 Socket 及其相关变量，最后编写上述子程序，整个流程图如图 7-2-1 所示。

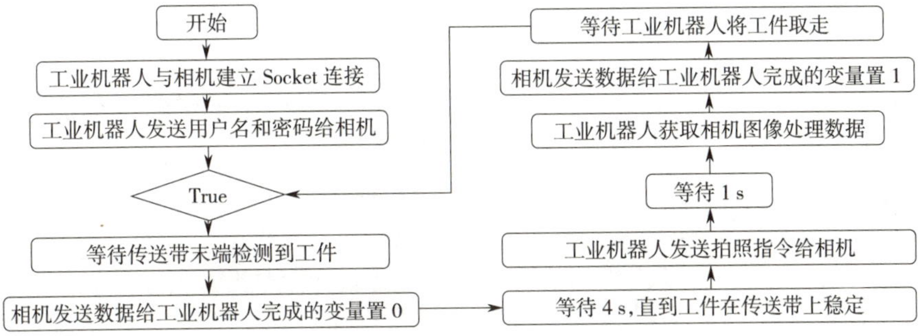

图 7-2-1 工业机器与相机的通信流程

配置相机通信任务具体操作步骤见表 7-2-10。

表 7-2-10 配置相机通信任务步骤

步骤	操作说明	图例
1	选择主菜单中的“系统信息”→“系统属性”→“控制模块”→“选项”，确认系统中是否存在创建的多个任务选项“623-1Multitasking”	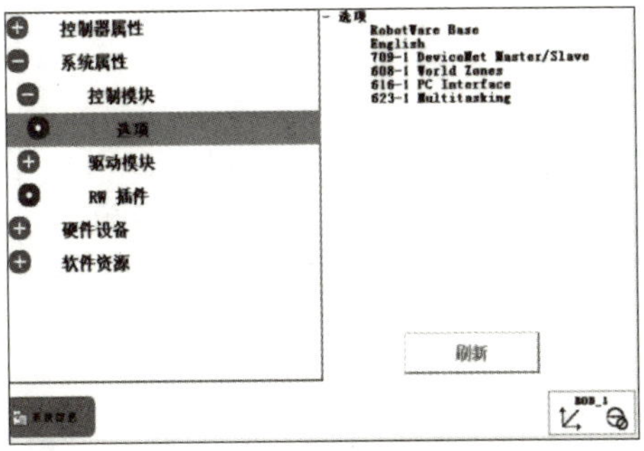

续表

步骤	操作说明	图例
2	选择主菜单中的“控制面板”→“配置系统参数”，打开配置系统参数界面	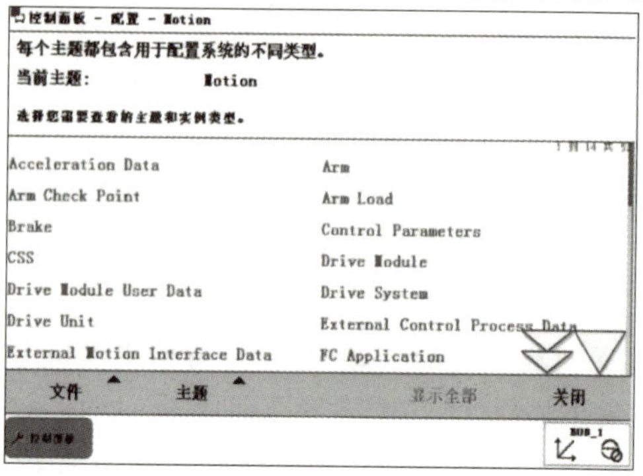
3	单击“主题”，选择“Controller”，双击“Task”	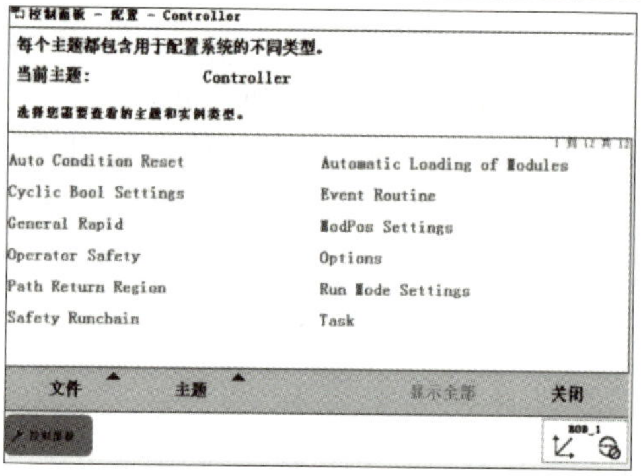
4	进入 Task 任务界面，T_ROB1 是默认的机器人系统任务，用于执行工业机器人运动程序	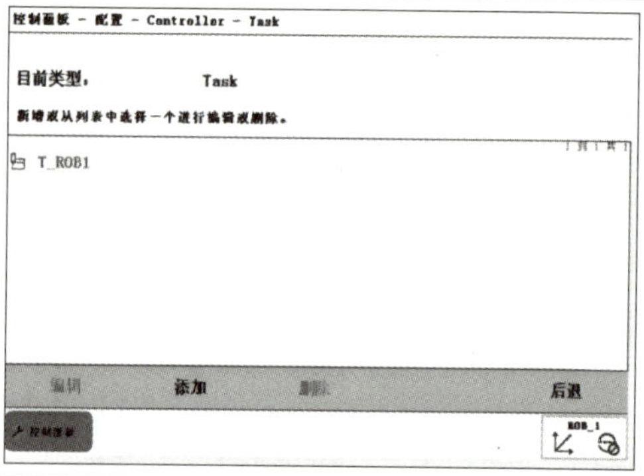
5	单击“添加”，创建工业机器人与相机通信的后台任务	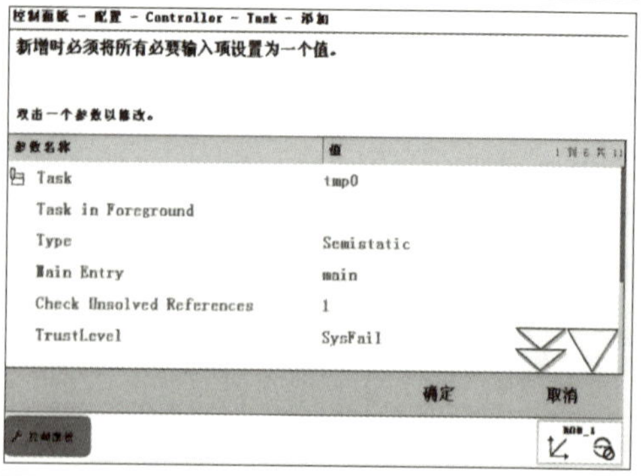

续表

步骤	操作说明	图例
6	配置工业机器人与相机通信的后台任务，Task 的值为“CameraTask”，Type 的值为“Normal”，其他参数默认，单击“确定”，重启工业机器人控制器	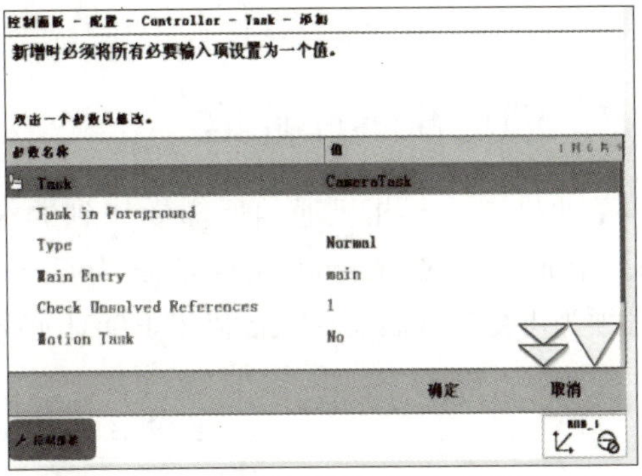
7	系统重启后，Task 参数中多一个 CameraTask 任务	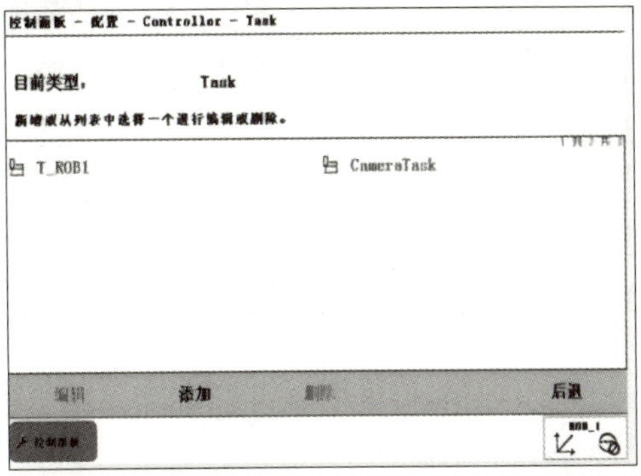
8	选择主菜单中的“程序编辑器”→“CameraTask”，在弹出的界面中单击“新建”	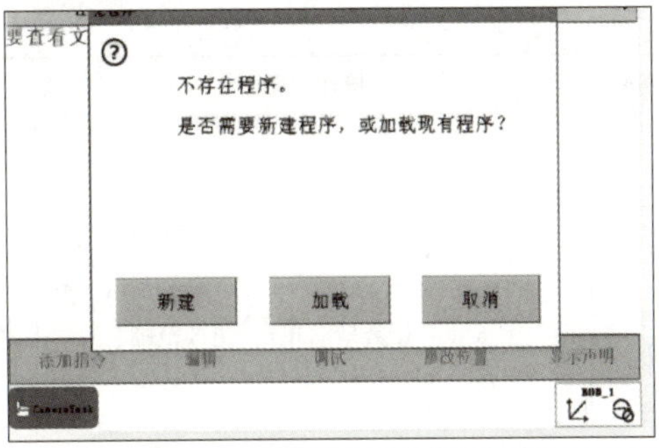
9	系统会自动新建模块“MainModule”以及程序“main”，完成相机通信任务的配置	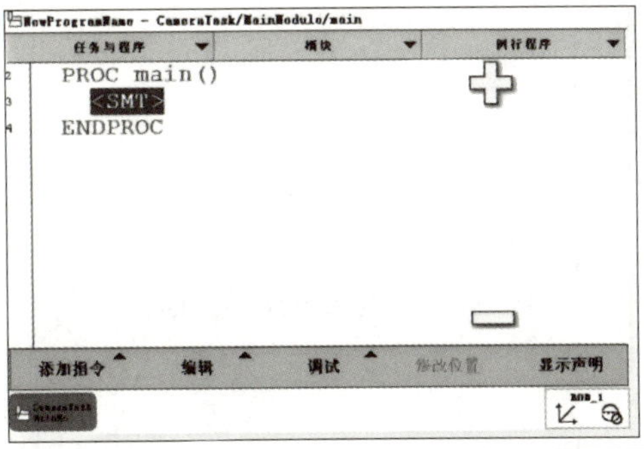

任务实施

7.2.3 创建 Socket 通信

工业机器人与相机通信所需要用到的 Socket 及其相关变量见表 7-2-11。其中，PartType、Rotation、CamSendDataToRob 为 CameraTask 和 T_ROB1 任务共享的变量，其存储类型必须为可变量，CameraTask 和 T_ROB1 必须同时具有以上变量。

表 7-2-11 Socket 相关变量类型表

序号	变量名称	变量类型	存储类型	所属任务	变量说明
1	ComSocket	socketdev	默认	CameraTask	与相机 Socket 通信套接字设备变量
2	strReceived	string	变量	CameraTask	接收相机数据的字符串变量
3	PartType	num	可变量	CameraTask	1 —减速器工件，2 —法兰工件
4	Rotation	num	可变量	CameraTask	相机识别工件的旋转角度
5	CamSendDataToRob	bool	可变量	CameraTask	相机处理数据完成信号

在 CameraTask 任务中创建 Socket 相关变量的步骤见表 7-2-12。

表 7-2-12 创建 Socket 相关变量步骤

步骤	操作说明	图例
1	选择主菜单中的“程序数据”→“视图”→“全部数据类型”，单击“更改范围”	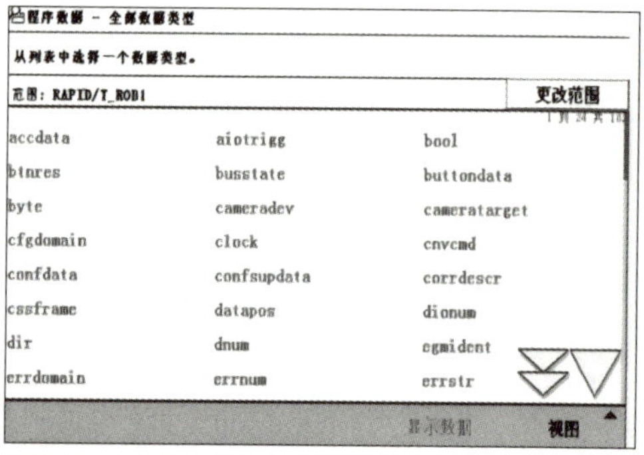
2	将“任务”参数选为“CameraTask”，单击“确定”	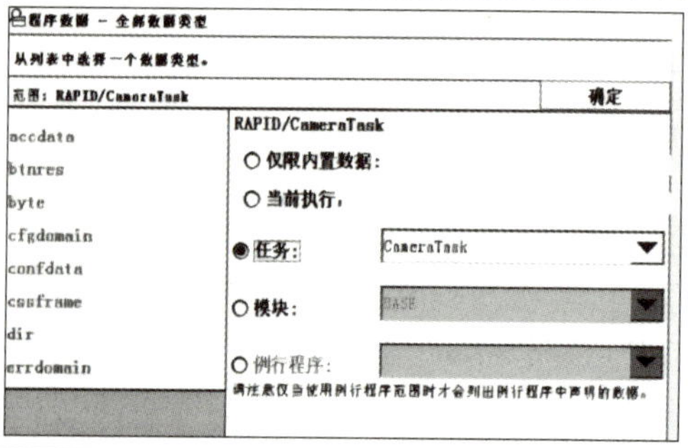

续表

步骤	操作说明	图例
3	选中数据类型“socketdev”，单击“显示数据”	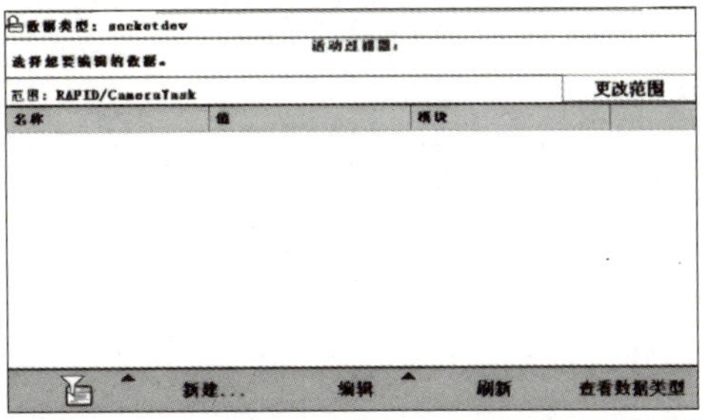
4	单击“新建”，创建 socketdev 类型变量	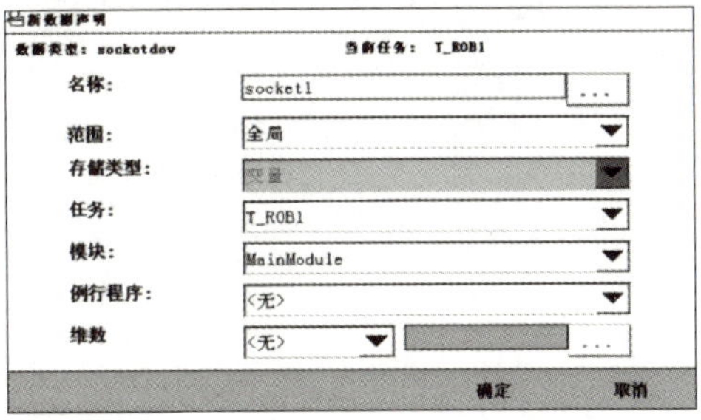
5	变量名称为“ComSocket”，范围为“全局”，任务为“CameraTask”，模块为“MainModule”	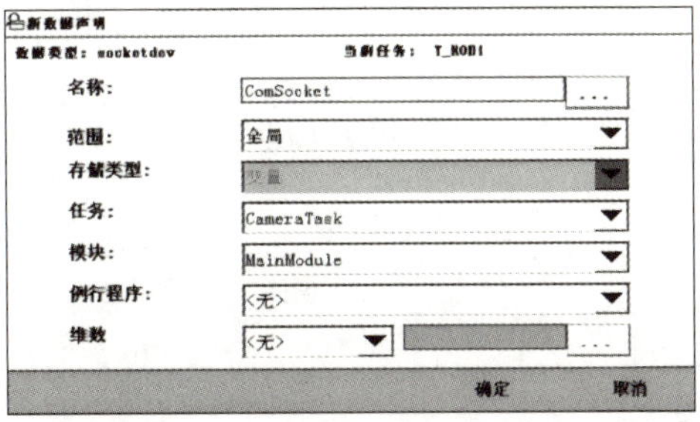
6	单击“确定”	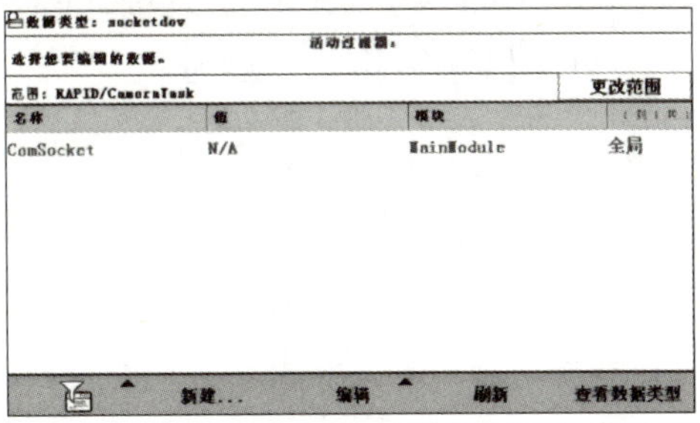
7	参照上述方法，选中数据类型“string”，新建变量“strReceived”，变量名称为“strReceived”，存储类型为“变量”，任务为“CameraTask”	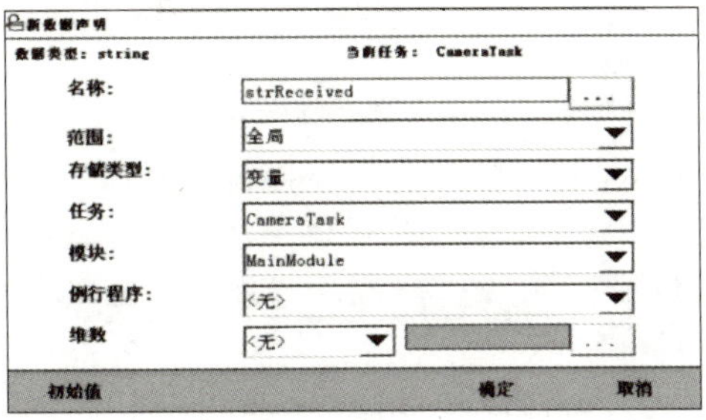

续表

步骤	操作说明	图例
8	参照上述方法，选中数据类型“num”，新建变量“PartType”，变量名称为“PartType”，存储类型为“可变量”，任务为“CameraTask”	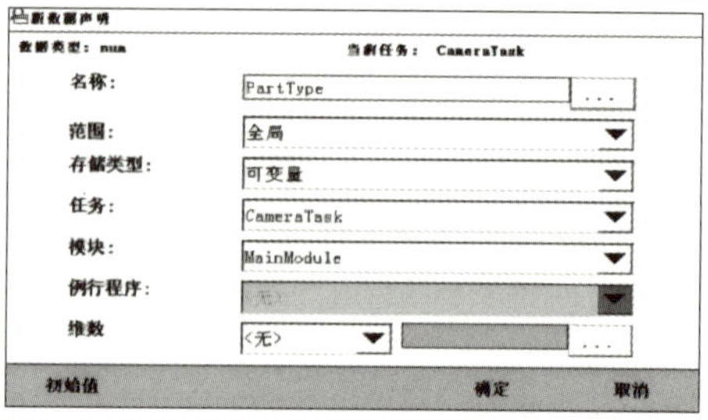
9	参照上述方法，选中数据类型“num”，新建变量“Rotation”，变量名称为“Rotation”存储类型为“可变量”，任务为“CameraTask”	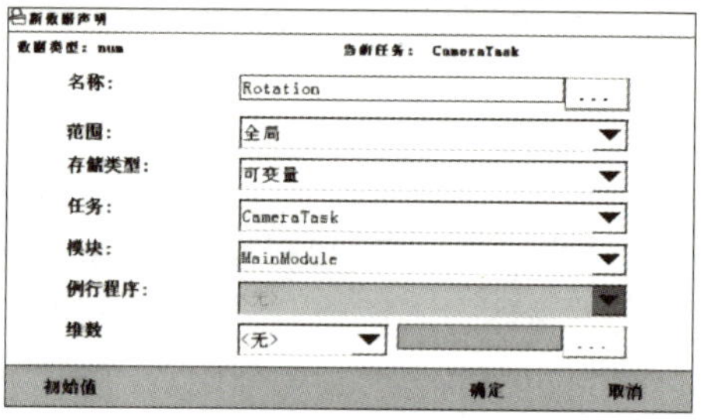
10	参照上述方法，选中数据类型“bool”，新建变量“CamSendDataToRob”，变量名称为“CamSendDataToRob”，存储类型为“可变量”，任务为“CameraTask”	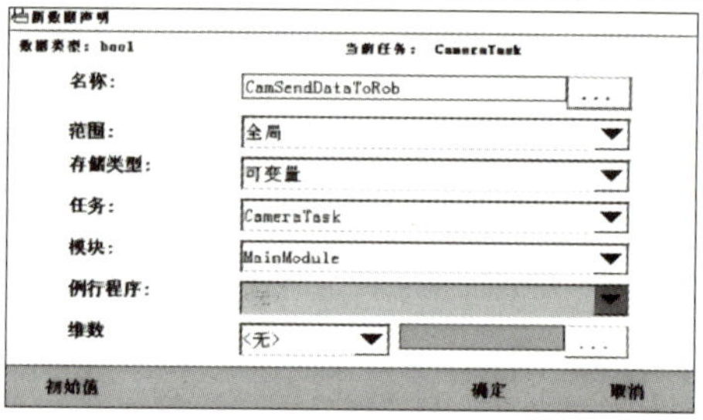

7.2.4 相机通信程序编写

1. 编写 Socket 连接程序

工业机器人与相机通信时，相机作为服务器，工业机器人作为客户端。Socket 通信例行程序的创建如图 7-2-2 所示。

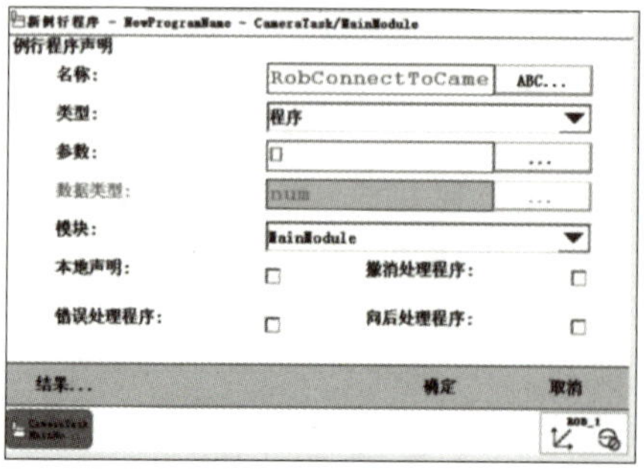

（a）新建 RobConnectToCamera 例行程序

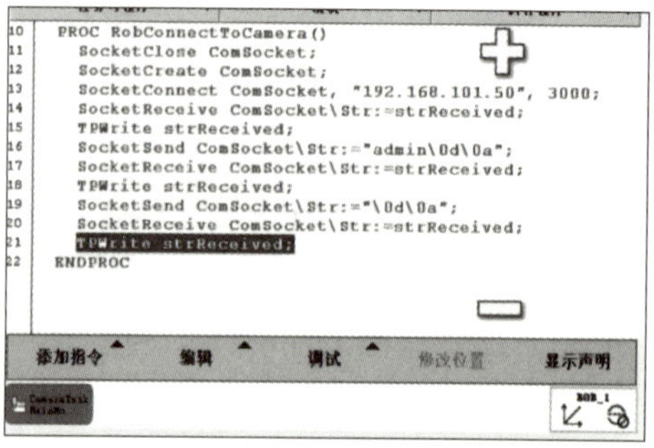

（b）RobConnectToCamera 程序指令

图 7-2-2 Socket 通信例行程序

Socket 通信程序的流程如下：

(1)工业机器人与相机建立 Socket 连接；

(2)工业机器人发送用户名("admin\0 d\0a")给相机，相机返回确认信息；

(3)工业机器人发送密码("\0 d\0a")给相机，相机返回确认信息。

Socket 通信程序示例说明见表 7-2-13。

表 7-2-13　Socket 通信程序示例说明

行号	示例程序	程序说明
1	PROC RobConnectToCamera	RobConnectToCamera 例行程序开始
2	SocketClose ComSocket;	关闭套接字设备 ComSocket
3	SocketCreate ComSocket;	创建套接字设备 ComSocket
4	SocketConnect ComSocket,"192.168.101.50",3010	连接相机 IP"192.168.101.50"，端口"3010"
5	SocketReceive ComSocket\Str:=strReceived;	接收相机数据并保存到变量 strReceived
6	TPWrite strReceived;	将 strReceived 数据显示在示教器界面上
7	SocketSend ComSocket\Str:="admin\0 d\0a";	发送用户名 admin，\0 d\0a 代表回车换行
8	SocketReceive ComSocket\Str:=strReceived;	接收相机数据存到变量 strReceived
9	TPWrite strReceived;	将 strReceived 数据显示在示教器界面上
10	SocketSend ComSocket\Str:"\0 d\0a";	发送密码数据到相机，密码数据\0 d\0a
11	SocketReceive ComSocket\Str:=strReceived;	接收相机数据存到变量 strReceived
12	TPWrite strReceived;	将 strReceived 数据显示在示教器界面上
13	ENDPROC	RobConnectToCamera 例行程序结束

2. 编写相机拍照控制程序

相机拍照控制例行程序的创建如图 7-2-3 所示，其说明见表 7-2-14。

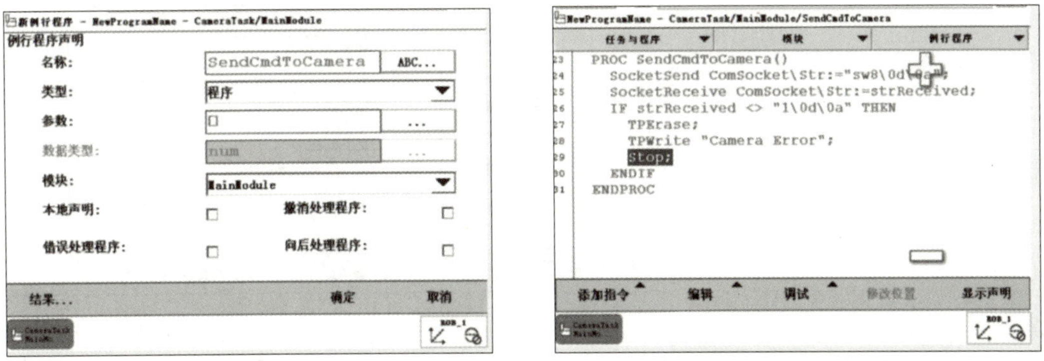

(a)新建 SendCmdToCamera 例行程序　　(b)SendCmdToCamera 程序指令

图 7-2-3　SendCmdToCamera 程序

微课：相机拍照控制程序说明

表 7-2-14　相机拍照控制程序示例说明

行号	示例程序	程序说明
1	PROC SendCmdToCamera( )	SendCmdToCamera 例行程序开始
2	SocketSend ComSocket\Str:="se8\0 d\0a";	发送相机拍照控制指令“se8\0 d\0a”
3	SocketReceive ComSocket\Str:=strReceived;	接收数据：1 表示拍照成功；不为 1 表示相机出现故障
4	IF strReceived <> "1\0 d\0a" THEN	使用 IF 指令判断相机是否拍照成功
5	TPErase;	示教器画面清除
6	TPWrite "Camera Error";	示教器界面上显示“Camera Error”
7	STOP;	程序停止
8	ENDIF	判断结束
9	ENDPROC	SendCmdToCamera 例行程序结束

3. 编写数据转换程序

数据转换程序编写步骤见表 7-2-15，其说明见表 7-2-16。

表 7-2-15　数据转换程序编写步骤

步骤	操作说明	图例
1	在 CameraTask 任务中新建功能程序“StringToNumData”，类型为“功能”，数据类型为“num”	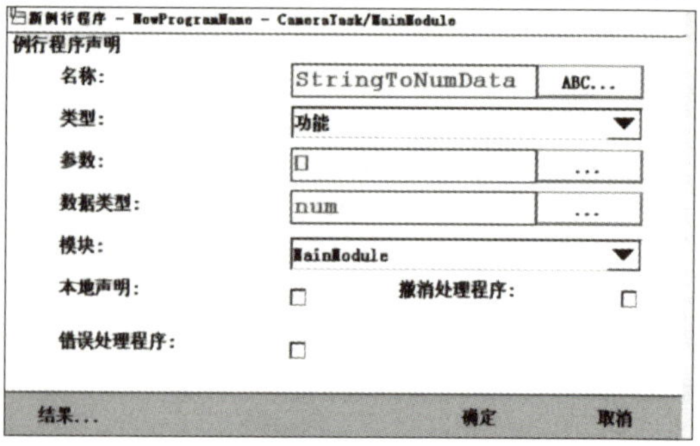

续表

<table>
<tr><th>步骤</th><th>操作说明</th><th>图例</th></tr>
<tr><td>2</td><td>创建参数“strData”，数据类型为“string”</td><td>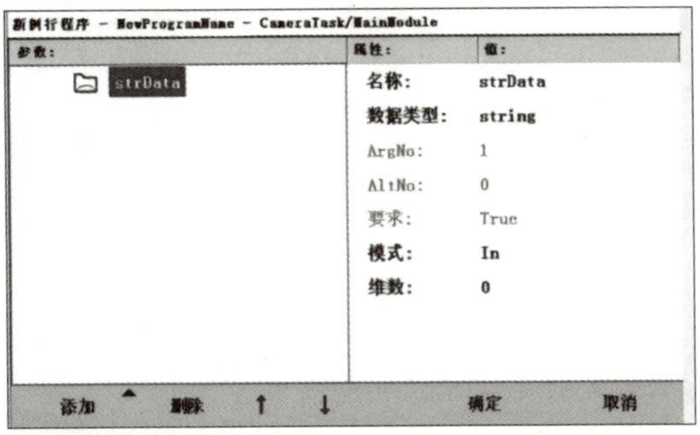
</td></tr>
<tr><td>3</td><td>进入功能程序“StringToNumData”，添加指令“=”</td><td>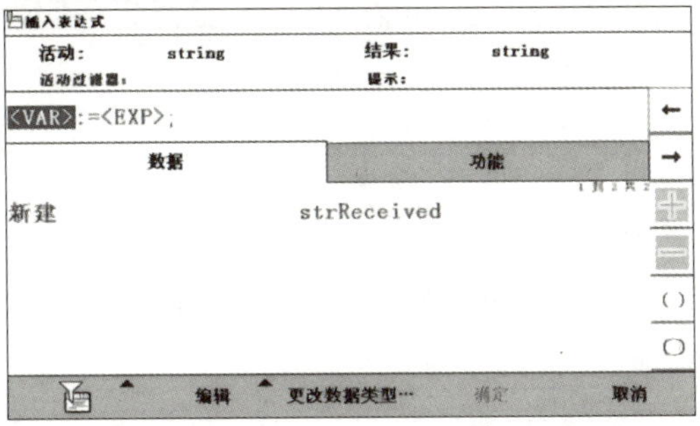
</td></tr>
<tr><td>4</td><td>“VAR”选择新建本地 string 类型变量“strData2”；“EXP”选择 StrPart 指令，并输入相应的参数。StrPart 指令用于拆分字符串，并返回得到的字符串。strData 为程序参数，strData2 为程序本地变量</td><td>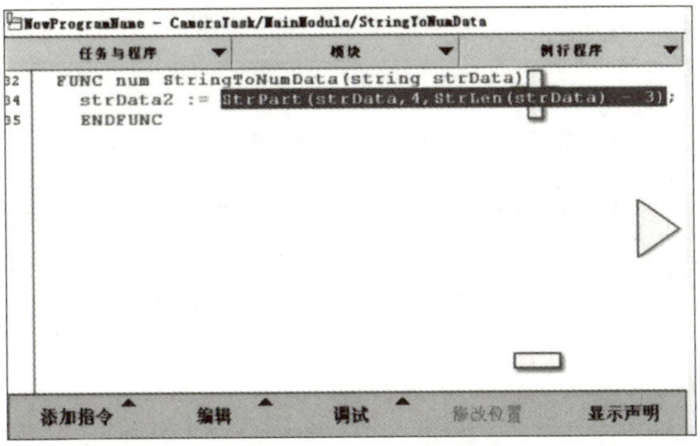
</td></tr>
<tr><td>5</td><td>使用赋值指令将 string 数据类型转换成 num 数据类型。StrToVal 指令用于将字符串转换为数值，返回值为 1 代表转换成功；返回值为 0 代表转换失败</td><td>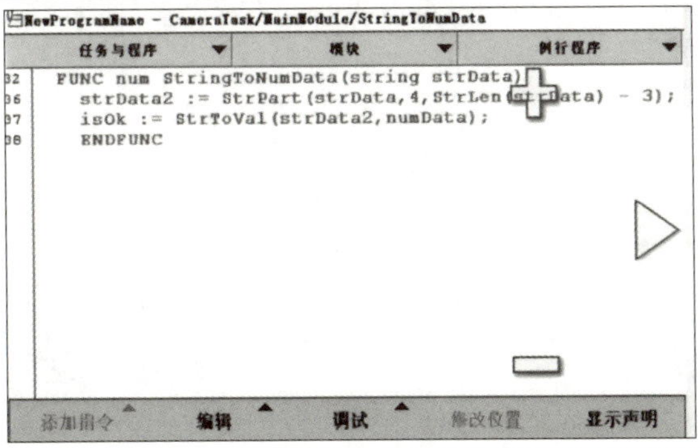
</td></tr>
</table>

续表

步骤	操作说明	图例
6	使用 RETURN 指令返回数据 numData	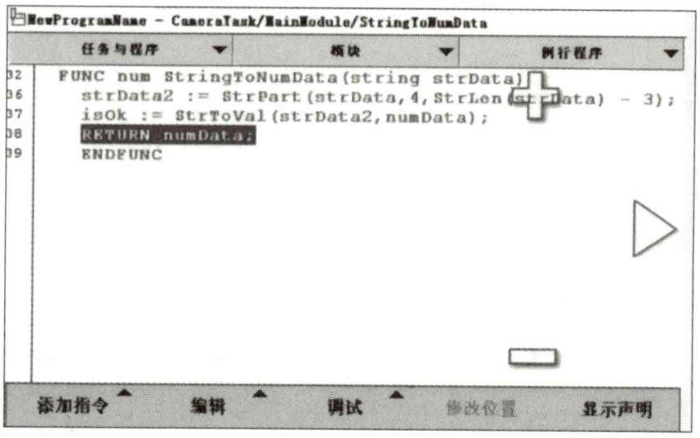

表 7-2-16　数据转换程序说明

行号	示例程序	程序说明
1	PROC num StringToNumData(string strData)	StringToNumData 例行程序开始
2	strData2 := StrPart(strData, 4, StrLen(strData)-3);	分割字符串,获取工件类型数据字符串
3	ok:=StrToVal(strData2,numData);	将工件类型数据字符串转化为数值
4	RETURN numData;	使用 RETURN 指令返回数据 numData
5	ENDPROC	StringToNumData 例行程序结束

4. 编写获取相机图像数据的程序

工业机器人要获取相机图像数据,必须向相机发送特定的指令,然后用数据转换程序将接收到的数据转换成想要的数据。在 CameraTask 任务中新建例行程序“GetCameraData”,编写获取相机图像数据的程序。获取相机图像数据的例行程序的创建如图 7-2-4 所示,其说明见表 7-2-17。

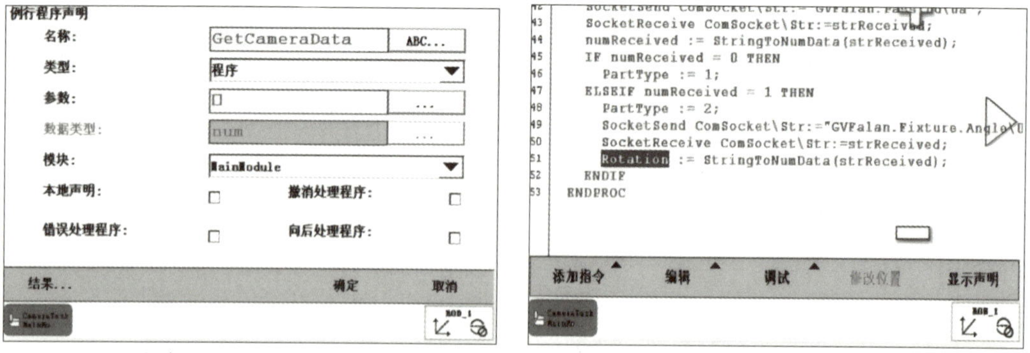

(a)新建 GetCameraData 例行程序　　(b)GetCameraData 子程序

图 7-2-4　GetCameraData 程序

表 7-2-17　GetCameraData 程序示例说明

行号	示例程序	程序说明
1	PROC GetCameraData()	GetCameraData 例行程序开始
2	SocketSend ComSocket\Str:="GVFlange.Pass\0 d\0a";	发送识别工件类型指令
3	SocketReceive ComSocket\Str:=strReceived;	接收相机数据并保存到 strReceived
4	numReceived := StringToNumData(strReceived);	将数据转换并赋值给 numReceived
5	IF numReceived = 0　THEN	如果 numReceived 为 0
6	PartType:=1;	当前工件为减速机，PartType 设为 1
7	ELSEIF numReceived = 1　THEN	如果 numReceived 为 1
8	PartType:=2;	当前工件为法兰，PartType 设为 2
9	SocketSend ComSocket\Str:="GVFlange.Fixture.Angle \0 d\0";	发送获取工件旋转角度指令
10	SocketReceive ComSocket\Str:=strReceived;	接收相机数据并保存到 strReceived
11	Rotation:= StringToNumData(strReceived);	将接收到数据转换并赋值给 Rotation
12	ENDIF	判断结束
13	ENDPROC	例行程序结束

5. 编写相机任务主程序

按照工业机器人与相机通信流程，编写工业机器人与相机通信主程序，井式供料模块和传送带装置输出控制信号及输入反馈信号如图 7-2-5 所示。

微课：相机任务主程序说明

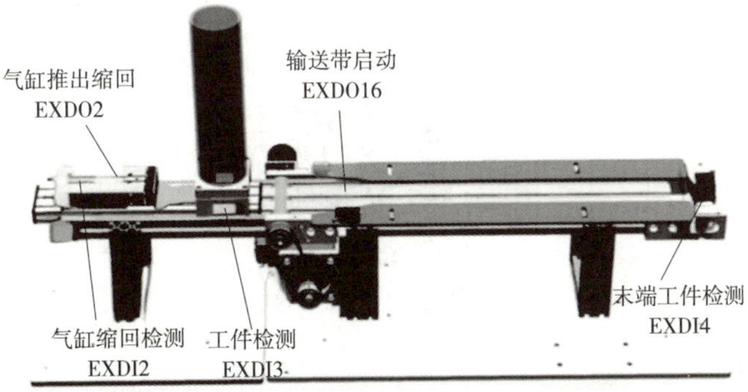

图 7-2-5　井式供料模块和传送带装置

相机任务主程序见表 7-2-18。

表 7-2-18　主程序及说明

行号	示例程序	程序说明
1	PROC main ( )	相机任务(CameraTask)主程序开始
2	RobConnectToCamera;	调用例行程序“RobConnectToCamera”
3	WHILE　TRUE　DO	使用循环指令 WHILE,参数设为 TRUE
4	WaitDI EXDI2,1;	等待气缸缩回检测光电开关信号置 1
5	WaitDI EXDI3,1;	等待工件检测光电开关信号置 1
6	Set EXDO2;	推料气缸动作
7	WaitTime 2;	等待 2 s
8	Reset EXDO2;	推料气缸复位
9	WaitDI EXDI2,1;	等待气缸缩回检测光电开关信号置 1
10	Set EXDO16;	传送带启动
11	WaitDI　EXDI4,1;	等待传送带光电开关信号置 1
12	Reset EXDO16;	传送带停止
13	CamSendDataToRob:= FALSE;	相机处理数据完成信号置 0
14	WaitTime 4;	等待 4 s
15	SendCmdToCamera;	调用相机拍照控制程序
16	WaitTime 0.5;	等待 0.5 s
17	GetCameraData;	调用获取相机图像数据程序
18	CamSendDataToRob:= TRUE;	相机处理数据完成信号置 1
19	Gjqufang;	机器人取放工件程序
20	WaitDI　EXDI4, 0;	等待皮带运输机前限光电开关信号置 0
21	ENDWHILE	WHILE 循环结束
22	ENDPROC	主程序结束

学而有思

让特种机器人成为“钢铁战士”

任务验收考核

姓名			学号		
任务名称	考核要点	考核要求	配分	评分标准	得分
工业机器人与相机通信	1. 基础知识（80 分）	（1）说出常用的 Socket 通信指令	10	能说出指令功能，每处错误扣 2 分	
		（2）说出相机通信流程	10	准确说出通信流程，每处错误扣 2 分	
		（3）完成相机通信配置	10	每处错误扣 2 分	
		（4）完成 Socket 连接程序编制	10	程序建立给 1 分，每处错误扣 2 分	
		（5）完成相机拍照控制程序编制	10	程序建立给 1 分，每处错误扣 2 分	
		（6）完成获取相机图像数据程序编制	20	程序建立给 1 分，每处错误扣 2 分	
		（7）完成主程序编制	10	程序建立给 1 分，每处错误扣 2 分	
	2. 职业素养（20 分）	（1）操作前按照机器人安全操作规程正确着装并佩戴安全帽	4	着装不规范每处扣 1 分	
		（2）操作过程中未发生视觉检测模块与其他外围设备碰撞的现象	4	发生碰撞每次扣 2 分	
		（3）操作过程中未发生视觉检测模块器件掉落的现象	2	发生掉落每次扣 2 分	
		（4）操作过程中未发生踩踏视觉模块电缆的现象	2	踩踏机器人电缆每次扣 2 分	
		（5）操作过程中积极参与，互帮互助，团结协作	4	操作过程中发现不参与实训、影响团队合作的现象扣 1 分	
		（6）操作过程中工位整洁有序，操作结束后按照“6S”法则整理工位	4	工位整理不符合“6S”法则每处扣 1 分	
合计			100	总分	

知识拓展

工业视觉系统常用的通信方式

习题与测试

任务 7.2 习题与测试

任务 7.3 基于视觉定位的关节装配

任务描述

本任务通过了解关节装配流程，实现康耐视工业相机对输出法兰进行角度识别，然后利用工业机器人完成输出法兰的正确装配。

任务要求

(1)能够梳理关节装配流程并进行程序规划；

(2)能够完成关节装配程序的编制与调试。

任务目标

1. 知识目标

(1)能说出关节装配流程；

(2)能说出关节装配准备程序；

(3)能总结关节装配程序创建的方法及流程。

2. 能力目标

(1)能够完成快换程序的创建；

(2)能够编写装配程序；

(3)能够完成程序的调试。

3. 素养目标

(1)培养学生的实际动手能力；

(2)培养学生分析问题和解决问题的能力。

任务准备

7.3.1　关节装配流程介绍

关节装配流程图如图 7-3-1 所示。

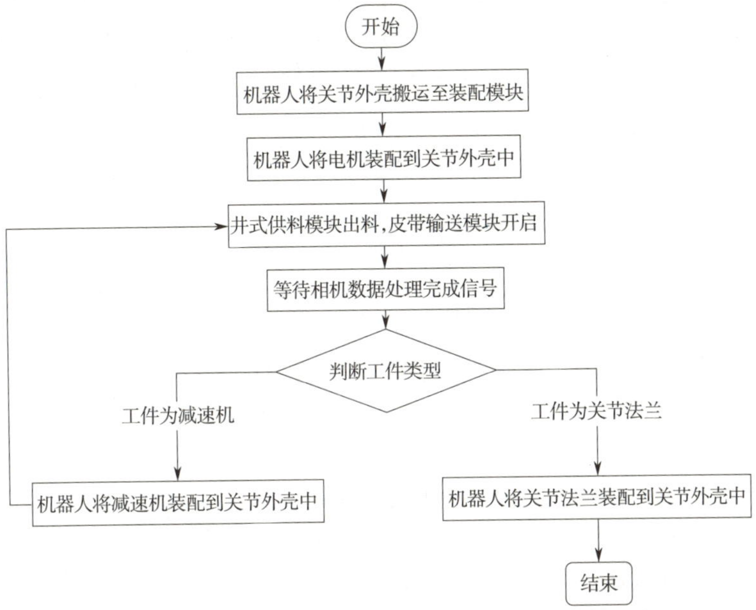

图 7-3-1　关节装配流程图

7.3.2　关节装配准备

关节装配所需要用到的工件包括关节外壳、关节电机、减速机、输出法兰，如图 7-3-2 所示。其中，输出法兰装配时必须满足一定的角度关系，才可以顺利装配到关节外壳中。

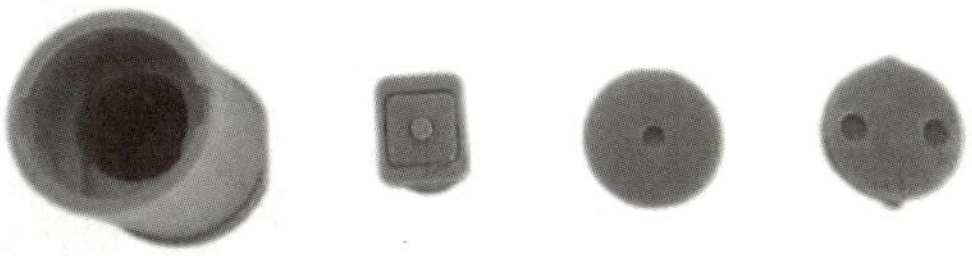

图 7-3-2　关节装配所需工件

关节外壳放置在立体仓库模块上，关节电机放置在旋转供料模块上，减速机和输出法兰放置在井式供料模块中，如图 7-3-3 所示。

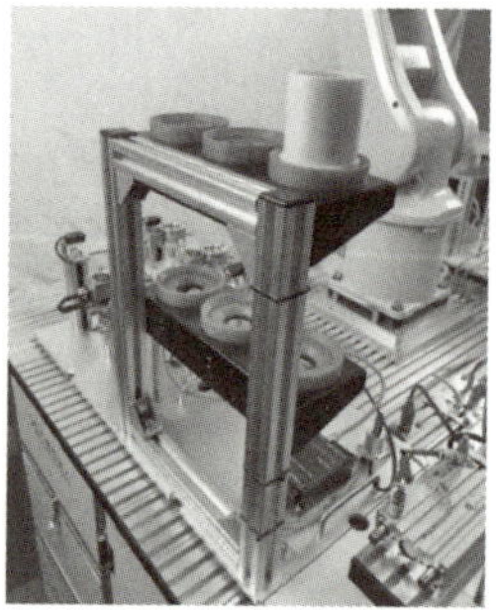
（a）关节外壳放置位置

（b）关节电机放置位置

（c）减速机和输出法兰放置位置

图 7-3-3　工件布局

任务实施

7.3.3　编写输出法兰取放程序

井式供料模块的出料有两种工件，分别为减速机和输出法兰。当工件经皮带输送模块到达传送带末端时，工件的位置是固定的，而工件的旋转角度是不固定的。减速机的旋转角度对减速机装配没有影响，而输出法兰的旋转角度将影响输出法兰的装配。所以，采用相机识别工件的类型，并将识别到的输出法兰的旋转角度发送给工业机器人，工业机器人调整抓取输出法兰时的位姿，从而完成将输出法兰装配到关节外壳中。

工业机器人调整抓取输出法兰位姿的步骤如下：

（1）工业机器人示教输出法兰抓取基准点以及输出法兰装配点；

（2）在抓取基准点的基础上，结合相机识别得到的输出法兰的旋转角度，调整工业机器人抓取输出法兰时的目标点。

输出法兰取放编程步骤见表 7-3-1。

表 7-3-1　输出法兰取放编程步骤

步骤	操作说明	图例
1	工业机器人运行取吸盘工具程序，抓取吸盘工具；手动将输出法兰放入井式供料模块中，控制井式供料模块出料以及开启皮带输送模块，直到输出法兰在传送带末端稳定	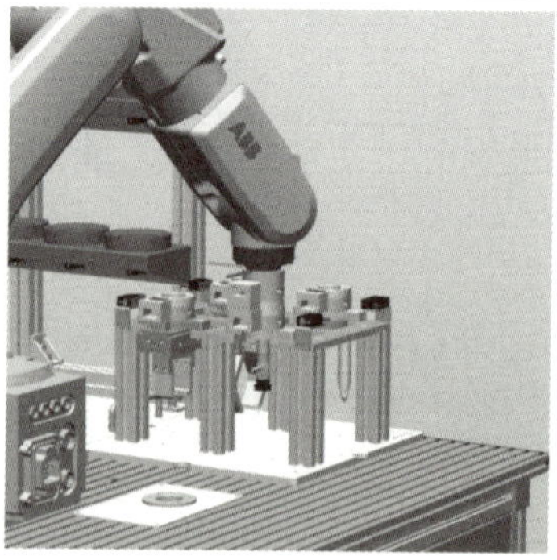

续表

步骤	操作说明	图例
2	在 CameraTask 任务中将程序指针设置到 main 程序，单独运行 CameraTask 任务	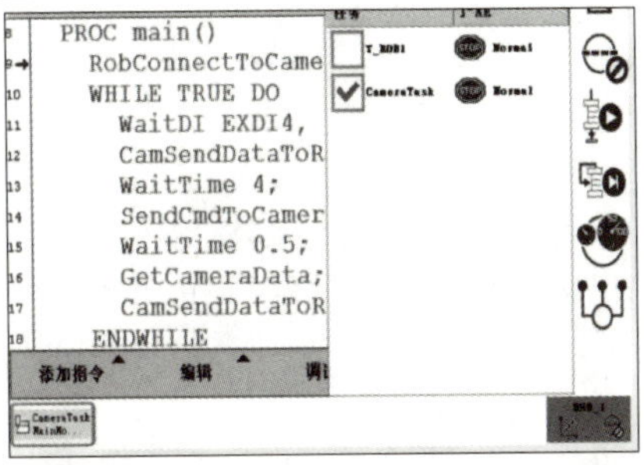
3	选择主菜单中的“程序数据”→“CameraTask”→“num”，记录下此时 Rotation 的数值“0.275”，该数值为机器人抓取输出法兰时位姿变换的参考值	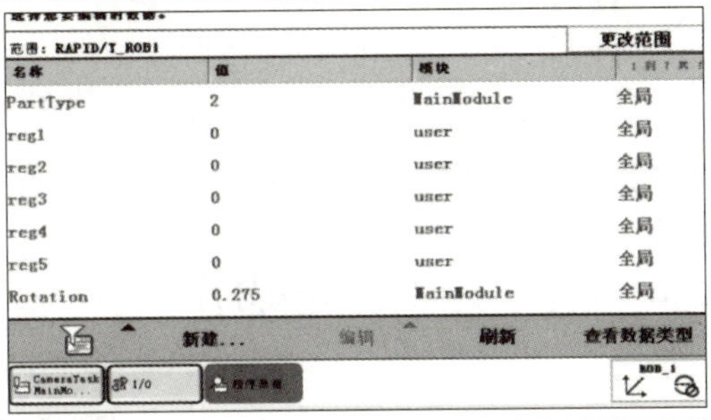
4	在任务 T_ROB1 中新建变量“pPickFalan”，数据类型为“robtarget”	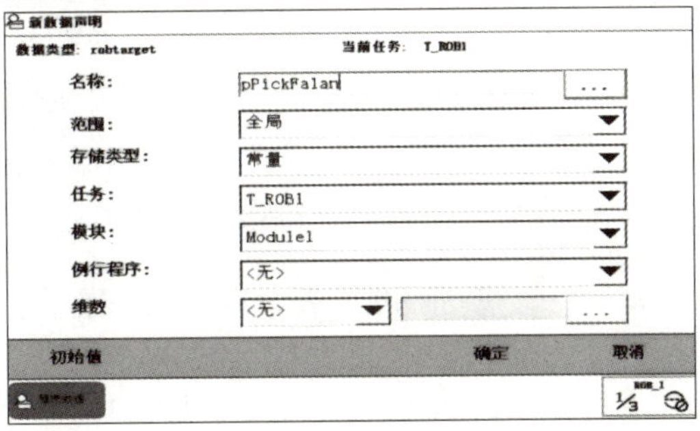
5	在任务 T_ROB1 中新建变量“pAssembleFalan”，数据类型为“robtarget”	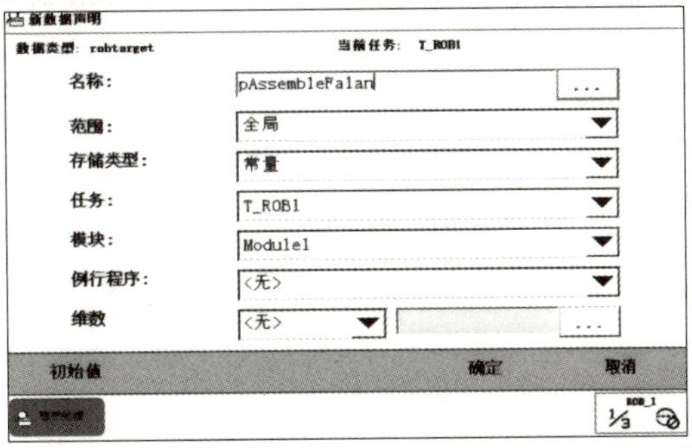

续表

步骤	操作说明	图例
7	手动操纵工业机器人移动到输出法兰抓取位置,并修改目标点“pPickFalan”的位置;手动控制数字量输出信号,抓取输出法兰,并装配到关节外壳中,且修改目标点“pAssemble-Falan”的位置	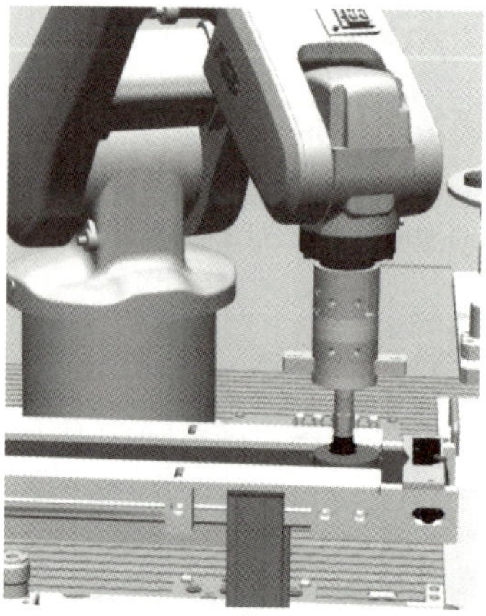

7.3.4 编写关节装配程序

慕课:基于视觉检测的关节装配程序编写

关节装配规划程序见表7-3-2,相关程序见表7-3-3至表7-3-7。

表7-3-2 关节装配规划程序

序号	程序名称	程序功能
1	main	主程序
2	Djwkby;	关节外壳搬运
3	Djzp;	电机装配
4	JingshiChuLiao;	井式出料单元控制程序
6	ConverorRun;	传送带控制程序
7	PickJSQ	取减速器程序
8	AssembleJSQ	安装减速器程序
9	PickFalan	取法兰程序
10	AssembleFalan	安装法兰程序

表 7-3-3　主程序

序号	程序示例	程序说明
1	PROC main ( )	main 例行程序开始
2	MoveAbsJ pHome\NoEOffs, v200, z50, tool0;	工业机器人回原点
3	Djwkby;	关节外壳搬运
4	Djzp;	电机装配
5	Label1:	Label1 标签
6	JingshiChuLiao;	井式出料单元程序
7	ConverorRun;	传动带程序
8	WaitUntil CamSendDataToRob;	等待相机处理数据完成信号例行程序
9	IF PartType = 1 THEN	如果工件类型为 1
10	PickJSQ	取减速器
11	AssembleJSQ;	安装减速器
12	GOTO Label1;	程序跳转到标签 1
13	ELSEIF PartType = 2 THEN	如果工件类型为 2
14	PickFalan;	取法兰
15	AssembleFalan;	安装法兰
16	ENDIF	条件判断结束
17	ENDPROC	main 例行程序结束

表 7-3-4　井式出料单元程序

行号	示例程序	程序说明
1	PROC JingshiChuLiao ( )	
2	WaitDI EXDI2,1;	等待气缸缩回检测光电开关信号置 1
3	WaitDI EXDI3,1;	等待工件检测光电开关信号置 1
4	Set EXDO2;	推料气缸动作
5	WaitTime 2;	等待 2 s
6	Reset EXDO2;	推料气缸复位
7	ENDPROC	

表 7-3-5　传动带程序

行号	示例程序	程序说明
1	PROC ConverorRun ( )	
2	WaitDI EXDI2,1;	等待气缸缩回检测光电开关信号置 1
3	Set EXDO16;	传送带启动
4	WaitDI EXDI4, 1;	等待传送带光电开关信号置 1

续表

行号	示例程序	程序说明
5	Reset EXDO16;	传送带停止
6	ENDPROC	

表 7-3-6　取输出法兰程序

序号	程序示例	程序说明
1	PROC PickFalan ( )	PickFalan 例行程序
2	MoveAbsJ pHome\NoEOffs, v1000, z50, tool0;	工业机器人返回原点
3	MoveJ RelTool(PickFalan, 0, 0, -50\Rz:=-Rotation),	移动到相对 PickFalan 点沿工具 *Z* 轴偏移 50 并旋转 Rotation 角度
4	v200,z10,tool0;	
5	MoveJ RelTool(PickFalan, 0, 0, 0\Rz=-Rotation),	移动到相对 PickFalan 点沿工具 *Z* 轴旋转 Rotation 角度的位置
6	v50,z50,tool0;	
7	SetDO YV5, 1;	开启吸盘
8	WaitTime 1;	等待 1 s
9	MoveL RelTool(PickFalan, 0, 0, -50\Rz=-Rotation),	移动到相对 PickFalan 点沿工具 *Z* 轴偏移 50 并旋转 Rotation 角度的位置
10	v50,z50,tool0;	
11	MoveAbsJ pHome\NoEOffs, v1000, z50, tool0;	工业机器人返回原点
12	ENDPROC	PickFalan 程序结束

表 7-3-7　安装输出法兰程序

序号	程序示例	程序说明
1	PROC AssembleFalan ( )	AssembleFalan 例行程序
2	MoveJ RelTool(pAssembleFalan, 0, 0, -50),v1000,z50,	移动到相对 pAssembleFalan 点沿工具 *Z* 轴偏移 50 的位置
3	tool0;	
4	MoveL pAssembleFalan,v50,fine,tool0\WObj:=wobj0;	机器人移动到安装法兰位置
5	MoveL RelTool(pAssembleFalan, 0, 0, 0\Rz:=90),v50,	绕当前工具坐标系的 *Z* 轴旋转 90°
6	z50,tool0;	
7	Reset YV5;	关闭吸盘
8	MoveJ RelTool(pAssembleFalan, 0, 0, -50),v1000,z50,	移动到相对 pAssembleFalan 点沿工具 *Z* 轴偏移 50 的位置
9	tool0;	
10	MoveAbsJ pHome\NoEOffs, v1000, z50, tool0;	机器人移动到原点
11	ENDPROC	AssembleFalan 程序结束

学而有思

"教会机器像人一样看懂世界"

任务验收考核

姓名			学号		
任务名称	考核要点	考核要求	配分	评分标准	得分
基于视觉定位的关节装配	1. 基础知识（80 分）	(1)说出基于视觉定位的关节装配流程	10	每处错误扣 2 分	
		(2)完成关节装配准备工作	10	每处错误扣 2 分	
		(3)完成输出法兰装配编程	30	编制程序未达到预计效果扣 20 分，每处编程错误扣 5 分	
		(4)完成关节装配编程	30	编制程序未达到预计效果扣 20 分，每处编程错误扣 5 分	
	2. 职业素养（20 分）	(1)操作前按照机器人安全操作规程正确着装并佩戴安全帽	4	着装不规范每处扣 1 分	
		(2)操作过程中未发生视觉检测模块与其他外围设备碰撞的现象	4	发生碰撞每次扣 2 分	
		(3)操作过程中未发生视觉检测模块器件掉落的现象	2	发生掉落每次扣 2 分	
		(4)操作过程中未发生踩踏视觉模块电缆的现象	2	踩踏机器人电缆每次扣 2 分	
		(5)操作过程中积极参与，互帮互助，团结协作	4	操作过程中发现不参与实训、影响团队合作的现象扣 1 分	
		(6)操作过程中工位整洁有序，操作结束后按照"6S"法则整理工位	4	工位整理不符合"6S"法则每处扣 1 分	
合计			100	总分	

知识拓展

工业机器人视觉技术应用

习题与测试

任务 7.3 习题与测试

参考文献

References

[1] 王志强,禹鑫燚,蒋庆斌. 工业机器人应用编程(ABB):初级[M]. 北京:高等教育出版社,2020.

[2] 王志强,禹鑫燚,蒋庆斌. 工业机器人应用编程(ABB):中级[M]. 北京:高等教育出版社,2020.

[3] 梁盈富. ABB 工业机器人操作与编程[M]. 北京:机械工业出版社,2021.

[4] 叶晖,管小清. 工业机器人实操与应用技巧[M]. 北京:机械工业出版社,2010.

[5] 叶晖. 工业机器人典型应用案例精析[M]. 北京:机械工业出版社,2013.

[6] 佘明洪,余永洪. 工业机器人操作与编程[M]. 北京:机械工业出版社,2017.

[7] 熊隽,文清平. 工业机器人编程与调试(ABB)[M]. 北京:机械工业出版社,2021.